カラーで見る

トリマーのお仕事

トリマーの仕事は犬をきれいにすることだけ？　いえいえ、それ以外にもトリミング・ショップの１日にはいろいろあるんです。ショップに勤めるトリマーの、開店前後のお仕事の様子を写真で見ていきましょう！

開店前

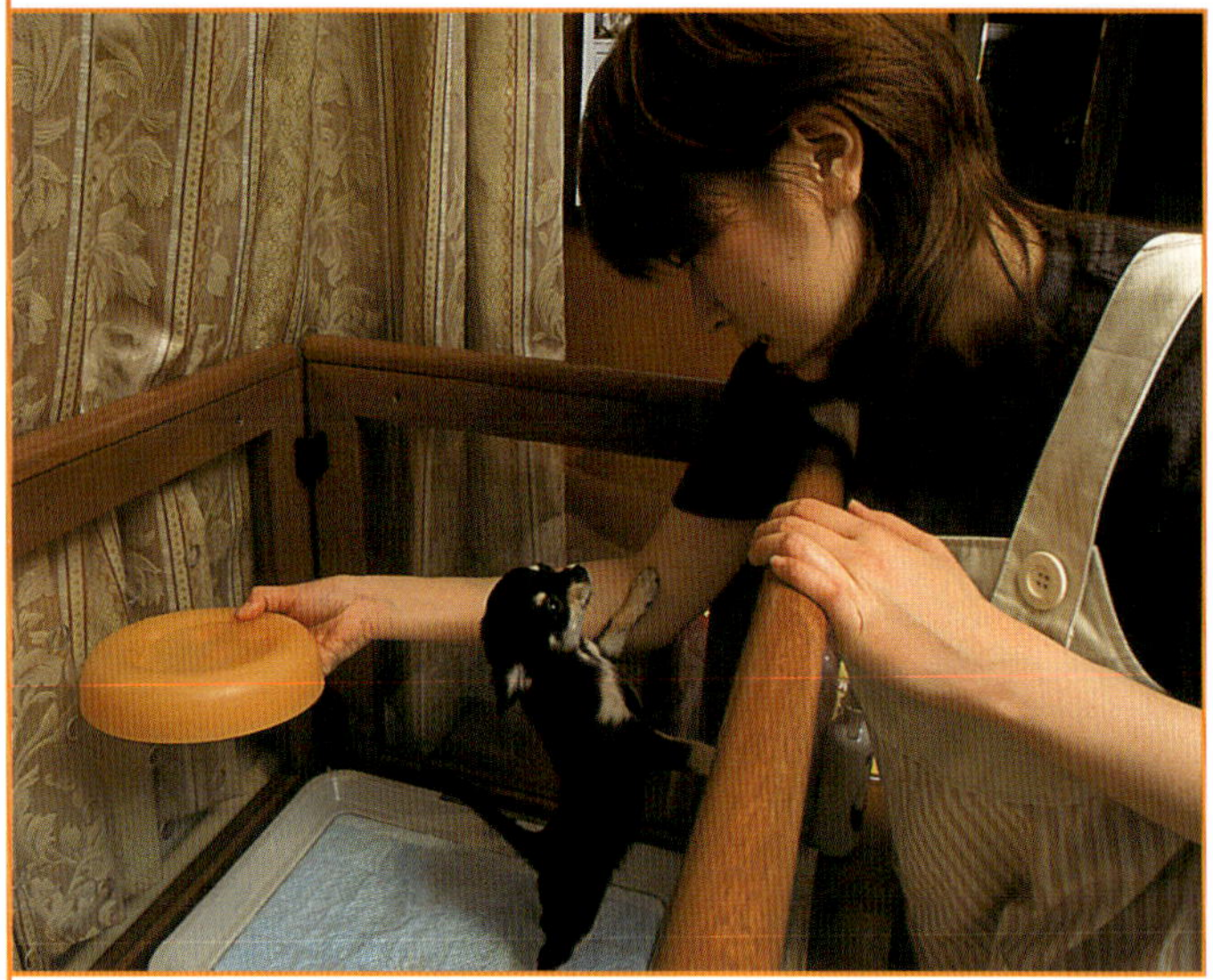

生体の世話

世話をしながら生体の様子を確認。おはよう、今日も元気だね！　どこか変わりはないかな？

掃除&整頓

朝9時。ショップ内の掃除も終わり、ウィンドーを整頓します。今日はどんなお客さまが来るのかな？

ミーティング

店長と朝の打ち合わせ。本日のスケジュールを確認します。メモもきちんととらなきゃね。

在庫管理

商品の在庫をチェックします。足りない分は補充して、後で発注しなくっちゃ。

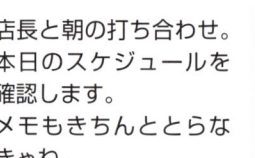

受付

朝10時、お客さまがやって来ます。いらっしゃいませ！　本日のご希望はいかがですか？

開店後

受付をバトンタッチし、お散歩セットをポケットに入れて預かり中のコをお散歩。安全には気をつけてね。

生体の散歩

ケージ清掃

トリミングルームのケージをお掃除。生きものが相手だけに、こまめな管理が大切です。

グルーミング

シャンプー

今日は私がシャンプー担当。ていねいに汚れを落として、身も心もリフレッシュ！

ドライヤー

シャンプーの後はていねいにドライング&ブラッシング。すっかりきれいになりました。どんなスタイルにするのかな？

撮影／北原 薫
協力／VERONIQUE

写真でわかる

トリマー実践マニュアル

ペットライフ社

写真でわかる トリマー実践マニュアル

Contents

コラム

まえがき

本書では、トリマーとしての心構え、一日の業務の流れやポイント、犬や猫を正しく扱う知識・技術、基本的な犬種スタンダードや皮膚疾患などを、写真や図解に解説を加えることで、細かくわかりやすく説明しています。お店によって業務内容に多少の違いはあるでしょうが、基本的なポイントは同じだと思います。ぜひ、トリマーを目指す方やトリマーとして働く方、新人トリマーを教育する方々の参考にしていただき、日常の業務に生かしていただければ幸いと思います。

なぜ今、トリマーが必要とされるのか

現在、日本では１０００万頭の犬、８００万頭の猫が飼われているといわれています。それらの大半は〝家族の一員〟や〝伴侶〟といった言われ方をして、人間と非常に親密な関係にあります。そのため、つねに清潔な状態を保つことが求められるようになっています。だからこそトリマーの必要性や重要性も高まってきているのです。トリマーの需要が増え、トリマー養成校も増えてきているのは、こうした背景に基づいています。

このことは、トリマーを目指すみなさんにとっては良いことではありますが、その反面、夢や憧れだけでこの道を選び、現実の厳しさに負けてしまう人も少なくありません。そういった可能性を少しでも減らすためにも、事前にトリマーの業務を正しく理解しておくことが重要だと思います。

トリマーの仕事とは

「トリマー」というと、犬や猫をきれいにシャンプー・カットしてあげることだけが仕事だと思っている方が多いと思います。しかし、実際にはそれ以外にも数多くの業務をこなさなければなりません。

トリマーはサービス業ですから明るくハキハキと対応することが求められ、お客さまからの質問や要望にも適切に応えられなければなりません。

さらに、犬や猫を上手に扱うためには、それに応じた正しい知識や技術が必要です。そのため、接客業の基本である電話応対や言葉づかい、商品管理や商品知識、犬や猫の生態や行動・習性、上手に扱う知識や技術、病気や健康に関する知識などを習得することが必要になります。

そうして、トリマーは命あるものを扱っているということを、つねに意識して仕事をしなければなりません。当然、さまざまな事故やケガに注意することはもちろん、逃がさない、病気にさせない、さらには犬や猫にできるかぎりストレスや苦痛を与えないことが重要です。

これらすべてをクリアすることで初めてお客さまに信頼され、「このお店に来て良かった」と思われるのです。

明日をになうトリマーたちへ

しかし、そこにたどり着くまでの新人からは、「雑務ばかりでなかなかトリミングをさせてもらえない」、「トリミング時にケガをさせてしまった」、「商品のことがわからず、きちんと説明できなかった」、「お店の子犬にケガをさせてしまった」などの声を聞くことが多々あります。けれども、そこで挫折せずにがんばってほしいと思います。

どんな仕事も最初から完璧にこなせるはずがありません。日々が勉強であり、さまざまな経験や失敗を積み重ねて一人前のトリマーになれるのだということを忘れないでください。

最後に、仕事に慣れることは大切なことですが、その反面、〝慣れ〟は非常に恐ろしいことでもあります。ですからぜひ、慣れてきたころにもう一度本書を読み直し、新たな気持ちで仕事をしてもらいたいと思います。

監修者代表

今西　孝一

本書の見方・使い方

トリマーの仕事って、どんなものなのでしょうか？　本書は、トリミング・スクールに通う学生のみなさん、トリミング・サロンで働き始めたみなさんのための本です。お仕事の紹介はもちろんのこと、現場で必要とされる心構えや諸注意も盛り込んであります。また、ショップ勤務の上での基礎知識、トリマー必須の器具紹介、犬や猫の扱い方、獣医学的知識なども収録してあります。仕事をしていくなかで疑問に思ったこと、不安に思うことがあったら、この本を見返してみてください。きっと何かのヒントを得られるはずですよ！

②小さな見出し
そのコマで扱われている内容をひとことでまとめています。

①大きな見出し
そのページで扱う内容が大まかに紹介されています。

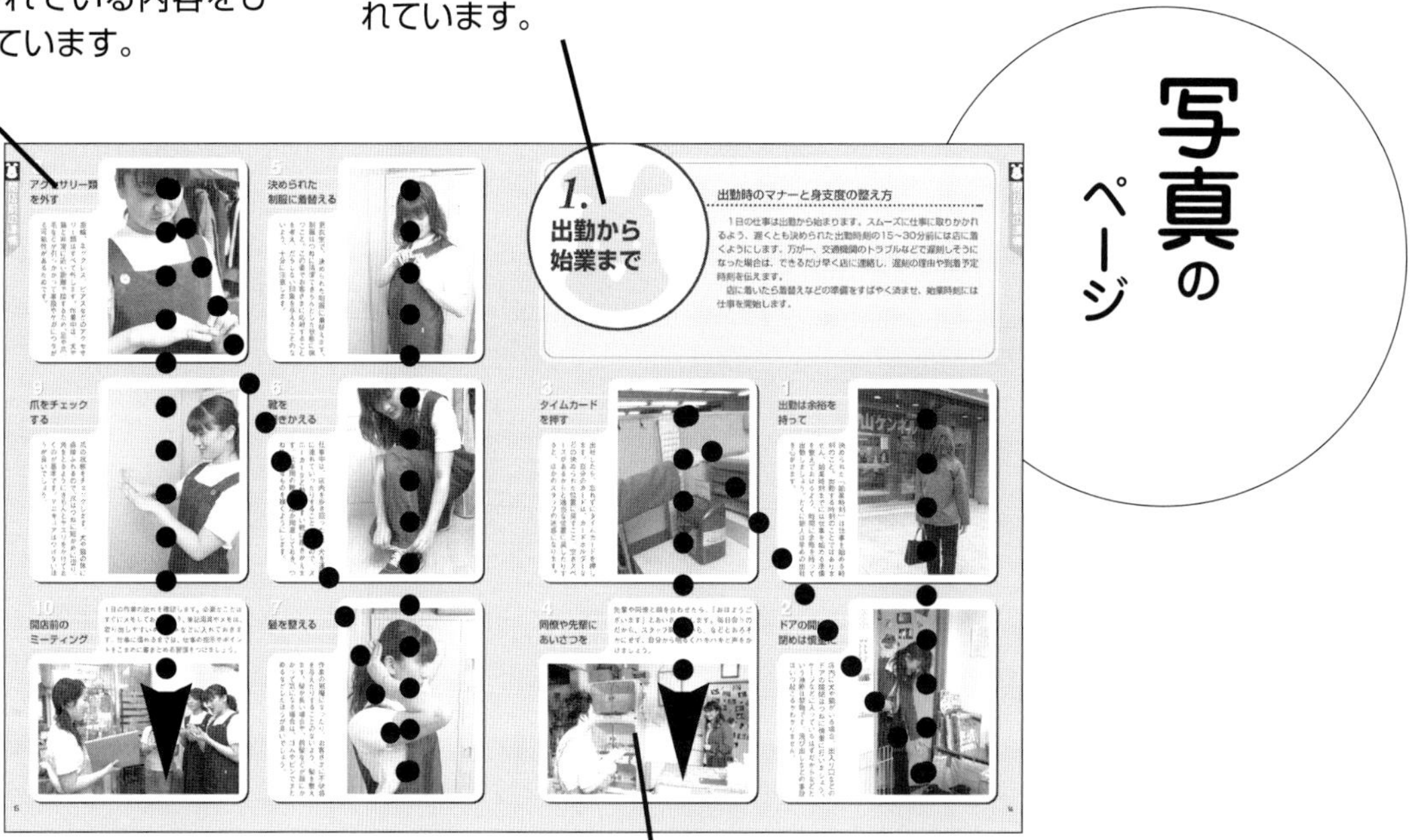

③大きな写真
現職トリマーのお仕事を、写真で追っていきます。

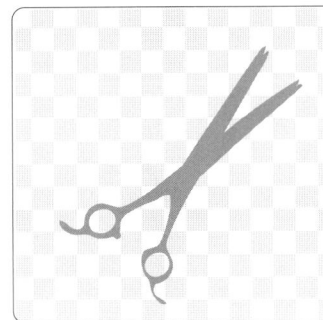

写真とイラストのページ

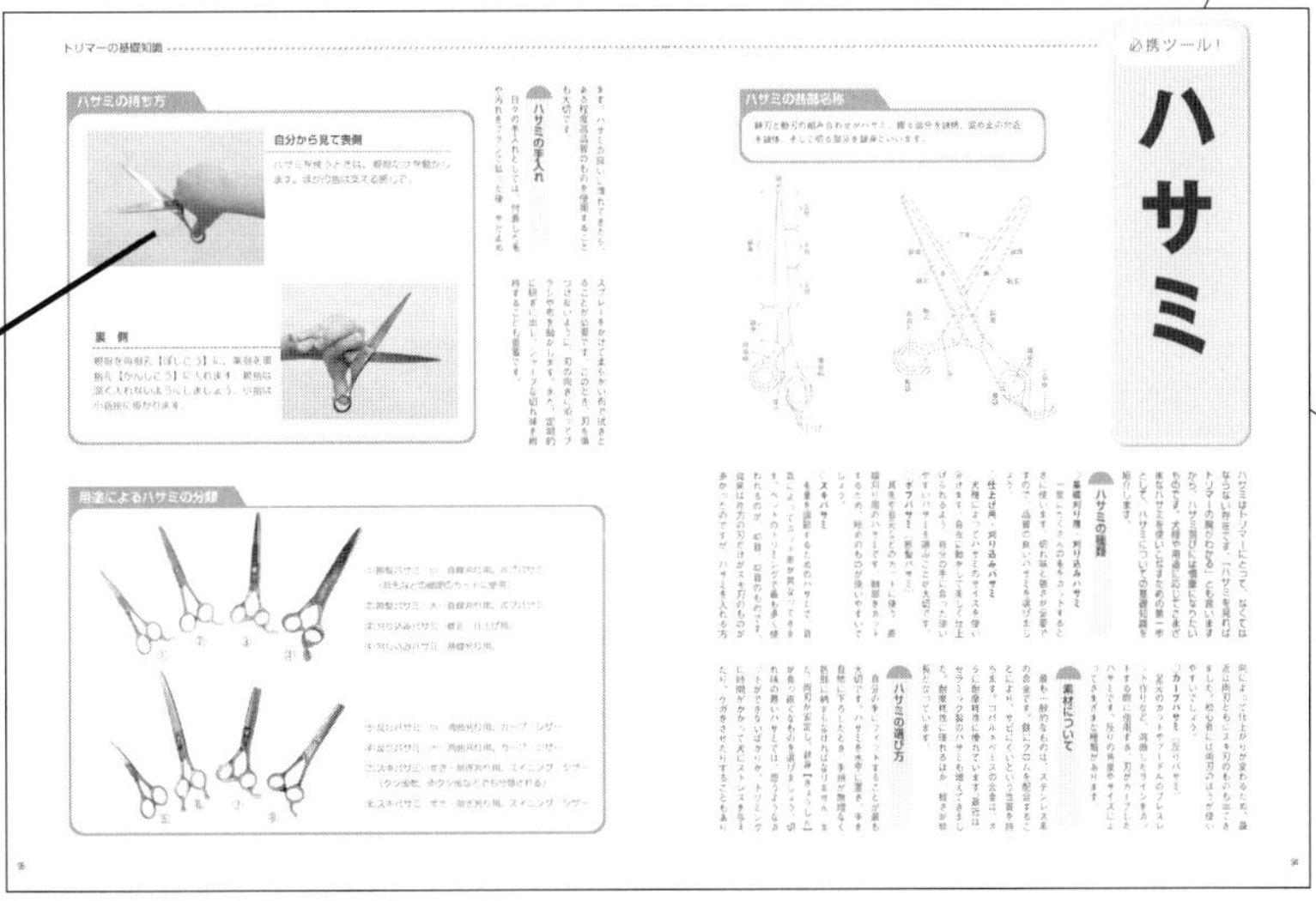

ポイント部分は写真で確認

ツールの種類や使い方など、重要な部分には写真で解説しています。

イラストのページ

①犬種のデータ

「主なグルーミング犬種」のページでは、一般にサロンに訪れることの多い犬種を取り上げ、基本的な犬種データをまとめました。

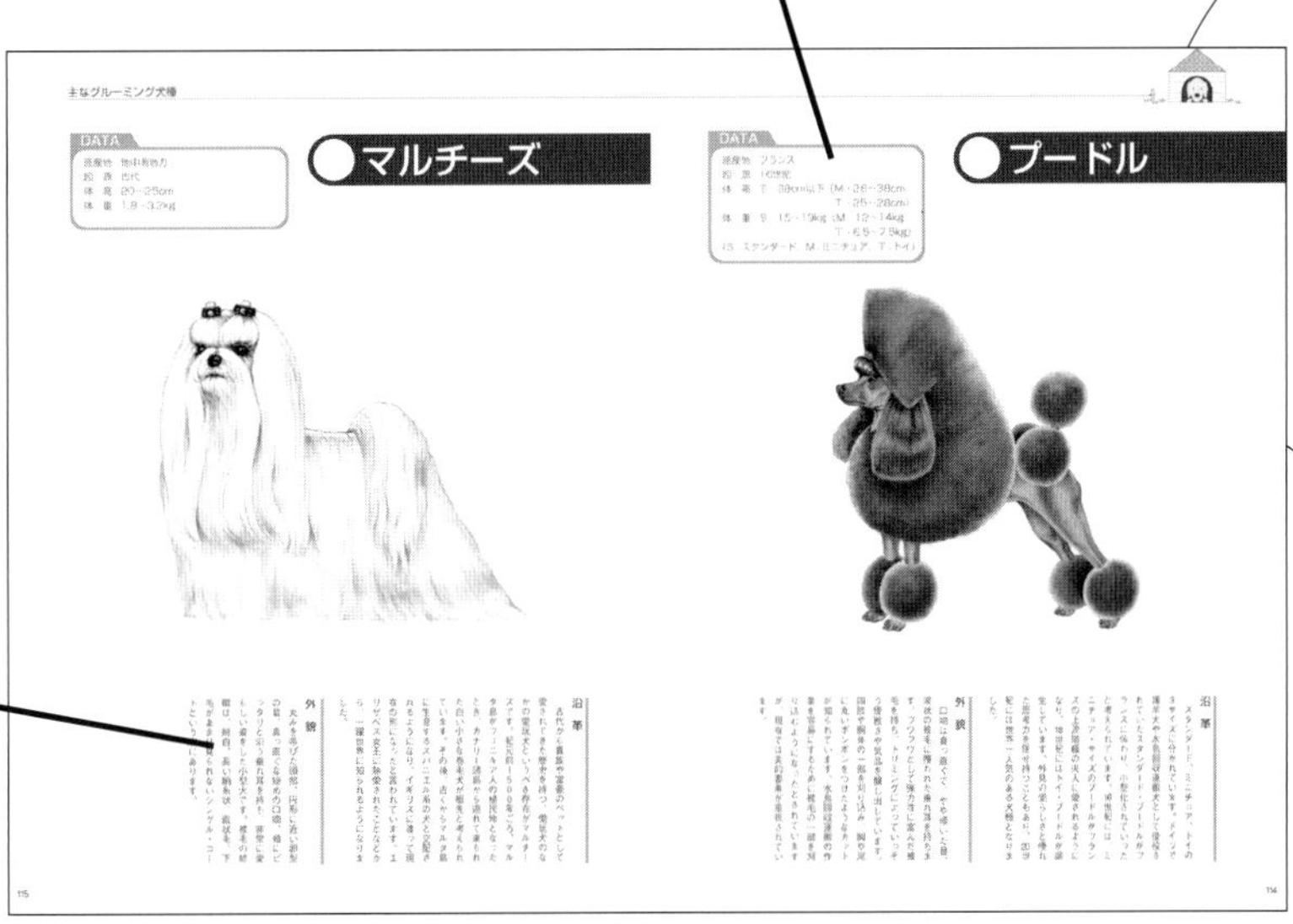

②ポイントを押さえた解説

各犬種の成り立ちやいわれ、歴史を解説した「沿革」、その犬種の大きな特徴となる体や被毛のポイントを解説した「外観」の２本から成り立っています。

撮影協力／小久保 六花
山﨑　知

三浦 桃代
柳川 絢子
杉山 安紀
佐々木 理恵
佐藤　卓
大澤 和明

動物モデル／アトム（ブリュッセル・グリフォン）
タイニー（イングリッシュ・コッカー・スパニエル）
バニー（マルチーズ）
梨花（ケリー・ブルー・テリア）
ラム（スコティッシュ・フォールド）

I 開店前の準備

1. 出勤から始業まで

出勤時のマナーと身支度の整え方

1日の仕事は出勤から始まります。スムーズに仕事に取りかかれるよう、遅くとも決められた出勤時刻の15～30分前には店に着くようにします。万が一、交通機関のトラブルなどで遅刻しそうになった場合は、できるだけ早く店に連絡し、遅刻の理由や到着予定時刻を伝えます。

店に着いたら着替えなどの準備をすばやく済ませ、始業時刻には仕事を開始します。

1 出勤は余裕を持って

決められた「始業時刻」は仕事を始める時刻のこと。出勤する時刻のことではありません。始業時刻までには仕事を始める準備を整えておけるよう、時間に余裕を持って出勤しましょう。とくに新人は早めの出社を心がけます。

2 ドアの開け閉めは慎重に

店内に犬や猫がいる場合、出入り口などのドアの開閉はつねに慎重に行いましょう。ケージなどに入っているはずだからなどという油断は禁物です。飛び出しなどの事故はいつ起こるかわかりません。

3 タイムカードを押す

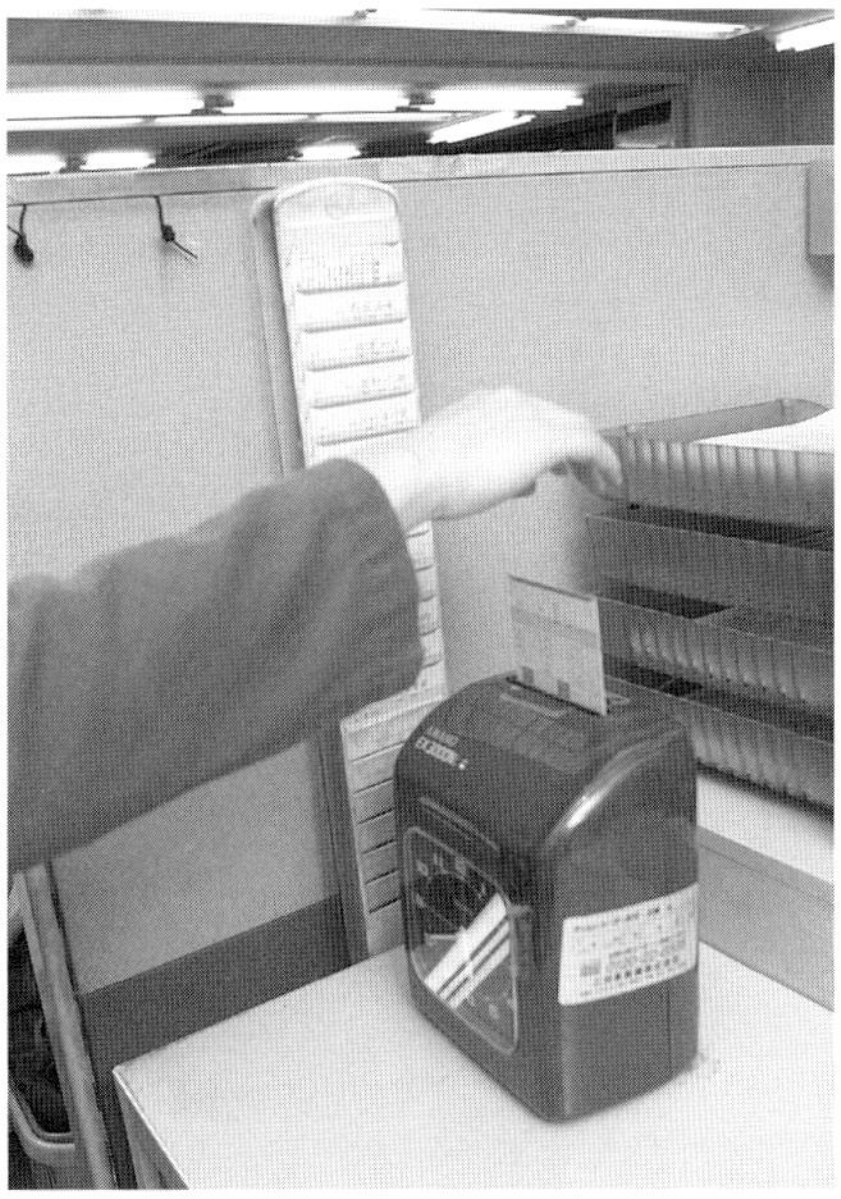

出社したら、忘れずにタイムカードを押します。自分のカードは、カードホルダーなどの決められた位置に戻すこと。空きスペースがあるからと適当な位置に戻したりすると、ほかのスタッフの迷惑になります。

4 同僚や先輩にあいさつを

先輩や同僚と顔を合わせたら、「おはようございます」とあいさつをします。毎日会うのだから、スタッフ同士だから、などとおろそかにせず、自分から明るくハキハキと声をかけましょう。

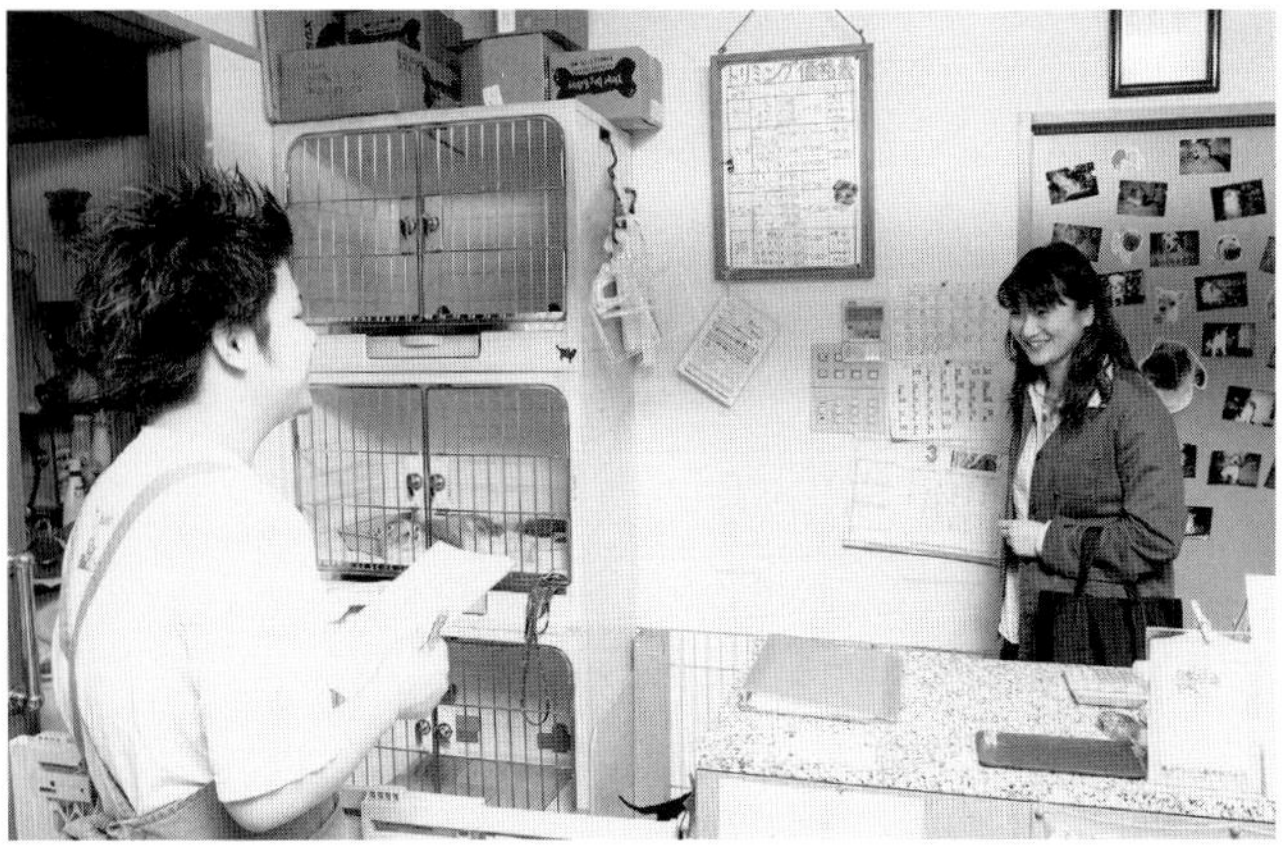

5 決められた制服に着替える

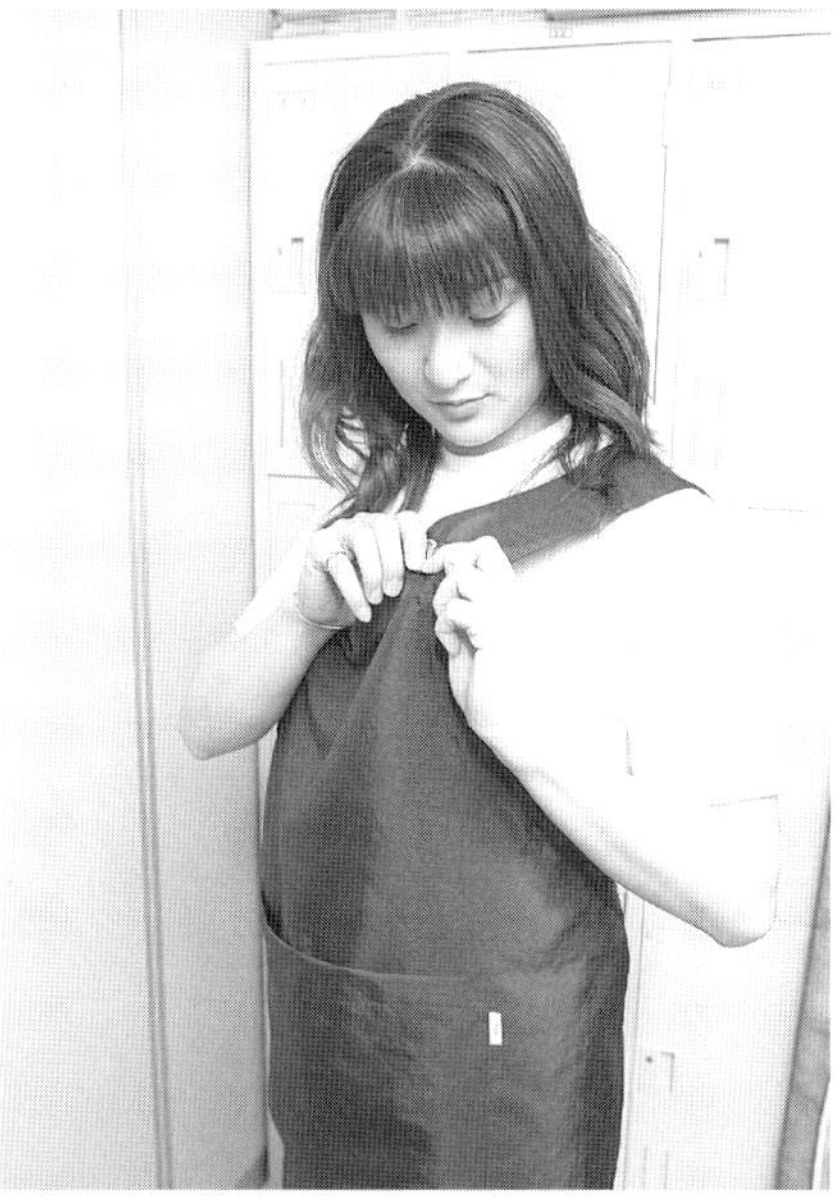

更衣室で、決められた制服に着替えます。制服はつねに清潔できちんとした状態に保つこと。この姿でお客さまに応対することを考え、だらしない印象を与えることのないよう、十分に注意します。

6 靴を履きかえる

仕事中は、店内を歩き回ったり、犬を運動に連れていったりすることもあるので、スニーカーなど動きやすい靴に履きかえます。仕事用の靴は何足か用意しておき、つねに清潔なものを履くようにします。

7 髪を整える

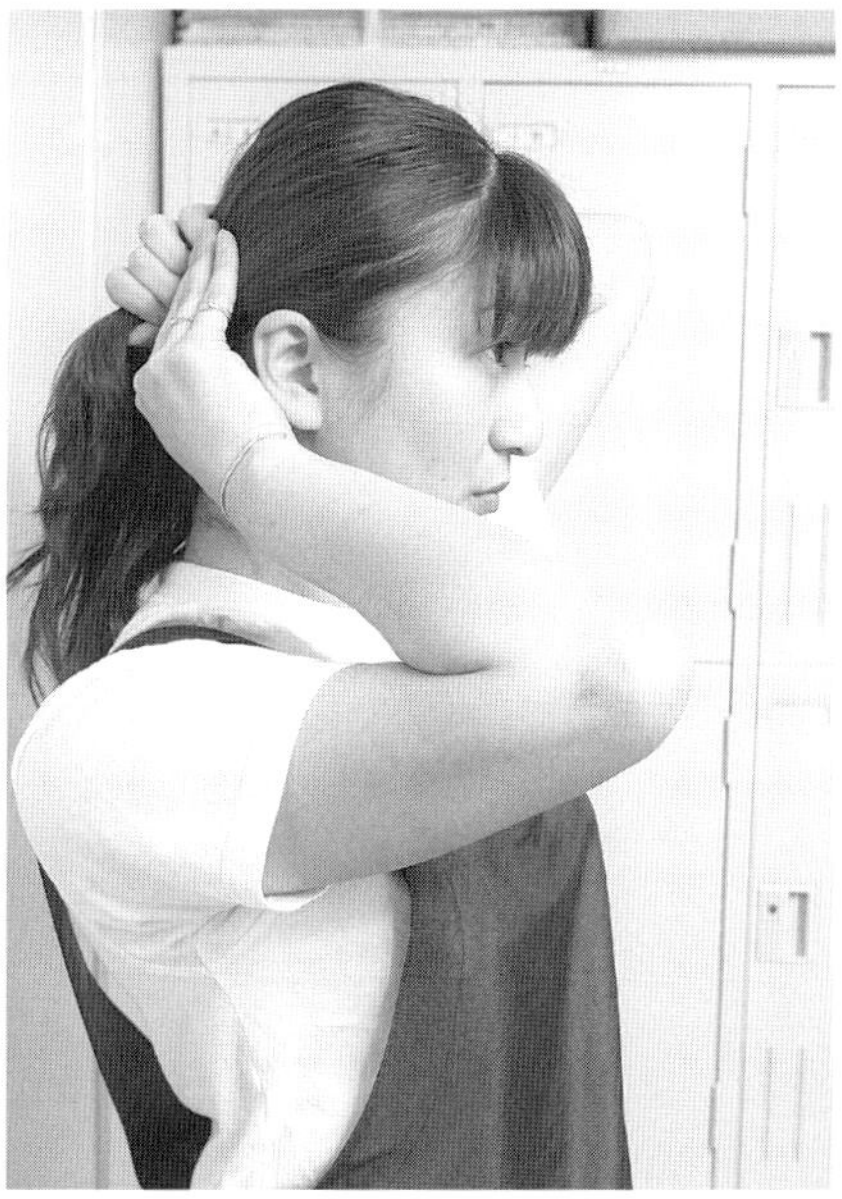

作業の邪魔になったり、お客さまに不快感を与えたりすることのないよう、髪を整えます。髪が長い場合や、前髪などが顔にかかって気になる場合は、ゴムやピンでまとめるなどしたほうが良いでしょう。

8 アクセサリー類を外す

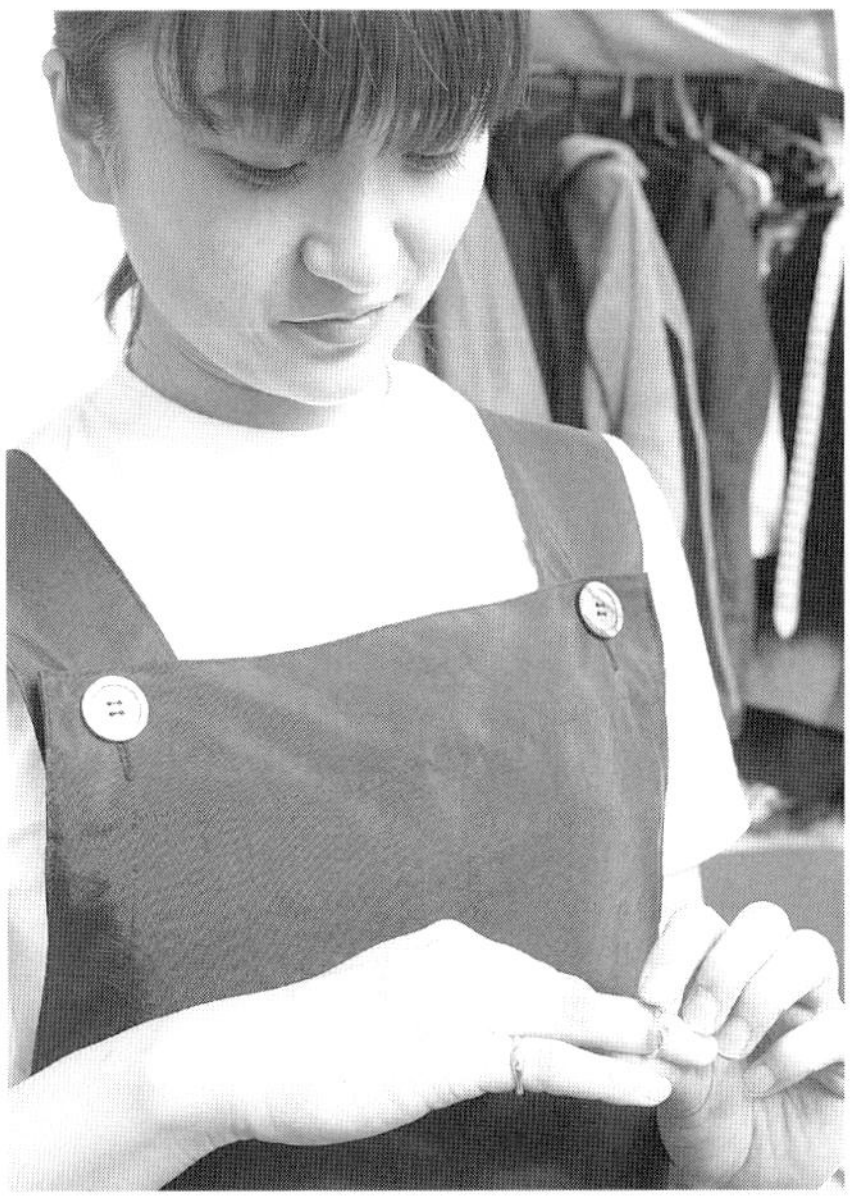

指輪、ネックレス、ピアスなどのアクセサリー類はすべて外します。作業中は、犬や猫と非常に近い距離で接するため、足や爪、毛などが引っかかって事故やケガにつながる可能性があるためです。

9 爪をチェックする

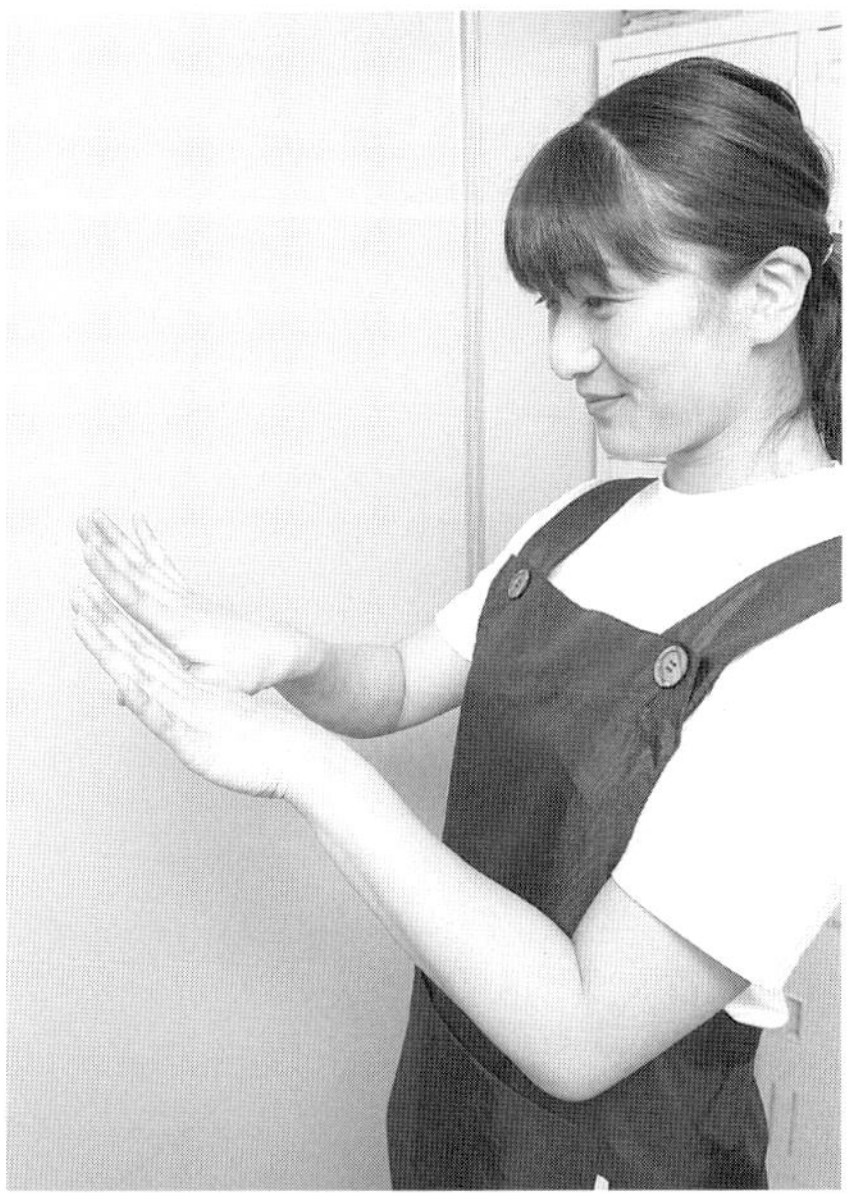

爪の状態をチェックします。犬や猫の体に直接ふれるので、爪はつねに短かめに切り、角をとるようにきちんとヤスリをかけておくのが基本です。マニキュアはつけないほうが良いでしょう。

10 開店前のミーティング

1日の作業の流れを確認します。必要なことはすぐにメモしておけるよう、筆記用具やメモは、取り出しやすいポケットなどに入れておきます。仕事に慣れるまでは、仕事の指示やポイントをこまめに書きとめる習慣をつけましょう。

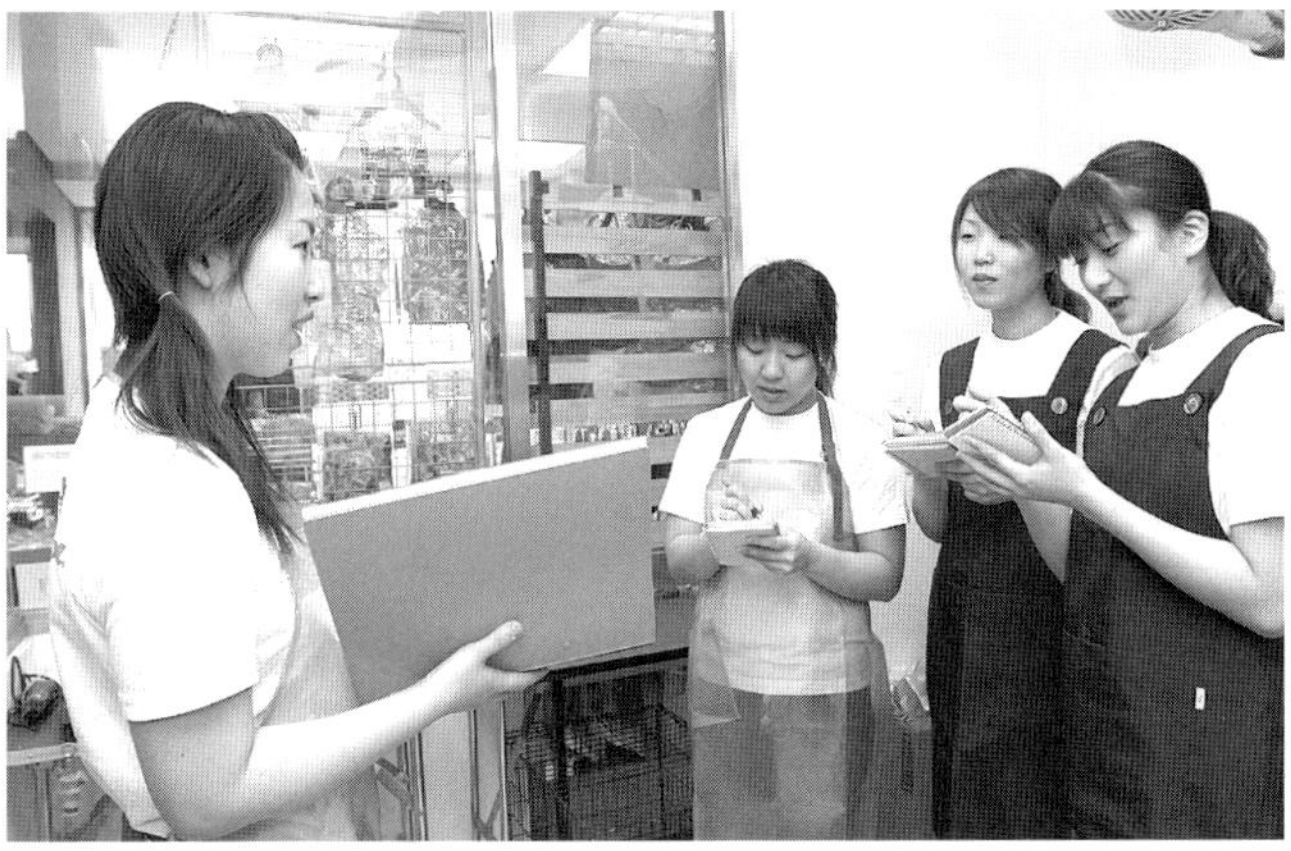

2. お客さまを迎える前に①

店内の整理と清掃

トリミング・ショップは、お客さまの大切なペットを預かる場所。清潔・安全であることは絶対条件ですから、毎日の掃除はとても大切です。一般の家庭や事務所などと違うのは、毛クズなどのゴミが多いこと、不特定多数の人や動物が出入りする場所であることなどです。毛クズやホコリは掃除機で取りのぞき、さらに消毒薬で拭き掃除をして、つねにすみずみまで衛生的に保ちましょう。

1 店内の換気

掃除を始める際は、窓を開ける、換気扇を回すなどして店内の換気を忘れずに。掃除機の排気などを外に出すほか、店内の消臭にも役立つので、寒い時期でも必ず行いましょう。

2 床に掃除機をかける

店内の床には掃除機をかけ、細かいホコリや毛クズを取りのぞきます。床にものが置いてある場合は、できればいったんものをどかし、床面全体に掃除機をかけるようにします。

3 すみずみまで掃除機を

ホコリや毛クズは部屋中に散るので、細かいところまでていねいに掃除すること。とくに部屋のコーナーや窓の桟のあいだなどにはゴミが溜まりやすいので、専用のノズルなどを使ってきれいにします。

4 バケツに消毒液を作る

床掃除のための消毒液を作ります。薬剤は店によってさまざまですが、殺菌力の高い塩素系の消毒薬などを薄めて使うことが多いようです。薬剤は決められた方法で、正しく取り扱います。

5 消毒液で拭き掃除

消毒液で床を拭き掃除します。モップを消毒液に直接浸すほか、霧吹きなどで消毒液を床にスプレーし、その後拭き取るようにしても良いでしょう。店内のすみずみまで、ていねいに拭いておきます。

6 入り口の掃除は念入りに

入り口はお店の顔。店全体の印象を左右する場所でもあるので、とくに念入りに掃除をします。ドアマットなどがある場合は、必ずいったんどかし、マットの下の床まできちんと掃除しましょう。

7 入り口の外側もきれいに

店の入り口や、入り口に続く道路も掃除をしておきます。大きなゴミは拾い、土ボコリや毛クズはホウキなどで掃き集めて取りのぞきます。店の看板などの状態もチェックしておきます。

8 ガラスを拭く

店の入り口や窓、生体のガラスケースなどは、つねに汚れのない状態にしておきます。ガラスクリーナーなどで、内側と外側から拭き掃除をします。指紋などの汚れが気になる部分なので、人の手がふれやすいところは念入りに。

9 店内の棚にも掃除機を

ホコリや毛クズなどの小さなゴミは、棚の上にも溜まります。商品類をいったんどかし、棚板に掃除機を。壁との境目など、ゴミが溜まりやすいところは、とくにていねいに掃除します。

10 棚を水拭きする

掃除機をかけた後、棚板を水拭きします。お客さまやスタッフが頻繁に手をふれる部分なので、拭き取らなければ取れない汚れも付いているからです。見えにくい奥のほうまできちんと拭いておくこと。

11 商品を並べ直す

掃除をするためにどかした商品は、元の位置にきちんと並べ直します。お客さまの見やすさや、ほかのスタッフの作業のしやすさなどにも関わるので、勝手に並べ方を変えたりしてはいけません。

12 値札の位置なども確認

商品の値札やPOP類の位置なども確認し、店の決まりに従って正しく整えます。お客さまがよく見るところなので、細かい部分まで手を抜かず、見やすくきちんとした状態にしておきましょう。

13 商品の在庫を確認

棚の掃除をしながら、陳列数が少なくなっている商品を確認し、商品に破損や汚れがないかどうかもチェックしておきます。不足しているものに気づいたら、開店前に補充しておきます。

14 掃除機をチェック

ゴミが溜まった掃除機のフィルター類をそのままにしておくと、ダニなどの害虫や悪臭が発生する原因にもなりかねません。こまめにチェック・清掃し、ゴミパックは早めに交換しましょう。

15 店内のゴミをまとめる

ゴミ箱のゴミをまとめます。トリミング・ショップには、ペットシーツなど悪臭の元になるゴミも多いので、ゴミ袋の口はしっかりと結んで内容物や臭いが外にもれないようにします。

16 ゴミを出す

ゴミは回収時間を守って、決められた場所に正しく出します。近所迷惑にならないよう、店外のゴミ置き場もつねに整とんしておくこと。店内のゴミ箱はこまめに中を確認し、ゴミが溜まっていたらすぐに所定の場所にまとめましょう。

3. お客さまを迎える前に②

店内の汚れものの洗濯

トリミング・ショップでは、タオルなどの洗濯ものが大量に出ます。開店前に限らず、汚れたタオルがある程度溜まっているのに気づいたら、すすんで洗濯をしましょう。

洗濯・乾燥が済んだタオルは、きちんとたたんで決められた場所へ。万が一、タオルが不足するようなことがあれば、仕事に支障が出ることになるので、清潔な乾いたタオルがつねにストックされていることが大切です。

1 使用済みタオルを洗う

使用済みのタオル類は、ある程度溜まったら洗濯機に入れて洗います。皮膚病の動物などに使用したものは分けておき、消毒液に漬け置きした後、ほかのタオルとは別にして洗います。

2 洗濯ものを乾燥機へ

洗い上がったタオルは、天日干し、乾燥機など、店で決められた方法で乾燥させます。洗濯中はほかの作業をすることができますが、洗い終わった後のものがいつまでも洗濯機の中に残っていたりすることのないよう、洗濯が終わる時間を意識するようにしましょう。

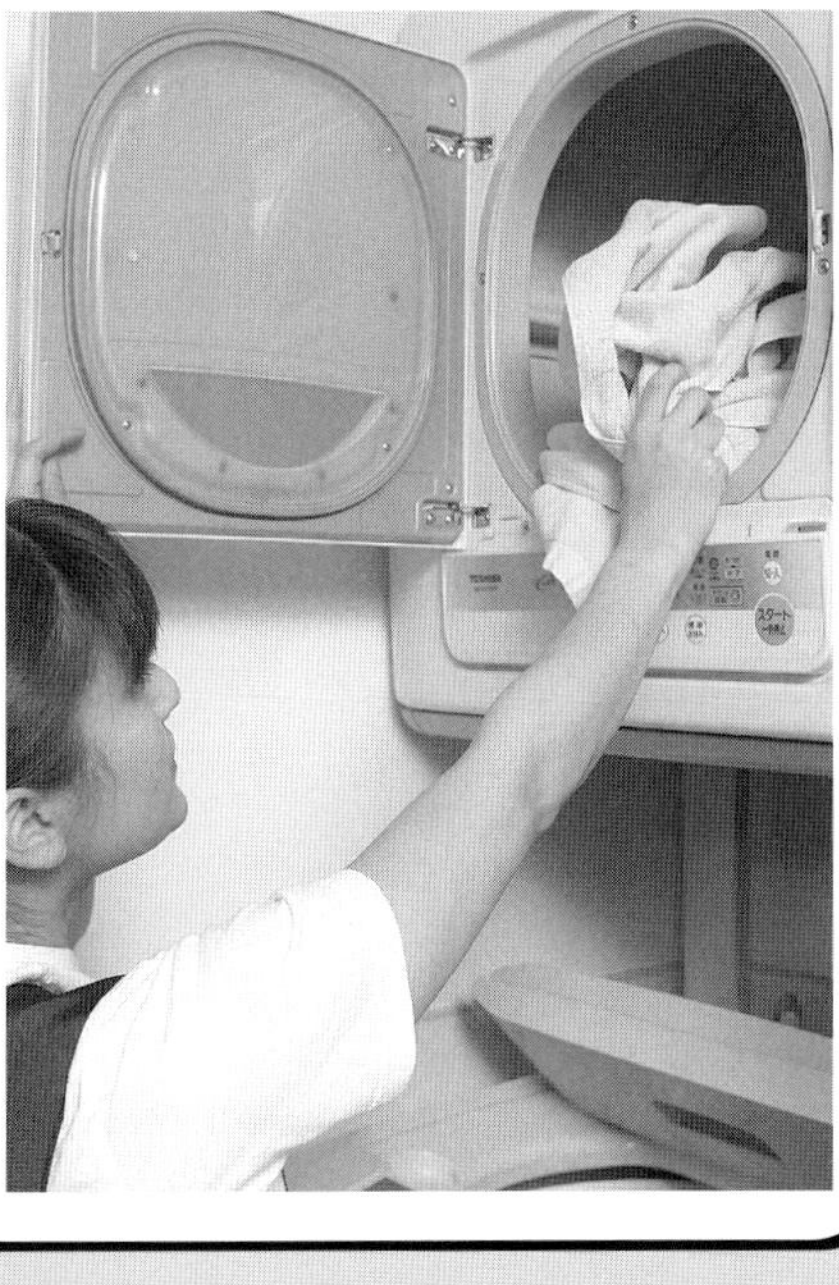

3 たたんで所定の位置へ

タオルは完全に乾いたことを確認した後、きちんとたたみ、所定の位置にしまいます。スタッフ全員が使うものなので、タオルのたたみ方などは店の決まりに従いましょう。

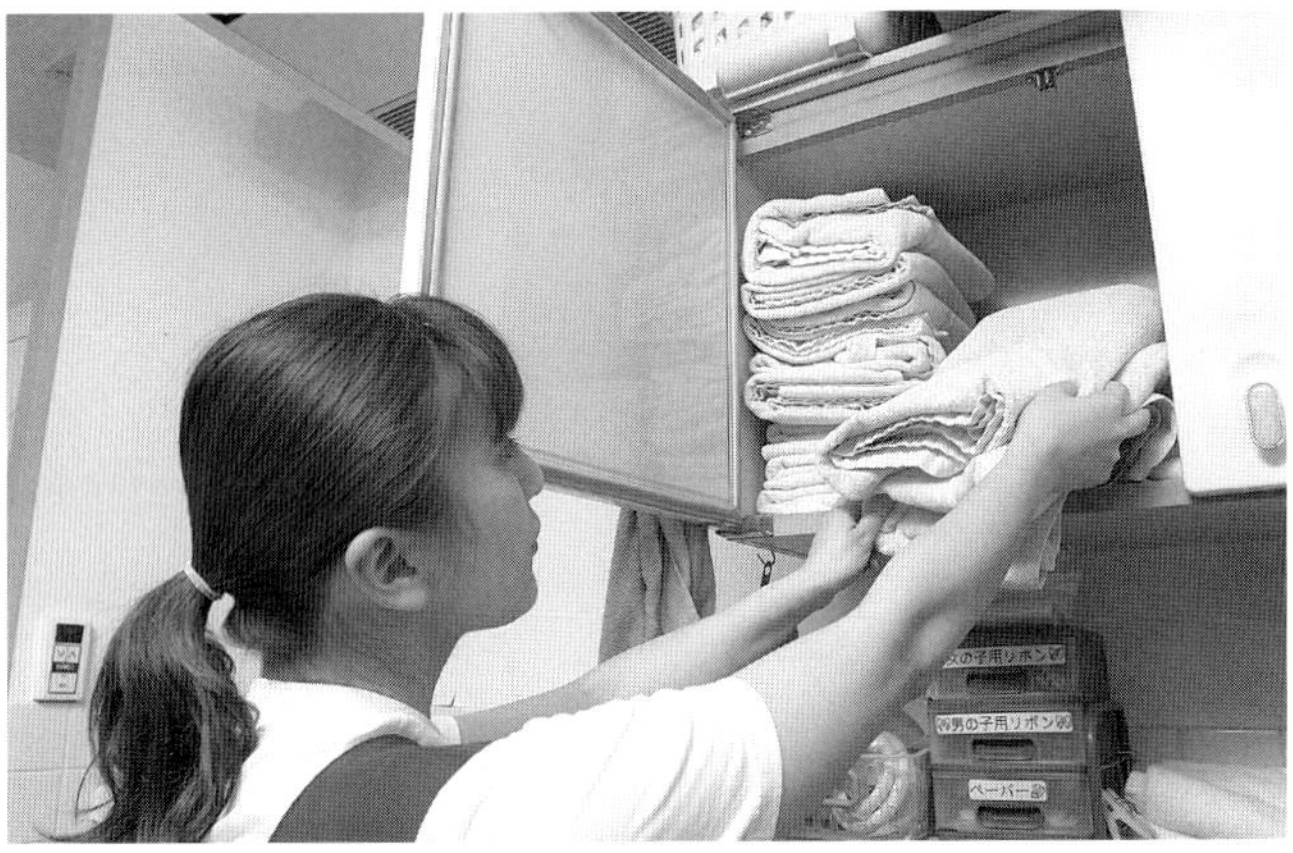

4 洗濯機のゴミを確認

トリミング・ショップの洗濯ものには毛クズなどが付いていることが多いので、洗濯機のゴミ取りネットにもたくさんのゴミが溜まります。こまめにチェックし、溜まっているのに気づいたら、すぐに捨てるようにしましょう。

4. お客さまを迎える前に③

ケージの清掃

ペット・ホテルを利用しているお客さまのペットや、ショップで育てている犬や猫は、多くの時間を店内のケージの中で過ごします。そのため、ケージの清掃は、スタッフのとても大切な仕事です。排泄物などをこまめに片付けるのはもちろん、毎日の定期的な清掃もていねいに行いましょう。犬や猫が快適に過ごせる環境を作るほか、悪臭や感染症などを予防する面でも、大きな意味があります。

造り付けのケージの場合

1 敷きものを取り出す

ケージから使用済みの敷きものを取り出します。ケージの扉の開閉は、飛び出しなどのないよう注意して行い、ケージ内にいた犬や猫はほかの場所に移すか、しっかり抱いているようにします。

2 消毒液をスプレー

ケージ内に消毒液をスプレーします。消毒液は、店で決められた種類のものを正しく薄めて使います。種類によっては、効果を高めるため、スプレーした後、少し時間をおくこともあります。

3 拭き掃除をする

消毒液をスプレーしたケージ内を拭き掃除します。汚れや毛クズなどが残らないよう、ていねいに。床板だけでなく、壁や天井、扉の内側の部分なども、忘れずにきちんと拭きましょう。

4 トレーを引き出す

ケージの床板の下には、ケージ内で排泄した尿などが溜まる、取り外し可能のトレーが付いています。このトレーを手前に引き、排泄物をこぼさないように注意しながらケージから取り外します。

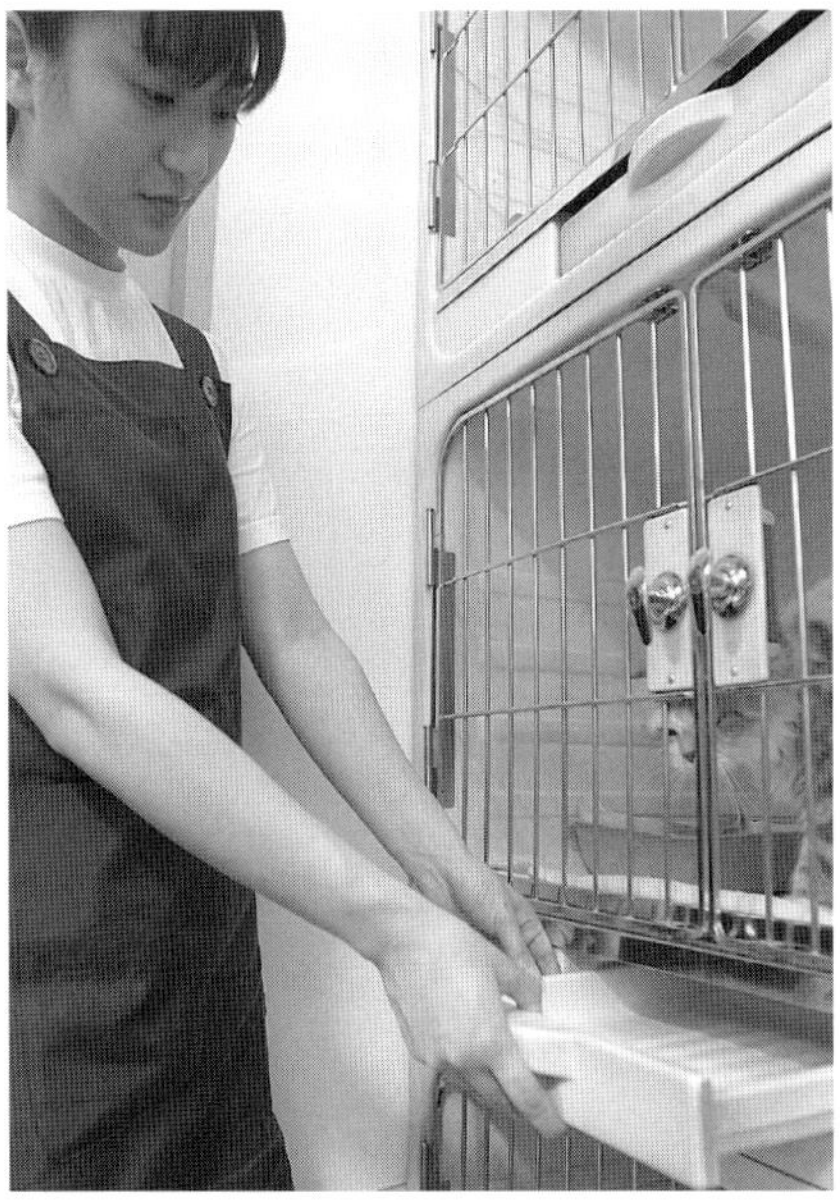

5 トレーを洗う

取り外したトレーに溜まった排泄物を捨て、水洗いします。店で決められたタワシやスポンジなどを使い、汚れが残らないよう、ていねいに洗います。洗った後は水気を拭き取り、再びケージに取り付けます。

6 新しい敷きものを敷く

清潔な新しい敷きものを敷き、犬や猫を戻します。敷きものは床板をすみずみまで覆い、さらに犬や猫が動き回ってもたるんだり丸まったりしないよう、端を床板の下に折り込むなど、ケージの形態に合わせて敷き方を工夫します。

7 トレーを洗う

造り付けのケージの場合と同様、ケージの床板の下にあるトレーをケージから取り外し、溜まった排泄物を捨てて水洗いします。洗った後は水気を拭き取っておきます。

携帯用のケージの場合

8 フレームを熱湯消毒

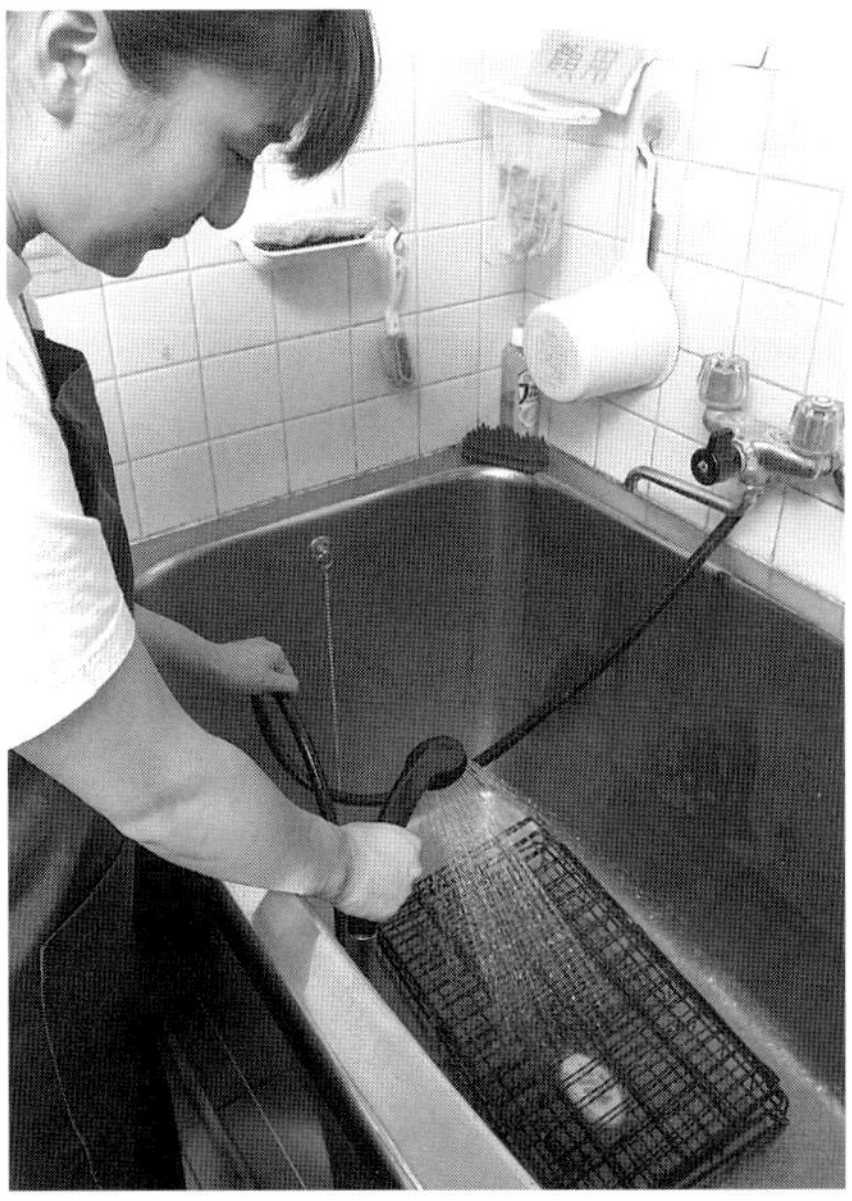

フレームは、こびり付いた汚れがあれば水洗いしてきれいに取りのぞきます。その後、水が溜まるように栓をしたシンクにたたんだ状態で入れ、上から熱湯をたっぷりとかけて消毒します。

9 消毒液をスプレー

ヤケドをしないように注意しながらフレームを取り出します。軽く振って水を切った後、全体に消毒液をスプレーします。消毒液の種類によっては、効果を高めるため、スプレーした後、少し時間をおくこともあります。

10 水分を拭き取る

フレームの水分を、すみずみまでていねいに拭き取ります。その後、洗って拭いておいたトレーを取り付け、床板の上に清潔な新しい敷きものを敷いてから、犬や猫を中に戻します。

5. お客さまを迎える前に④

生体の世話～散歩～

　ペット・ホテルで預かったり、ショップで飼育している犬は、毎日散歩をさせる必要があります。その際、何よりも気をつけたいのが、犬の逃げ出しです。外を歩かせる場合は予備のリードを付けるなどの対策をおろそかにしないようにしましょう。散歩中は犬の安全を守るほか、排泄させる場所やその後の処理などにも注意が必要。犬を管理するプロとして、マナーにも十分気を配ることが大切です。

1 ケージ内をチェック

ペット・ホテルなどで預かっている犬や猫がいる場合、1頭ずつケージ内をチェックします。便の有無や状態、体の汚れ、ふだんと違うところがないかどうかなどをていねいに見ていき、気づいたことはメモしておきます。

2 気づいたことを記録

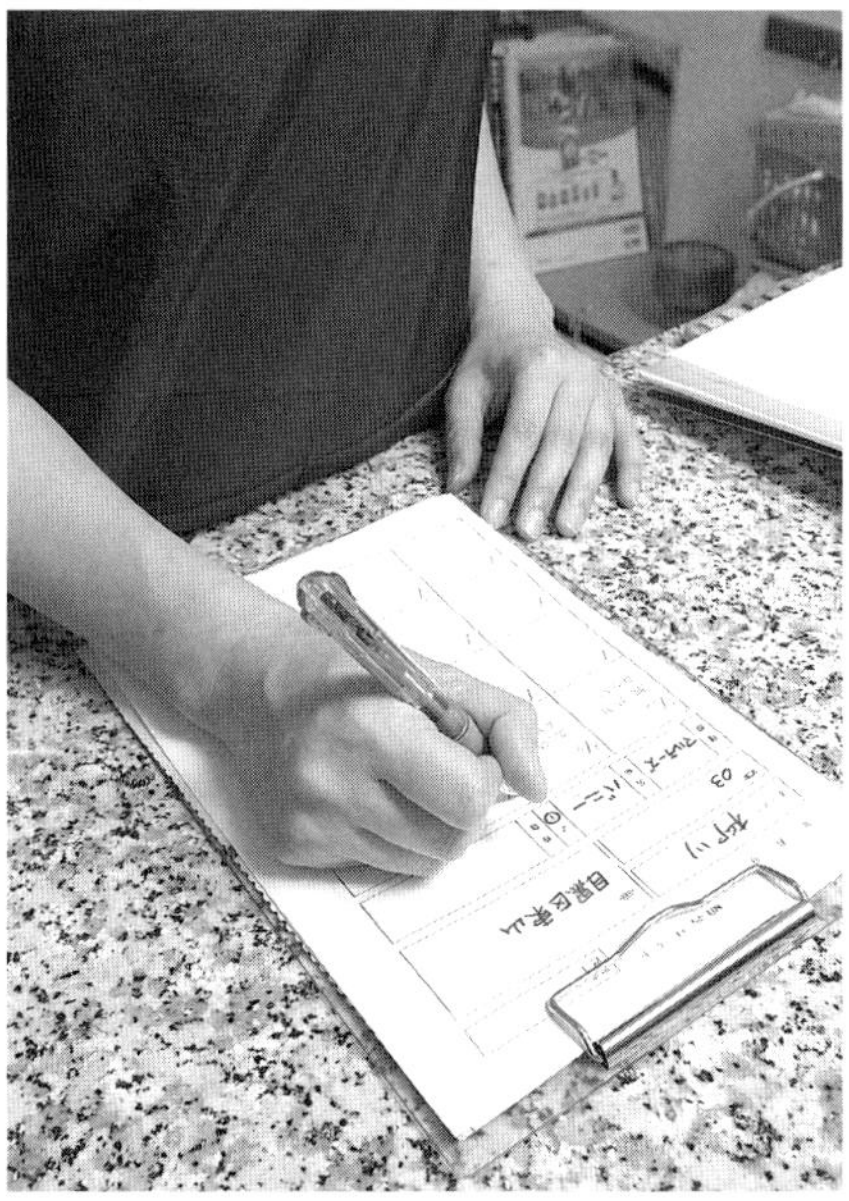

自分のメモを確認しながら、店で決められたノートやカルテなどに必要事項を記入します。排泄物の状態や体の様子などのほか、自分が観察して気づいたこともきちんと記録しておくようにしましょう。

3 気になることは相談

生体の様子で何か気になることがあった場合、そのまま放置したり、自分の判断で特別な処理をしたりしないこと。できるだけ早く先輩スタッフや責任者に相談し、指示に従って対処しましょう。

4 犬に首輪を付ける

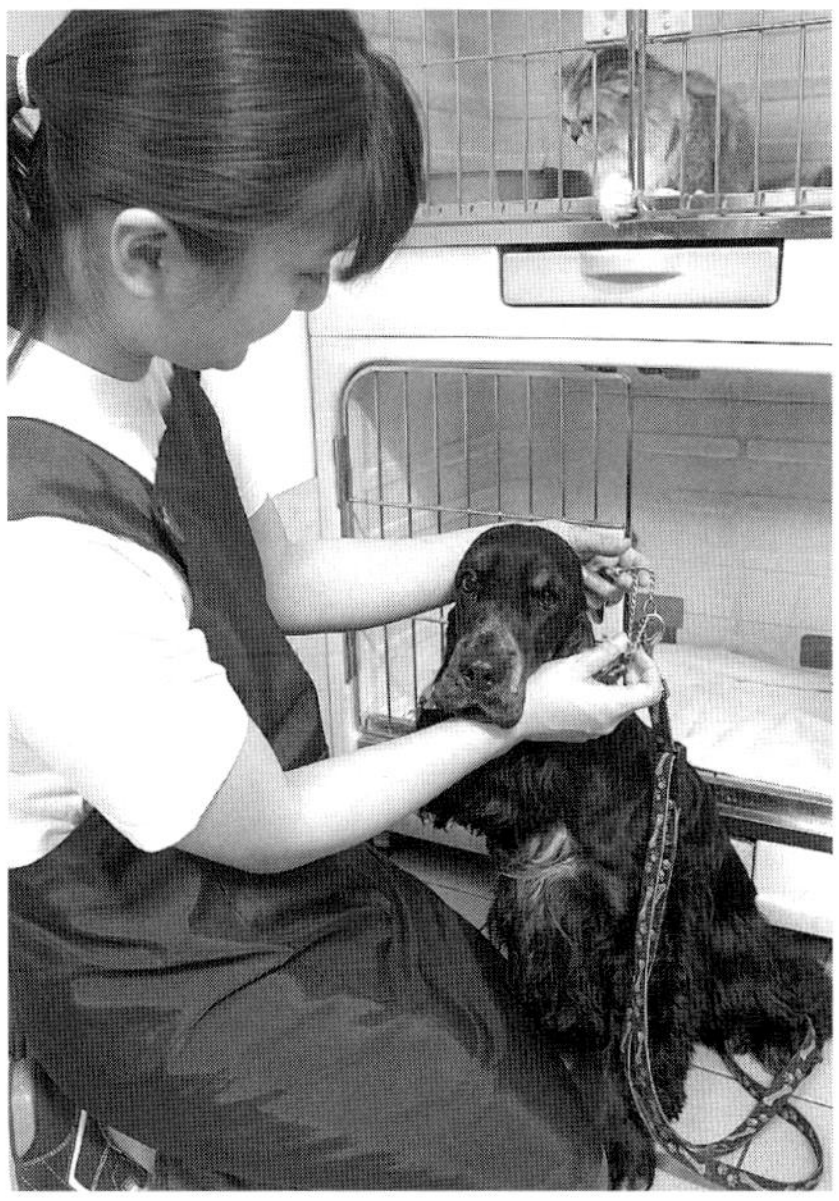

ホテルで預かっている犬の場合は、感染症やケガを予防するため、ほかの犬との接触を避けて1頭ずつ散歩をさせます。逃げ出しなどに注意しながら、散歩をさせる犬をケージから出し、首輪とリードを付けます。

5 散歩の際はリードを2本

お客さまの犬を散歩させるときは、逃げ出し防止のため、お客さまから預かったリードのほか、予備のリードをもう1本付けるようにすると良いでしょう。リードは2本まとめてしっかりと握ります。

6 外を散歩する

交通量が多いところでは、車や自転車に注意しながら歩かせます。リードは短く持ち、人間が車道側を歩くようにして犬の安全を守ります。ショップで預かっているあいだはほかの犬と接触させないのが原則なので、散歩中に寄ってくる犬がいても遊ばせたりしないこと。

7 排泄物を処理

外で排泄する習慣のある犬の場合、排泄させる場所は近所迷惑にならないところを選びます。散歩に出かけるときは必ず排泄物処理袋やティッシュを用意しておき、排泄物は責任を持って始末します。

8 排泄後は消毒を

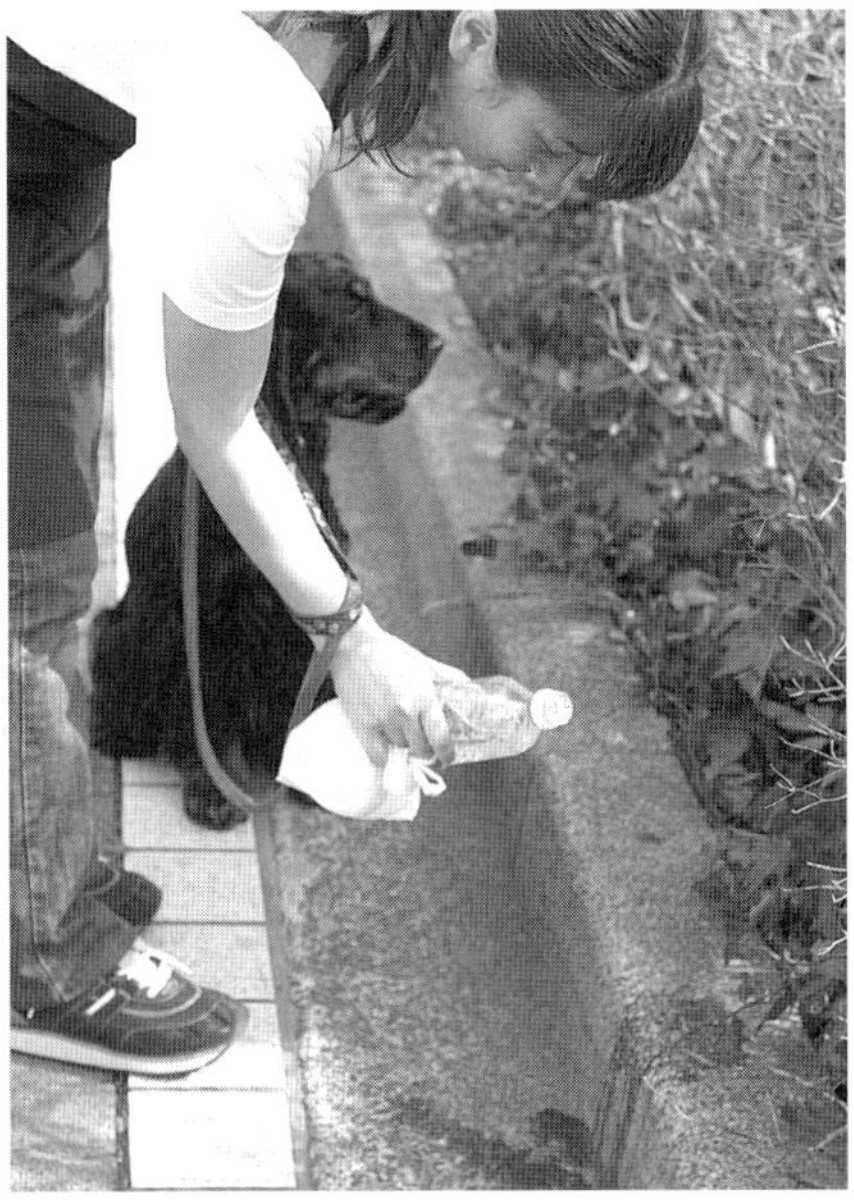

散歩に出かけるときは、ペットボトルなどに消毒液（塩素系などの消毒薬を水で薄めたもの）を入れて持参します。犬が排泄した後には消毒液をかけておくようにすると良いでしょう。

9 雨の日は室内で運動

天気の悪い日のほか、子犬、老犬などの場合は室内で運動させることもあります。サークルなどで囲んだ安全な場所で遊ばせますが、この場合もほかの犬とは接触させず、必ず1頭で。逃げ出し防止のため、スタッフが目を離さないことも大切です。

10 散歩後にはお手入れを

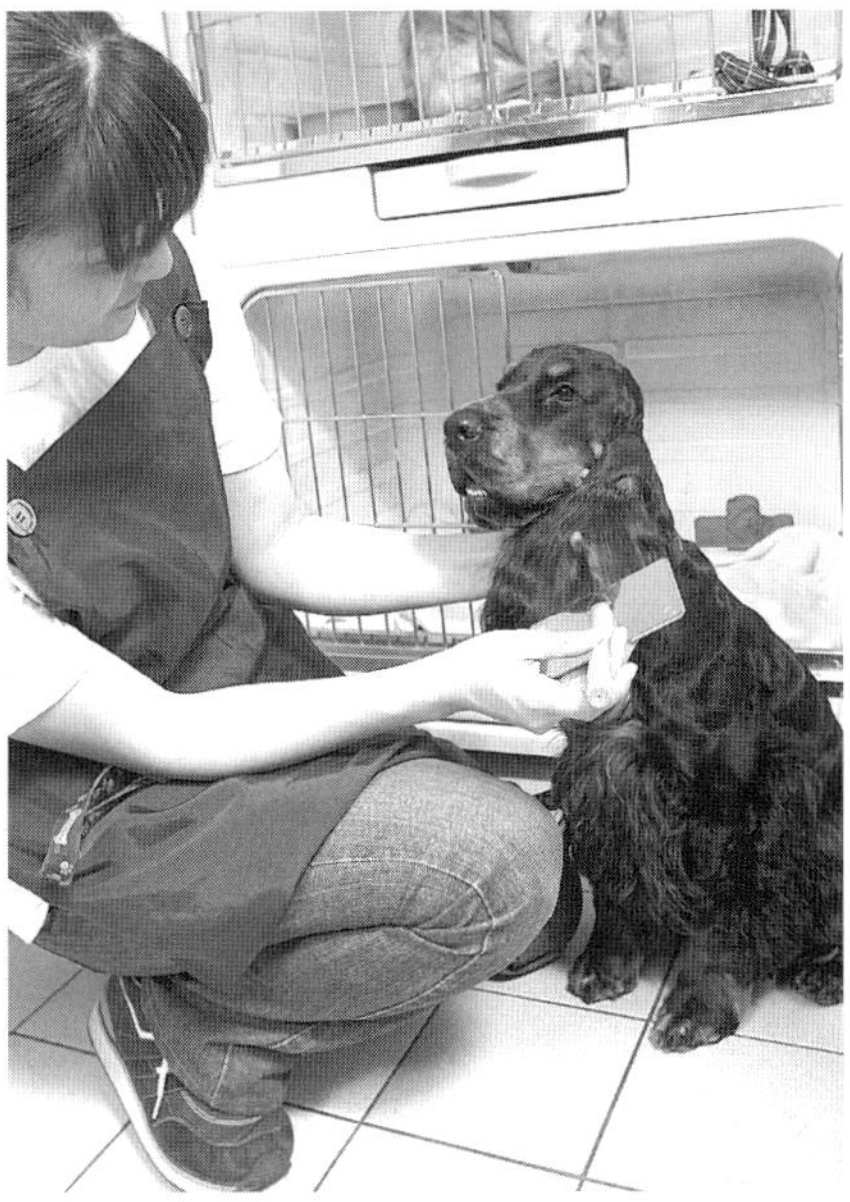

散歩や運動の後は、それぞれの犬に合わせて軽くブラッシングなどをしてからケージに戻します。このとき、健康状態のチェックを兼ねて体中にさわり、異状がないかどうか確認するようにしましょう。

6. お客さまを迎える前に⑤

生体の世話～食事～

お預かりしている犬や猫の食事も、開店前に済ませます。特定のフードを指定している場合や、処方食を与えなければならない場合もあるので、どの犬（猫）に何を与えるか、必ず事前に確認すること。とくに指定がない場合は、店で決められた食事を与えます。食事が済んだら、すぐに食器を回収して洗っておきましょう。食べ残しが多いなどの異常に気づいたら、先輩スタッフなどに報告を。

1 カルテを確認する

それぞれの犬、猫のカルテをチェックし、フードや処方食の指定がないかどうか確認します。間違いを防ぐためには記憶に頼らず、その都度きちんとカルテの内容を確認するようにしましょう。

2 フードを計量する

フードの準備をします。それぞれの犬や猫に与える種類や量などを間違えないように注意します。店で決められた方法で、正確に計量して与えましょう。

3 それぞれに食事を与える

食事と水を与えます。フードと水を同時に与える、水は後から与えるなど、与え方は店によって異なるので、決められた方法に従います。ケージ内に食器を入れる際、逃げ出しなどの事故のないよう、扉の開け閉めには十分に注意します。

4 食器を片付ける

食べ終わったらすぐに食器を回収し、きちんと洗って拭いてから、決められた場所にしまいます。食べ終わった後の食器をケージ内に置きっ放しにすることのないように注意します。

Ⅱ

電話応対の基本

1. 電話の応対①

受け方の基本とメモのとり方

電話での応対はとても重要。顔が見えないため、声だけで店全体の対応を判断されてしまうからです。応対の基本は、ハキハキとしたあいさつと返事、ていねいな言葉づかいです。まずは相手の用件をきちんと聞くこと。わからないことには勝手に対処せず、わかる人に代わってもらいます。正しい敬語の使い方、「お世話になっております」などの適切なあいさつも早く覚えるようにしましょう。

1 電話の近くにメモを

いつ電話がかかってきてもスムーズな応対ができるようにするため、電話の近くにはメモと筆記用具をつねに準備しておきます。左手で受話器を持ち、右手でメモをとれるよう、電話の右側にメモなどをセットしておくと便利です。

2 受話器を取る

呼び出し音が鳴ったら、早めに出ます。ただし、鳴った瞬間に受話器を取るのは早すぎです。だいたい2コールぐらいを目安にすると良いでしょう。長く待たせた場合は、「お待たせいたしました」と言葉を添えるようにします。

3 店名を名乗る

受話器を取ったら、「(はい)、ペットサロン○○です」のように店名を名乗ります。口調は明るくハキハキと。午前中であれば、「おはようございます。ペットサロン○○です」などと言っても良いでしょう。

4 あいさつ

相手が名乗ったら「いつもありがとうございます」、「お世話になっております」などのあいさつをします。自分から名乗らない場合は、「失礼ですが、どちらさまでいらっしゃいますか?」とたずね、相手の名前を確認しておきます。

5 取りつぐときは保留に

別のスタッフに取りつぐ場合は、「××でございますね、少しお待ちください」と言って、電話の保留ボタンを押します。お客さまに対して話す場合は、たとえ自分から見て目上であっても、スタッフの名前に敬称は付けないのが決まりです。

6 受話器を手でふさぐ

NG

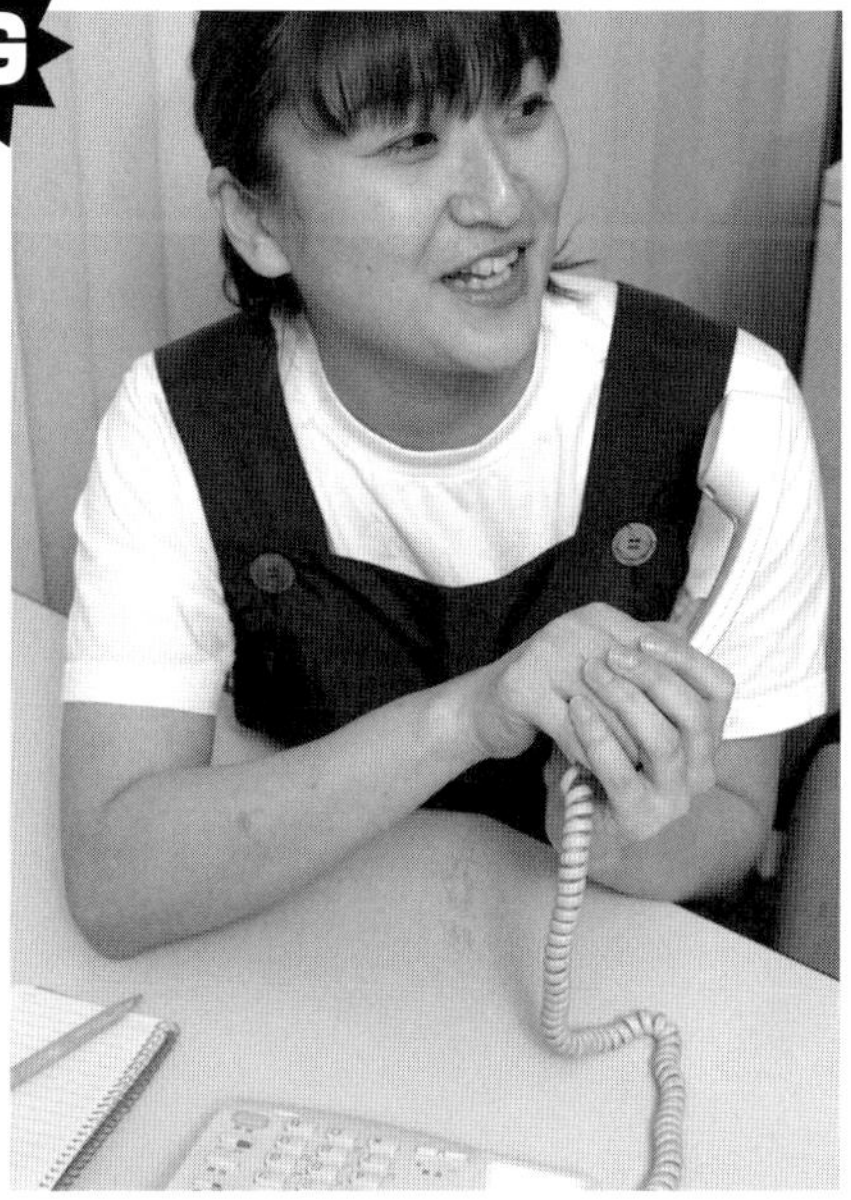

保留ボタンを押さずに、受話器を手でふさいだりしながら取りつぐスタッフに声をかけるのは間違い。お客さまにこちらの話し声が聞こえてしまう可能性があります。店内の会話はお客さまに聞かせるべきではないので、必ず保留ボタンを押しましょう。

7 相手に声をかける

取りつぐ相手には、「××さん、△△さまからお電話です」のように、かけてきたお客さまの名前を正しく伝えます。たとえ店内にスタッフしかいない場合でも、お客さまの名前には必ず「さま」などの敬称をつけます。

8 担当者が不在の場合

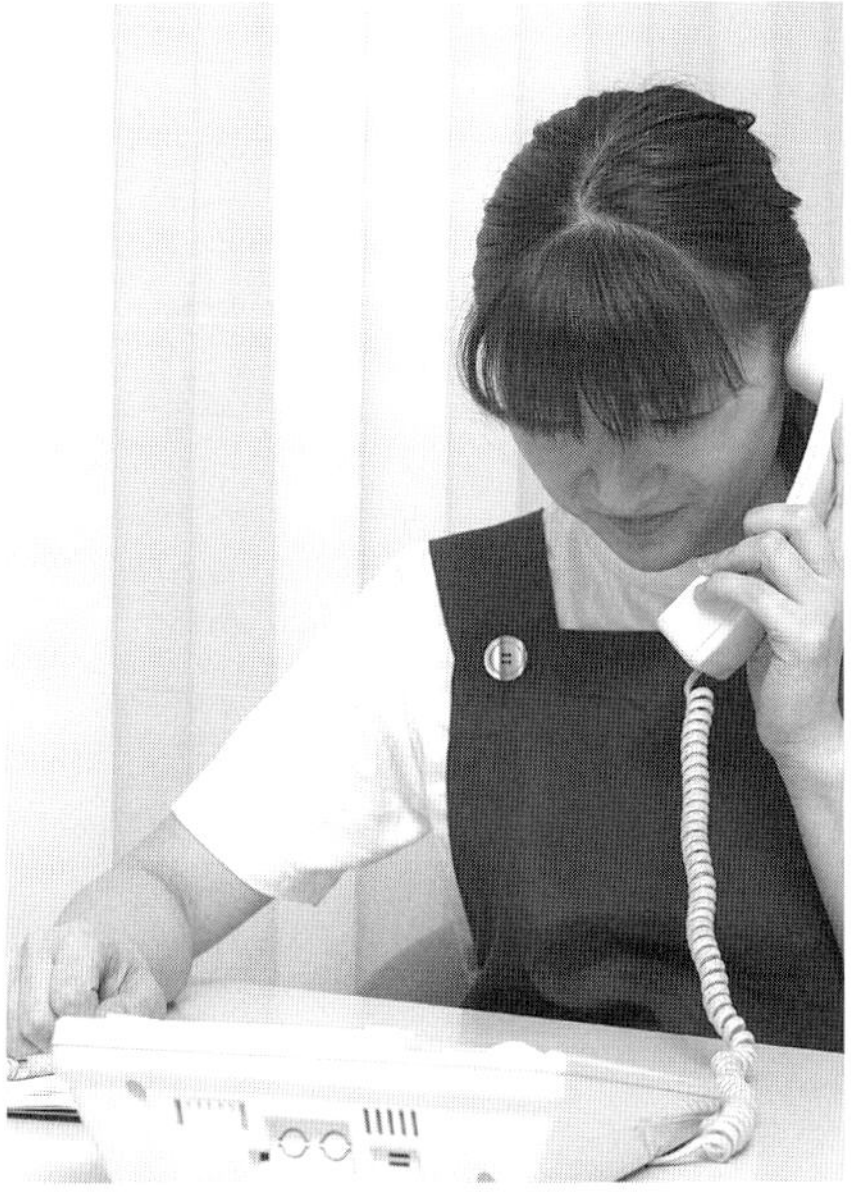

指名された担当者が不在や電話中などで対応できない場合、「××はただいま外出しておりますので、のちほどこちらからお電話いたします」などと伝えます。その際、「念のため、お電話番号をお願いします」と、連絡先を聞いておくことも忘れずに。

9 伝言を頼まれたら

担当者への伝言を頼まれたら、相手の用件を聞き、要点を具体的にメモしておきます。相手の声が聞き取れなかった場合は、「おそれいりますが、もう一度お願いいたします」と言って、内容を正確に把握するようにします。

10 用件を確認

用件を聞き終わったら、メモを見ながら「確認させていただきます。……でございますね」のように内容を復唱して確認。とくに人名や日時、数量などは間違えないように注意します。

11 電話中の態度にも注意

NG

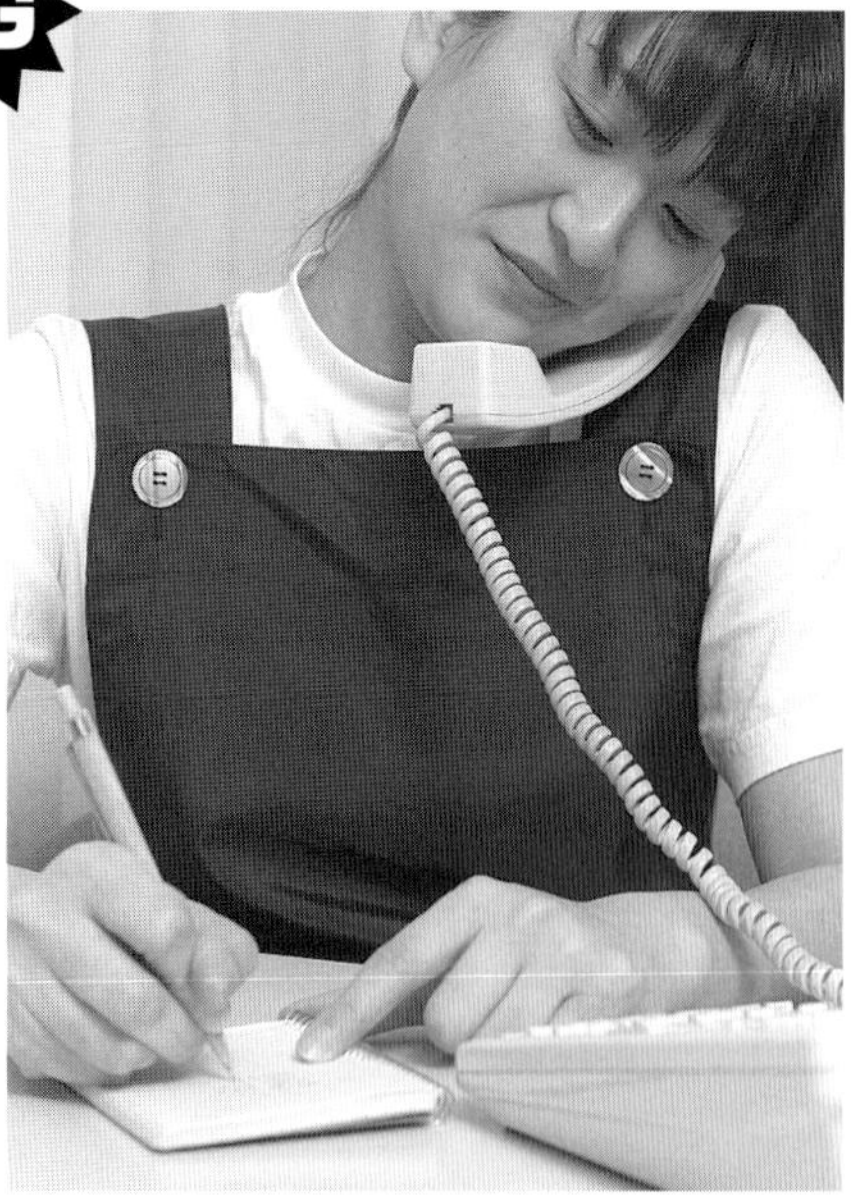

ショップには人目もあり、また、電話中の態度は話し声から相手になんとなく伝わってしまうものです。相手が見えないからといっていいかげんな態度をとってはいけません。肩で受話器をはさんだり、ほおづえをついたりするのもNGです。

12 自分の名前を名乗る

伝言の内容を確認した後、「わたくし、□□と申します」のように対応者（自分）の名前を名乗り、「ありがとうございました」、「よろしくお願いいたします」などのあいさつをします。

13 電話の切り方

電話は、かけたほうが先に切るのが基本です。用件が済んだからといって慌てて電話を切らないこと。とくにお客さまの場合は、相手が切ったのを確認してから、フックを押して静かに電話を切ります。

14 電話を切るときは静かに

NG

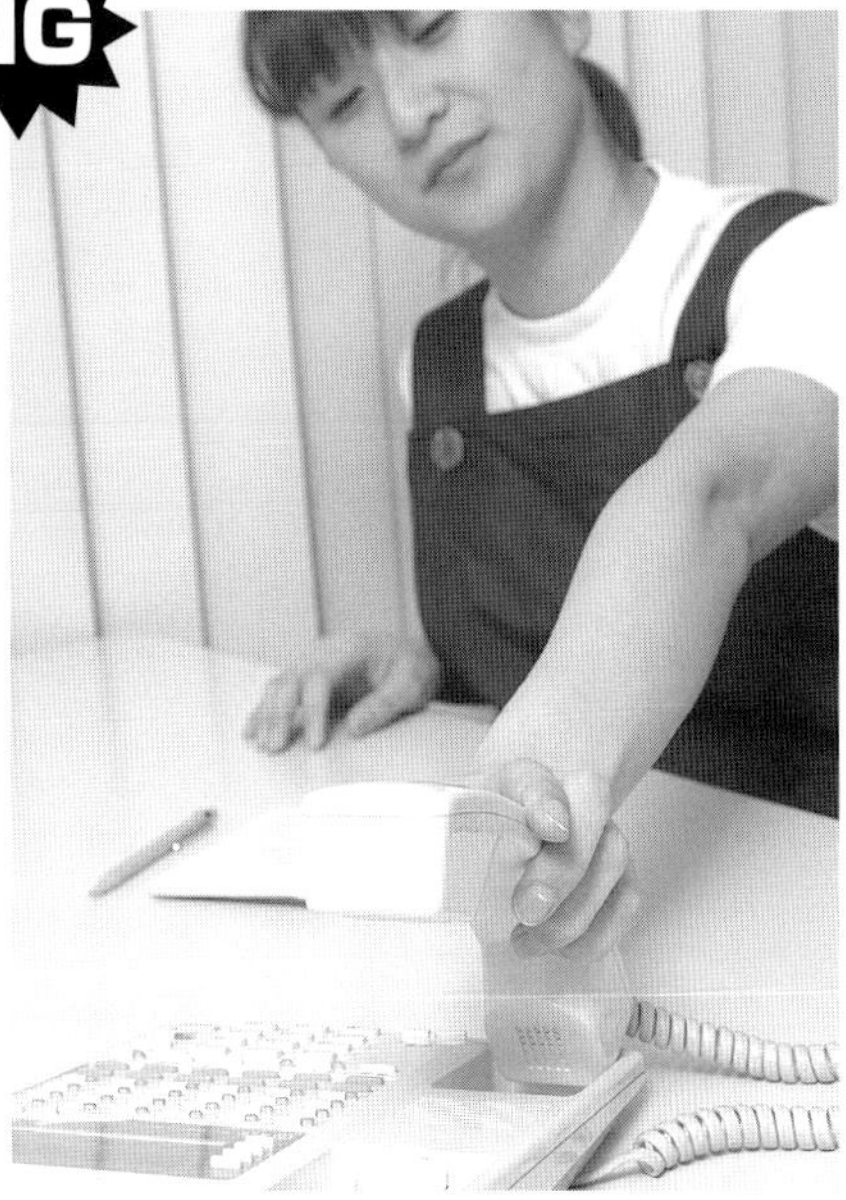

電話を切るときは、必ずフックを指で押して静かに切る習慣をつけましょう。受話器を置いて切ると「ガチャン」という音がして乱暴な印象に。万が一、相手の電話がつながっていた場合、失礼な感じの応対になってしまいます。

15 伝言メモをまとめる

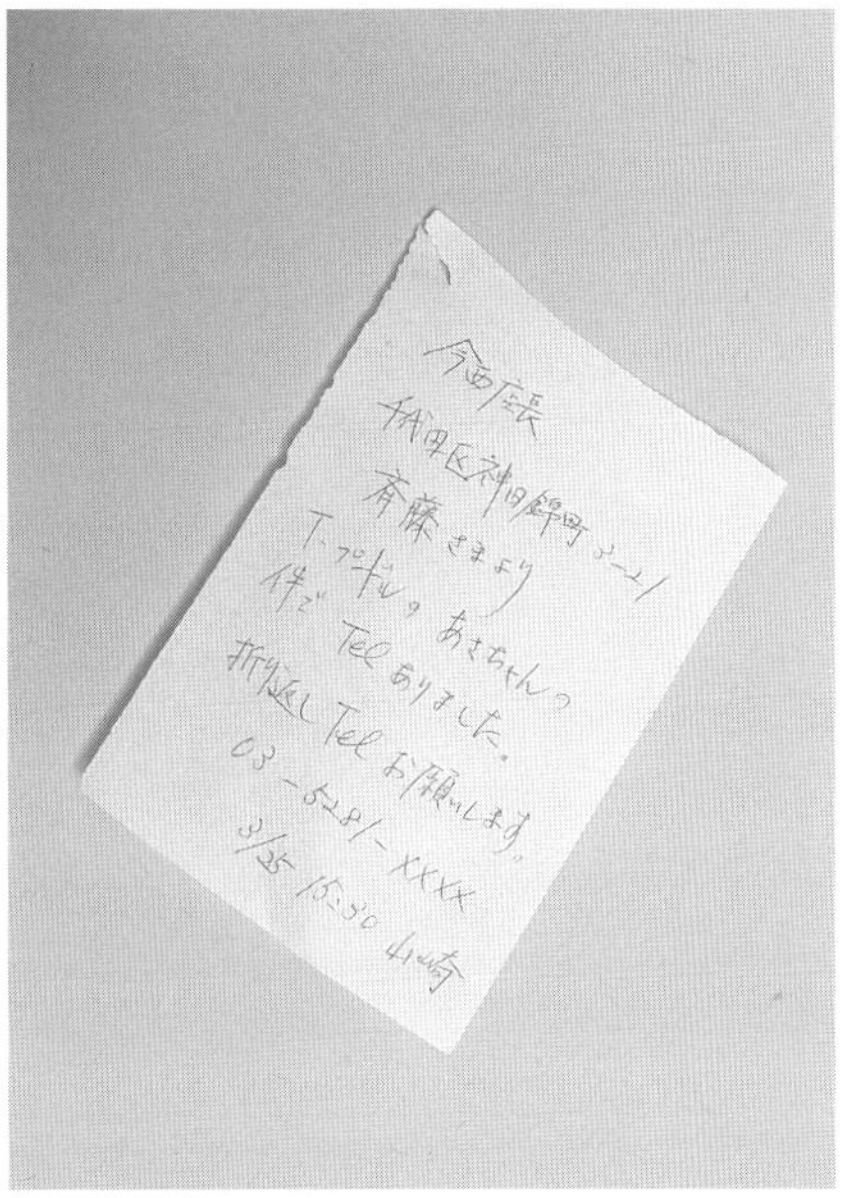

担当者に渡すためのメモをまとめます。相手の名前、用件、連絡先、対応者の名前、日時などを正確に書くこと。必要事項だけを簡潔に、わかりやすくまとめるように心がけます。

16 メモを渡す

担当者が店内にいる場合は、タイミングを見て伝言メモを渡します。外出中などの場合は、決められたわかりやすい場所にメモを貼っておき、担当者が戻ったら、電話があったことと、メモがあることを口頭で伝えます。

2. 電話の応対②

予約の電話の受け方

トリミングやホテル利用の場合、事前に電話で予約が入ることがほとんどです。予約の電話を受けたら、落ち着いて必要事項をひとつずつ確認していきましょう。聞き間違いや勘違いによるトラブルを防ぐため、お客さまから聞いた内容はメモをとっておき、最後に復唱して確認します。わからないことがあったら、無理をせず、わかる人に代わってもらいましょう。

1 予約の受け方

お客さまの名前と、予約の電話であることを確認したら、「少しお待ちください」といったん保留にして、カルテや予約票など必要なものを準備します。早く対応しようと、電話で話しながら探したりすると、慌ただしい雰囲気が相手に伝わってしまい、かえって失礼です。

2 必要事項を確認する

お客さまの名前、犬や猫の名前と種類、予約日時、送迎の有無、連絡先などの必要事項を確認し、メモしていきます。新規のお客さまの場合は、犬（猫）の年齢、ワクチンを済ませているか、持病の有無なども聞いておく必要があります。

3 メモを見ながら復唱

メモを見ながら、必要事項を復唱して確認します。最後に「わたくし、□□と申します。ご予約ありがとうございました」のように、自分の名前を名乗ってあいさつし、お客さまが切ったのを確認してから電話を切ります。

4 予約票などに記入

メモを見て確認しながら、決められた方法で予約票などに必要事項を記入します。自分以外のスタッフも見ることを考え、読みやすい字で、わかりやすく書くようにしましょう。

3. 電話の応対③

電話のかけ方の基本

犬や猫のお迎え、予約の確認など、お客さまへの電話連絡もトリマーの仕事の一部です。基本は受け方と同じ。明るくハキハキとした口調とていねいな言葉づかいを心がけることが大切です。新人のうちは、緊張のあまり大切なことを伝え忘れたり、電話口で適切な言葉が出てこなかったりすることもあるでしょう。慣れるまでは、電話で話す内容のメモを作ってからかけるようにしてみましょう。

1 カルテをチェック

電話をかける前に、カルテをチェックしておきます。電話番号をはじめ、お客さまの名前、預かっている犬や猫の名前など、間違えると失礼なポイントをきちんと確認します。

2 用件のメモを作る

電話で話す必要のあることを考え、要点をまとめたメモを作ります。どんな順序で話せばお客さまに伝わりやすいかも考えておきましょう。お客さまの名前、犬や猫の名前なども書いておくと、話しながら確認することができて便利です。

3 番号をプッシュ

電話番号を間違えないよう、再度確認してから電話をかけます。電話を入れる時刻の約束がある場合は、遅すぎたり早すぎたりすることのないよう、時刻にも注意しましょう。

4 店名、名前を名乗る

相手が出たら、「ペットサロン○○の□□と申します」のように、明るくハキハキと店名と名前を名乗ります。プライベートの電話ではないので、「もしもし」は不要です。

5 相手の名前を確認

人によっては、「もしもし」のように名前を名乗らずに電話に出ることもあります。相手が自分から名乗らない場合は、「○○さんでいらっしゃいますか?」のように、相手をきちんと確認します。

6 あいさつと都合の確認

相手を確認したら、「いつもお世話になっております」などのあいさつをし、「今、よろしいでしょうか?」と相手の都合をたずねます。とくに連絡先が携帯電話の場合は、相手が通話しにくい状況にいることも考えられるので、必ず確認を。

7 用件を伝える

あいさつなどが済んだら、まとめておいたメモを見ながら用件を伝えます。必要事項が的確に伝わるよう、ポイントを押さえて順序良く話します。ダラダラと長電話にならないように気をつけます。

8 必要なことはメモを

お客さまから聞いたことは、話しながらきちんとメモをとっておきます。話が終わったら、電話を切る前にメモを見ながら必要事項を復唱し、間違いのないように確認します。

9 相手が不在の場合

相手が不在で、家族などが電話に出た場合、戻り時間を聞き、改めてかけ直すことを伝えます。留守番電話になっている場合は、店名と名前、用件、後でかけ直すことなどを簡潔に吹き込んでおきます。

10 電話の切り方

最後に「失礼いたします」などとあいさつをした後、先方が切ったのを確認してからフックを押して静かに電話を切ります。自分からかけた場合でも、相手がお客さまのときは、先に切るのを待つようにします。

Ⅲ 開店後の仕事

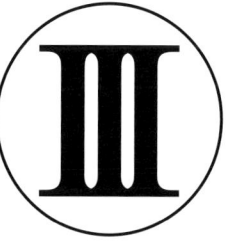

1. 犬の正しい扱い方①

小型犬の保定などの基本

トリマーとして犬に接する場合、基本となるのが正しい保定の技術です。お預かりする犬のなかには、さわられるのを嫌がったり、適切な姿勢をとらなかったりする犬もいます。その場合、小型犬だからと力ずくでいうことをきかせてはダメ。事故やケガのもとになるだけでなく、犬をますますトリミング嫌いにしてしまいます。犬に痛い思いや怖い思いをさせないよう、正しい扱い方を身に付けましょう。

1 ケージからの出し方

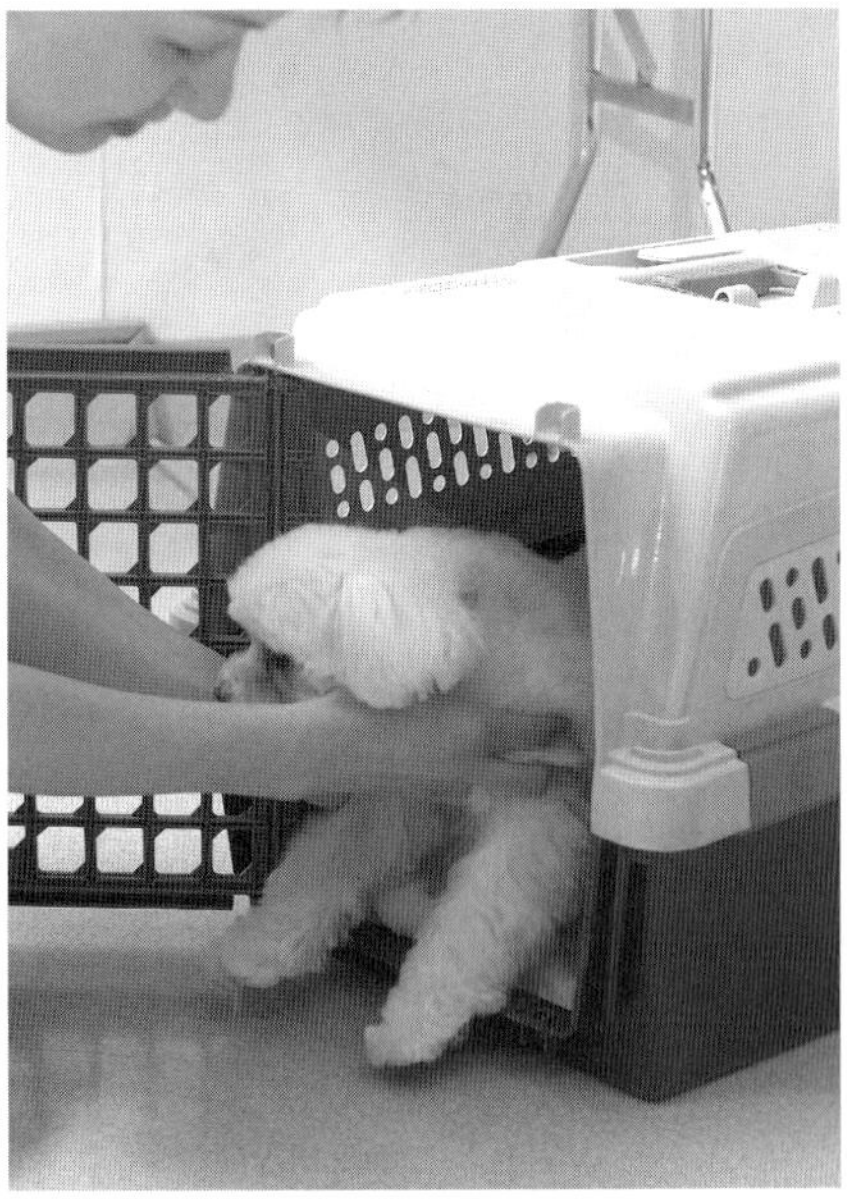

犬の両脇に手を入れ、肩をつかむようにしてケージから出します。ケージに手を入れるときは、事前に犬の様子をよく観察すること。極端におびえて攻撃的になっていたりする場合は、かまれにくいように手の甲を犬のほうへ向け、そっと中へ入れていくようにします。

2 胸と腹へ手をまわす

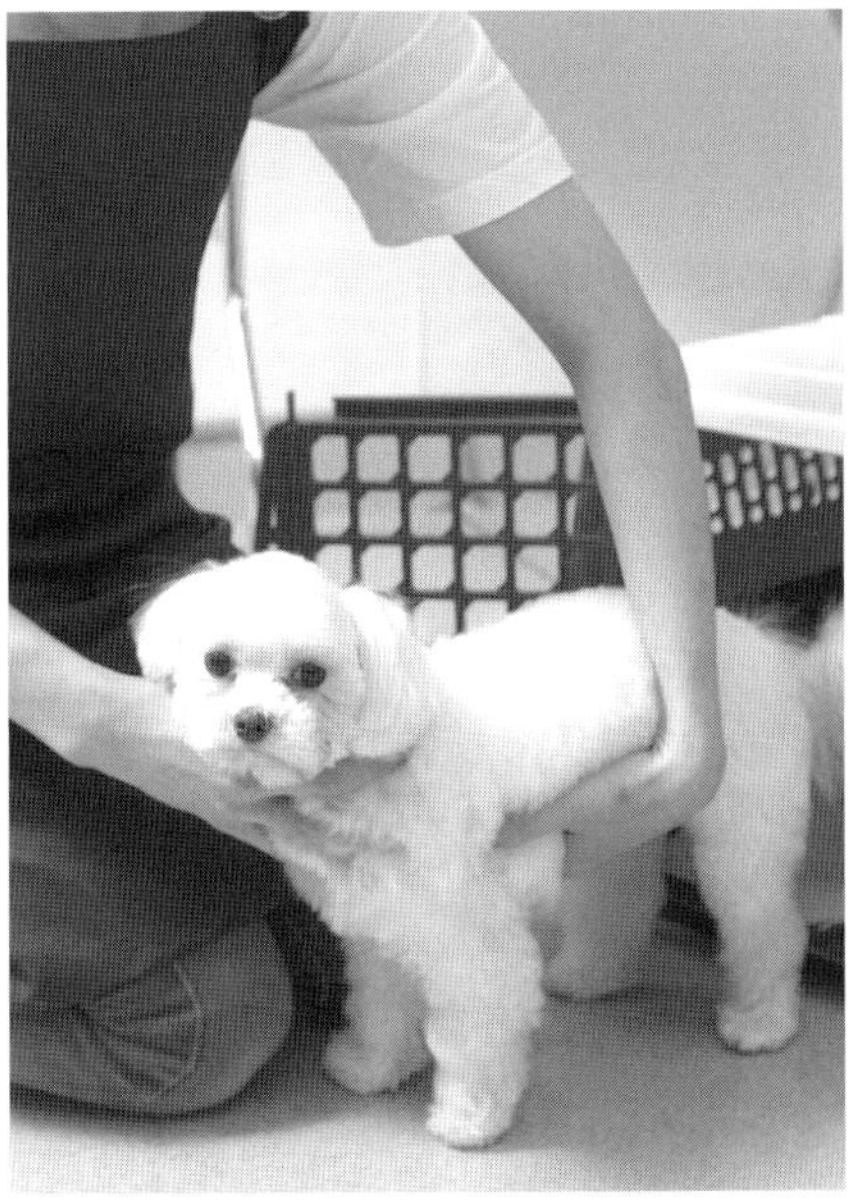

犬の体がある程度ケージの外へ出たら、片方の手を胸、もう片方の手をお腹の下へまわし、後肢を軽く浮かせるようしながら、完全にケージの外へ出します。また、犬を外へ出すときはケージを必ず床に置くこと。テーブルの上で行うと、飛び降りなどの事故の原因になります。

3 前肢を引っぱるのは× NG

ケージから出すとき、前肢をつかんで引っぱるのは間違い。犬が痛い思いをするだけでなく、後肢がケージの入り口などに引っかかることもあります。また、犬の骨格の構造上、無理な角度に前肢を引っぱると、腕が抜けることもあるので要注意です。

4 抱き上げてテーブルへ

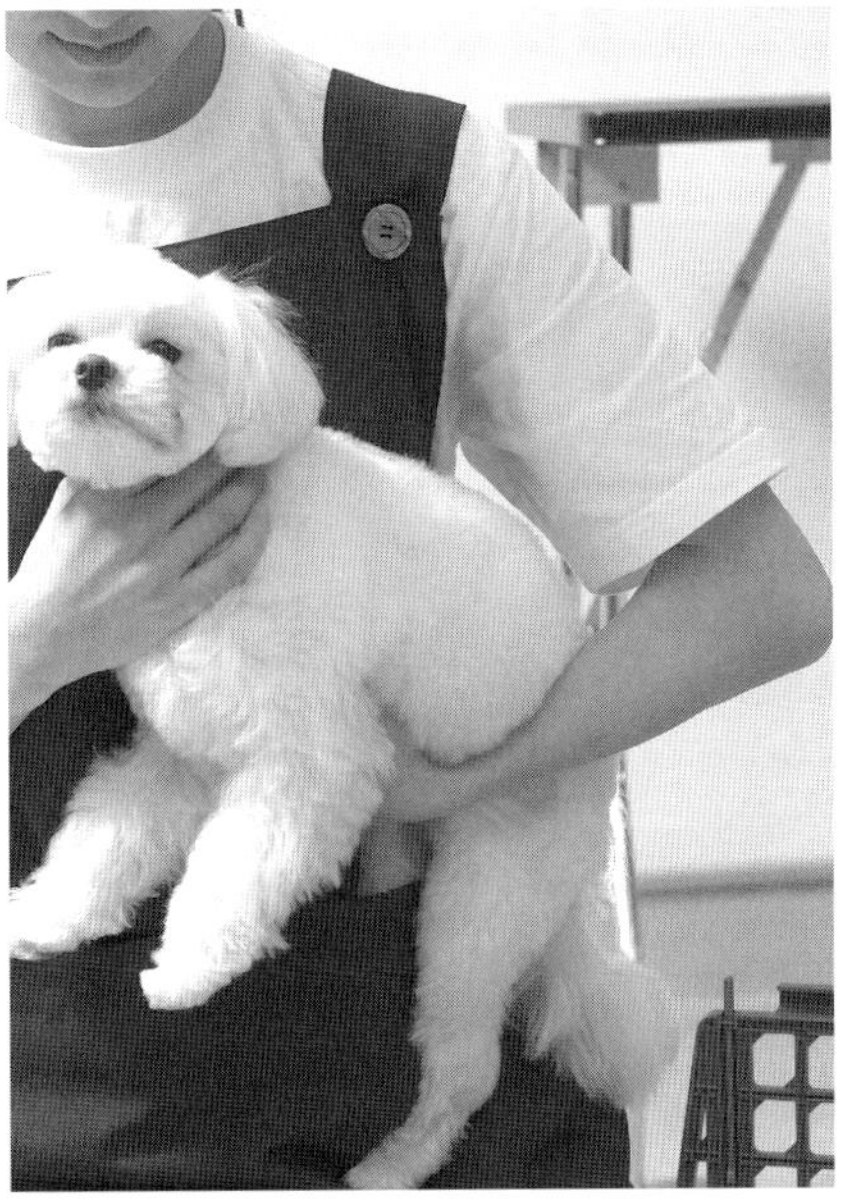

お腹にまわした手をすべらせ、肋骨の下を手のひらで支えるようなつもりで犬を抱き上げます。抱き上げたら自分の体にくっつけるようにして安定させ、立ち上がってトリミング・テーブルの上へ移します。

5 暴れたら手をお尻へ

抱かれるのを嫌がって犬が暴れる場合は、片方の手をお尻の下に添え、もう片方の腕を脇から背中へまわします。このような体勢で自分の体にぴったりくっつけるように抱くと、暴れる犬も安定します。

6 テーブル上で立たせる

トリミングをする際は、トリミング・テーブルの上で立たせる必要があります。犬が立つのを嫌がる場合は、片方の手をお尻の下から入れて腰を持ち上げるようにして立ち上がらせます。

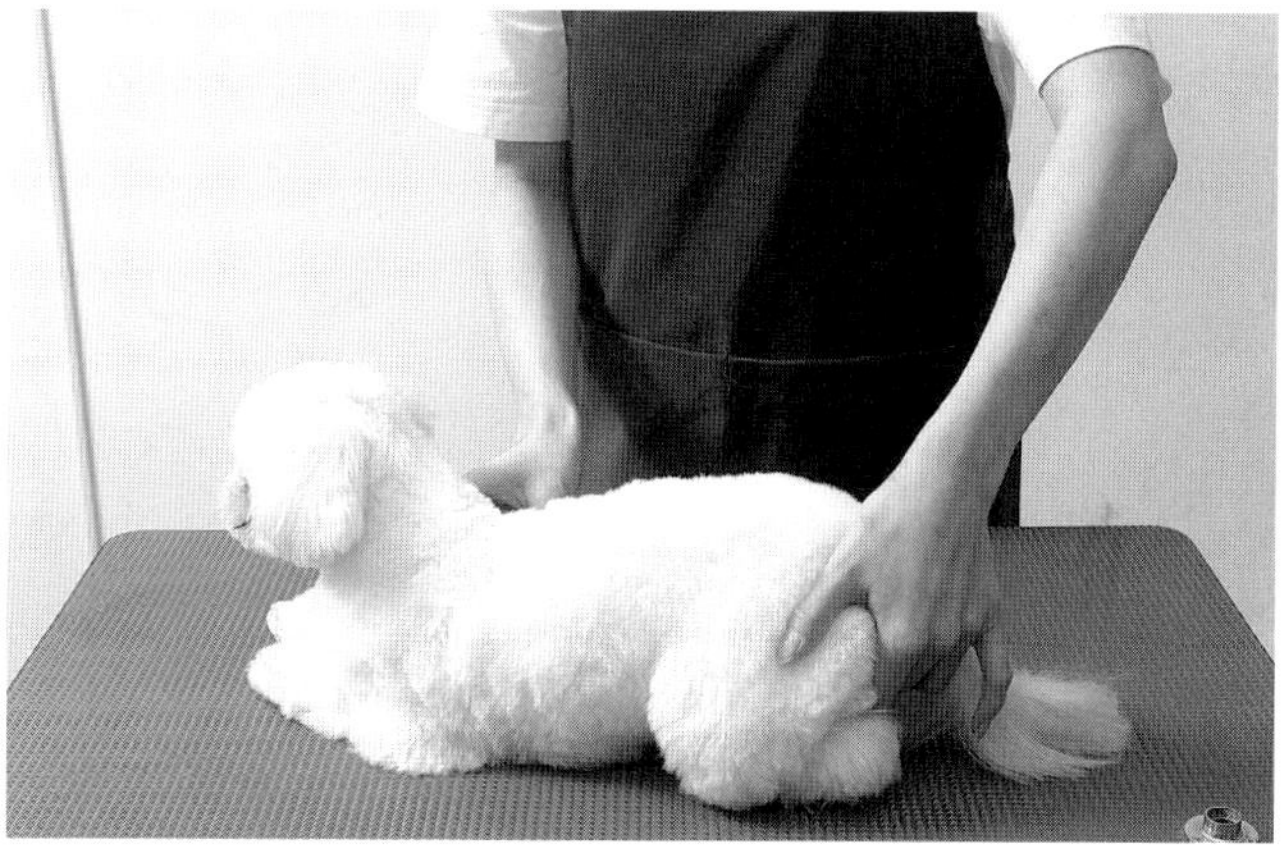

7 正しい姿勢で立たせる

お尻の下に添えた手はそのまま、もう片方の手を顎の下に添え、正しい姿勢で立たせます。顎の下の手は、下顎骨に指を当てるようなつもりで。トリミング中、スタイルの確認などをする場合は、この姿勢で行います。

8 犬を座らせる

片方の手を顎の下、もう片方の手をお尻の上に軽く添えます。顎をそっと上に持ち上げながら、軽くお尻を押して座らせます。お尻を強く押すと嫌がることが多いので注意しましょう。

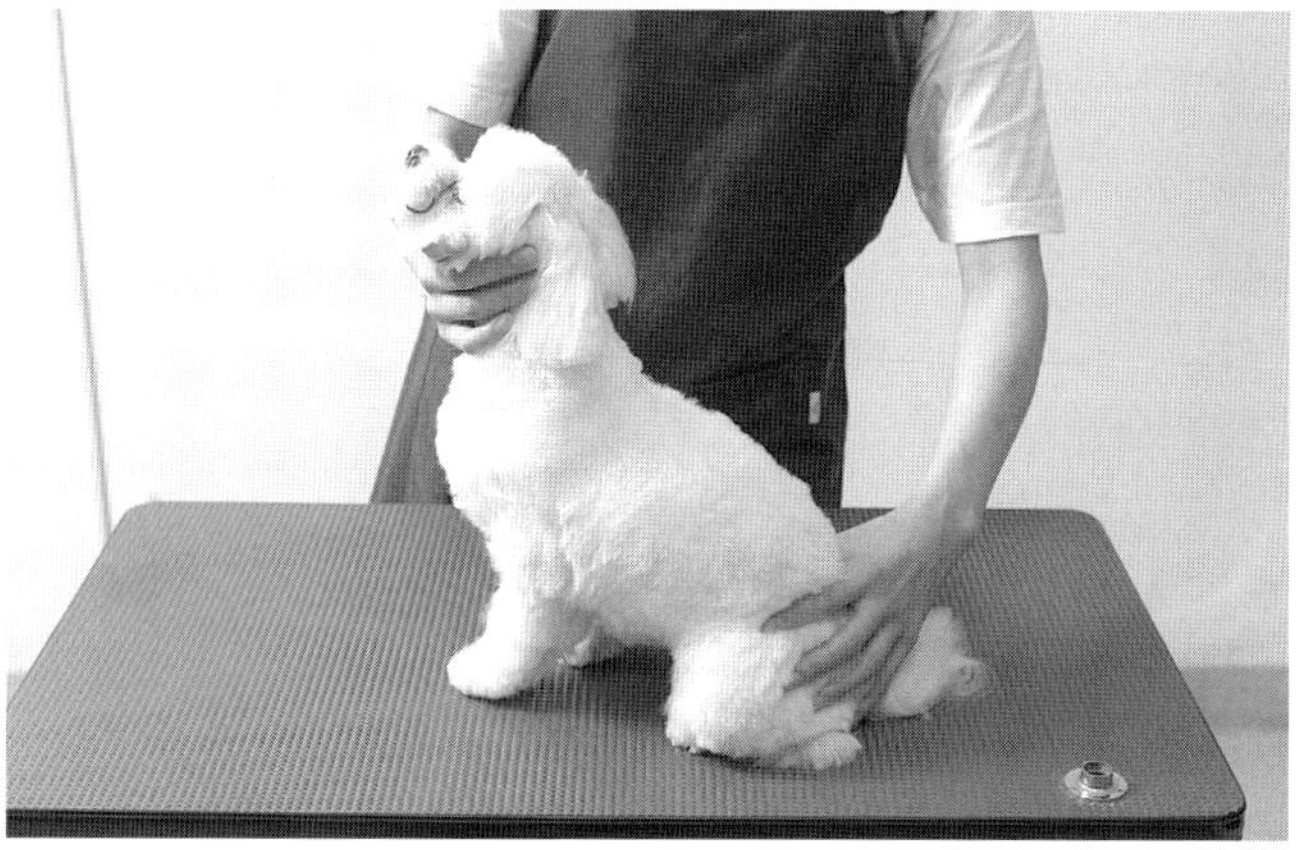

9 後肢で立たせる

お腹にクリッパーをかける場合などには、犬を後肢で立たせます。右手で作業ができるよう、左手で左右の肘をまとめて持ちます。そのとき、左右の肢のあいだに人さし指を入れるようにすると、犬が苦しい思いをしません。

10 嫌がるときは抱え込む

後肢で立つのを嫌がって犬が暴れる場合は、片方の腕を脇から犬の体の下へまわし、自分の体にくっつけるようにして抱え込みます。姿勢が安定し、人の体にくっついていることで犬が安心するため、おとなしくなります。

2. 犬の正しい扱い方②

大型犬の保定などの基本

体が大きく、力も強い大型犬は、力ずくで押さえ込むことができません。そのため、大きな犬を扱う場合ほど、正しい保定の技術が必要になってきます。また、犬を抱き上げる際は、腕や手の位置に注意します。間違った方法で無理に抱き上げると、犬に痛い思いをさせたり、犬が暴れたりして思わぬ事故を招くことも。ひとりで扱うのが難しい場合は、無理をせず、誰かに手伝いを頼みましょう。

1 前肢をテーブルに

左右の肘のあたりを後ろから軽く握り、ゆっくりと後肢で立たせて、トリミング・テーブルに左右の前肢をかけさせます。逃げ出しを防ぐため、首輪とリードはまだ付けたままにしておきます。

2 腰を抱え上げる

1の姿勢から、お尻または腰に腕をまわします。前肢がテーブルにしっかり掛かっていることを確認した後、体を一気に抱え上げるつもりで立ち上がり、テーブルの上に立たせます。

3 床から抱え上げる①

自分からテーブルに乗ろうとしない犬は、抱き上げてテーブルに乗せます。しゃがんだ姿勢で、片方の腕を膝の後ろにまわして片方の後肢の膝を握り、もう片方の腕を肘の前へまわして胸の下に手を添えます。

4 床から抱え上げる②

3の姿勢から、犬の体を抱え上げて立ち上がり、トリミング・テーブルまで運びます。テーブルの前まで移動したら、後肢からそっとテーブル上に下ろします。犬が抱え上げられるのを嫌がる場合は、体にまわした腕の位置を調整してみましょう。

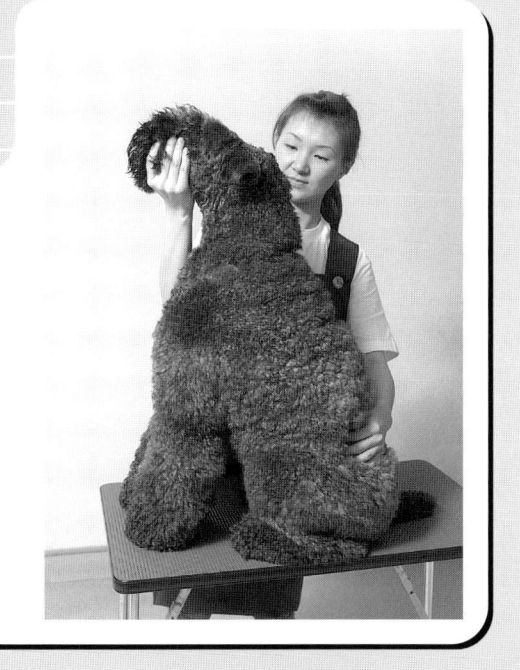

5 首輪は様子を見て外す

テーブル上でおとなしくしていられるようなら、すぐに首輪とリードを外します。飛び降りそうな場合はリードだけを外し、シャンプーをする直前まで首輪は付けたままにしておきます。首輪は、いざというとき犬を押さえるのに役立ちます。

6 テーブル上で立たせる①

片方の手をお尻の下から入れ、腰を持ち上げるようにして立ち上がらせます。トリミング・テーブルからの飛び降りを防ぐため、このとき、もう片方の手は胸の前に添えておきましょう。

7 テーブル上で立たせる②

立つのを嫌がる犬の場合は、犬の腰の下に深く腕を入れ、自分の肩で犬の腰を持ち上げるようにして立ち上がらせます。写真では左腕で行っていますが、自分のやりやすいほうの腕を使ってかまいません。

8 犬を座らせる

片方の手でマズルを下から握り、もう片方の手をお尻の上に軽く添えます。犬の頭をそらせ、体を後ろに押すようなつもりでマズルを持ち上げながら、軽くお尻を押して座らせます。

9 後肢で立たせる

トリミングの作業をするのとは別のスタッフが、後ろから犬の体に腕をまわし、左右の肘のあたりを握って立ち上がらせます。保定する人は、作業する人と声をかけあって、タイミングを合わせて作業を進めましょう。

10 犬が暴れるとき

犬が暴れるときは、片方の腕を首にまわし、もう片方の腕を体の後ろからまわして肘のあたりを握ります。自分の顔を犬の体の後ろのほうに向けるようにしてしっかりと抱え込み、犬が落ち着くのを待ちます。

11 犬をシンクの中へ

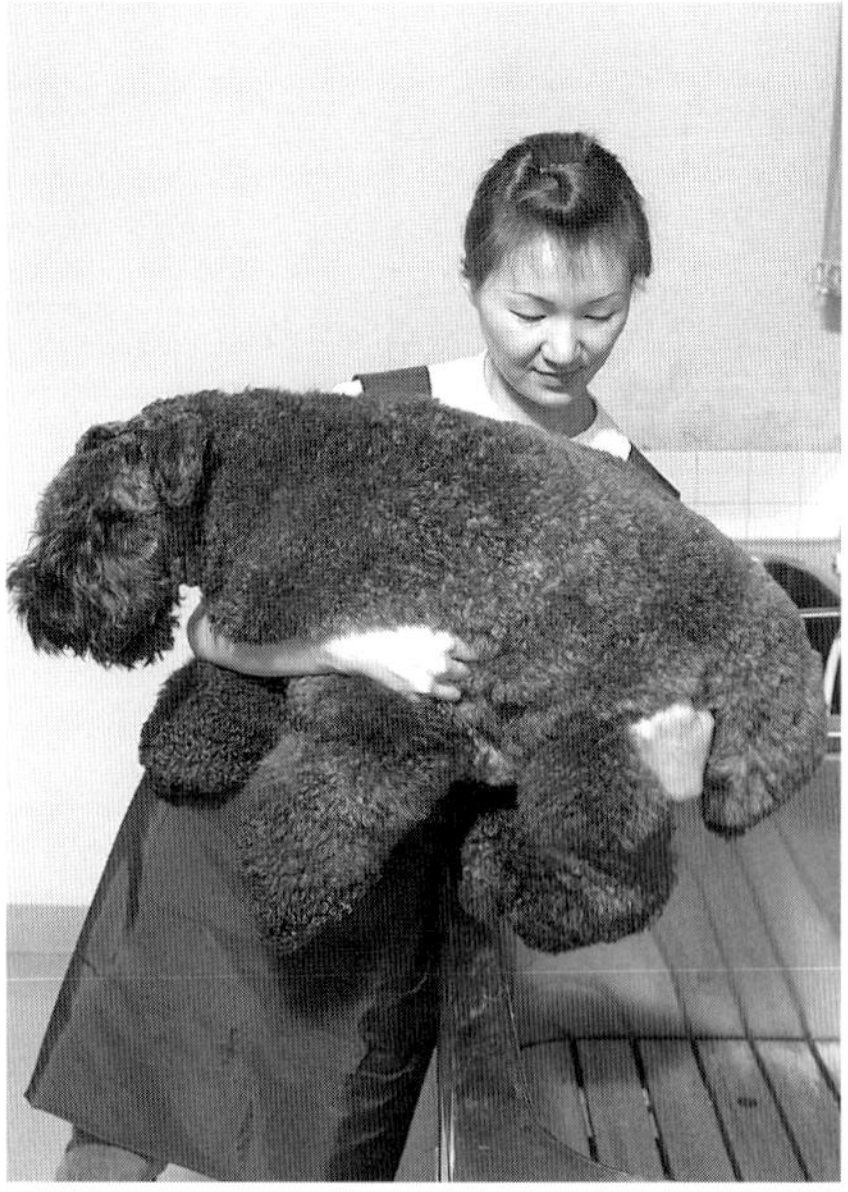

犬を抱え上げ、シンクの中に入れます。犬の体がシンクの上に来たら、後肢からそっと下ろします。シンクの前にトリミング・テーブルを置き、いったん犬をテーブルに乗せてからシンクに移動させる方法もあります。シンクに入れたら、首輪を外します。

12 犬をシンクから出す

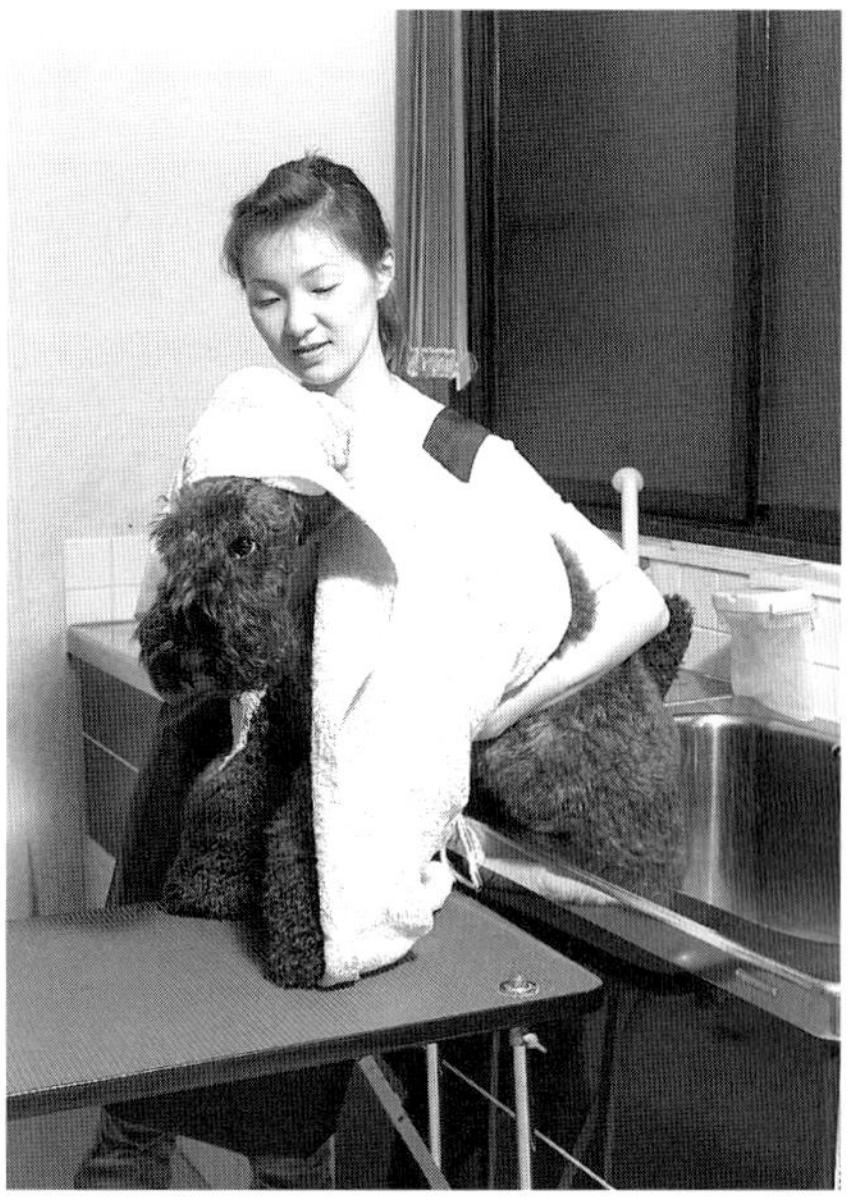

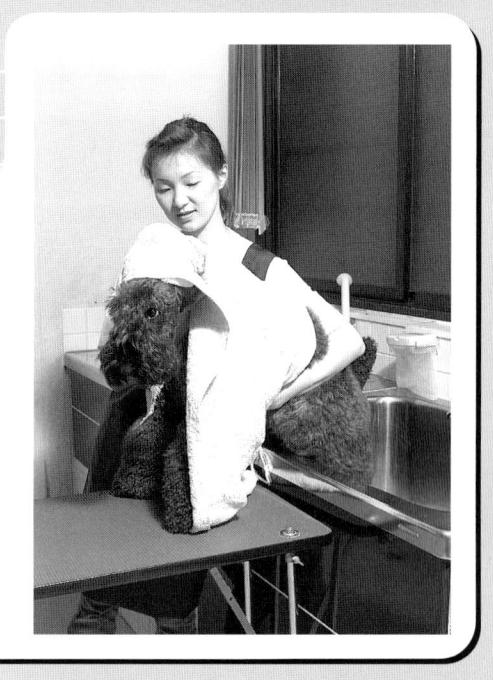

トリミング・テーブルをシンクにぴったりと付けて置きます。犬の前肢をテーブルに掛けさせた後、お尻または腰に手を添えて犬の体を持ち上げるようにし、テーブルの上に乗せます。

13 様子を見て首輪を付ける

トリミング・テーブルの上で暴れたり、飛び降りたりする可能性がある犬の場合は、シンクから出したらすぐに首輪を付けておきます。首輪は、いざというとき、犬を押さえるのに役立ちます。

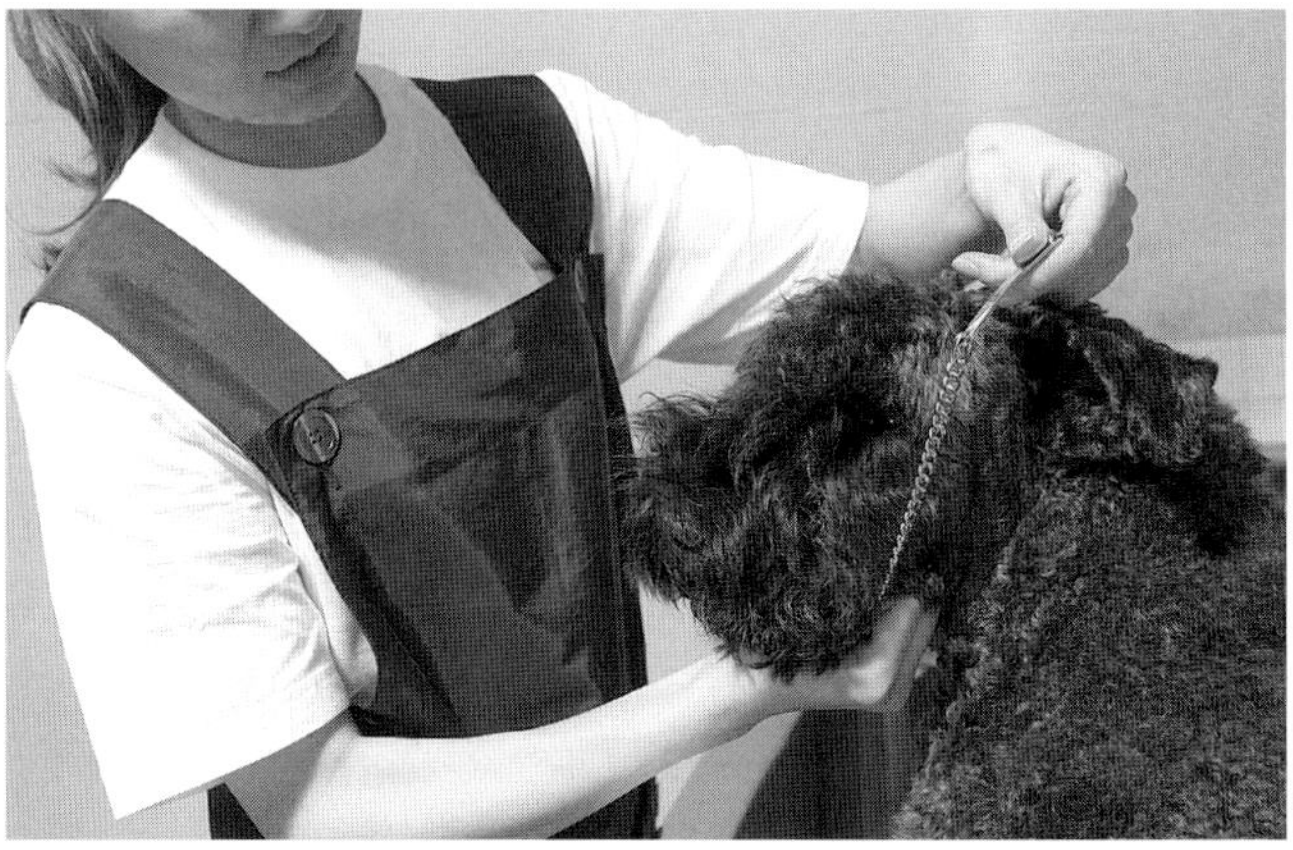

14 テーブルから下ろす①

トリミングが終わったら、犬をテーブルから床へ下ろします。片方の腕をお腹の下から上へ、もう片方の腕を肘の前へまわして胸の下に添え、そのまま一気に抱え上げます。

15 テーブルから下ろす②

犬を抱え上げたら、場所を移動してしゃがみ、犬を後肢からそっと床に下ろします。大きな犬を抱き上げるのはたいへんですが、高い位置から犬を落としたり、乱暴に床に下ろしたりしないよう、十分に気をつけましょう。

16 テーブルから下ろす③

14の抱き方でうまくいかない場合は、腕の位置を変えてみましょう。片方の腕を上からお腹の下へまわし、もう片方の腕を肘の前へまわして胸の下に添える抱き方もあります。

3. 犬の正しい扱い方③

子犬のグルーミングの基本

グルーミングに慣れていない子犬の場合、痛い思いや苦しい思いをさせないことが大切。初めに嫌な思いをすると、グルーミング嫌いになってしまいます。ただし、いったん作業を始めたら、犬が暴れたり鳴いたりしてもやめてはいけません。犬が「嫌がればやめてもらえる」と覚えてしまうからです。やさしくなだめながら慎重に作業を進め、短時間で終わらせましょう。

1 なでて安心させる

飛び降りを防ぐため、顎の下に手を添え、やさしく声をかけながら体をゆっくりとなでて安心させます。子犬は高いところを怖がるので、テーブル上でおびえるようなら、最初は膝の上でなでてあげましょう。

2 ブラッシングはそっと

皮膚を軽くマッサージする程度の強さで、やさしくブラッシングします。ブラシなどの道具は、子犬の体の大きさに合わせて、大きすぎないサイズのものを選ぶと良いでしょう。明らかに痛がっている場合以外は、犬が嫌がっても手を止めないことが大切です。

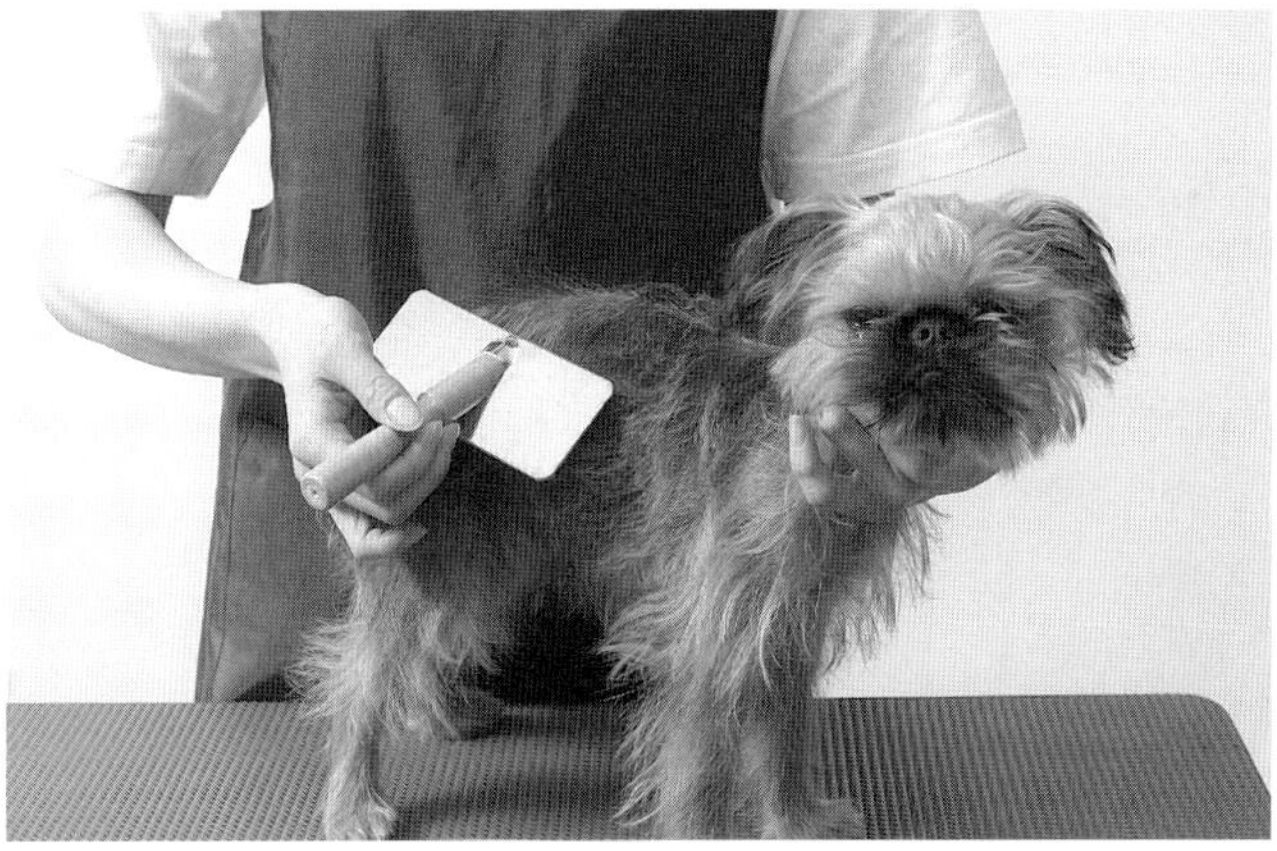

3 道具に少しずつ慣らす

ハサミやクリッパーなどの道具には少しずつ慣らします。とくに大きな音がするものは、まず音だけ聞かせて反応を見ます。音におびえるようなら、体をやさしくなでて安心させてから、そっと体に当てるようにしましょう。

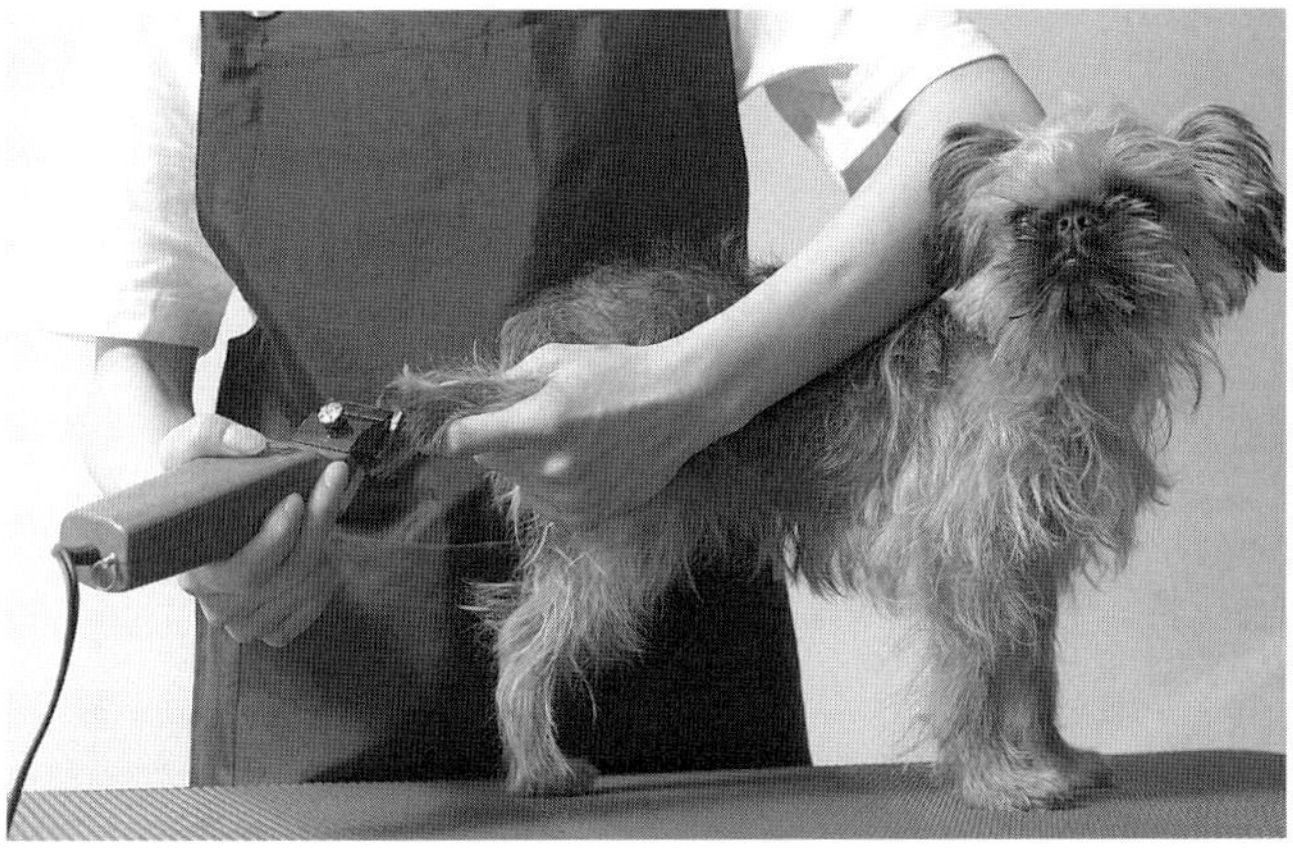

4 シャンプー液は子犬用を

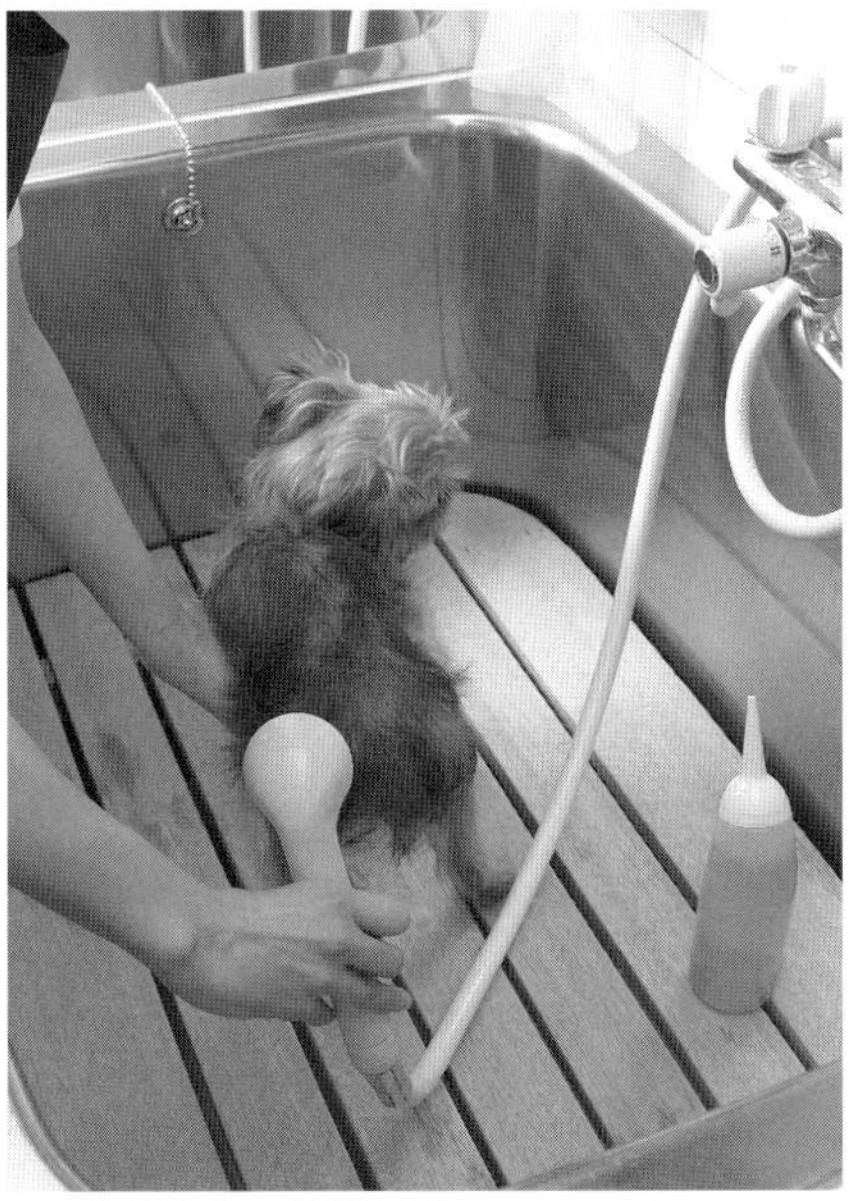

シャンプーは低刺激の子犬用のものを選び、怖がらせないようにそっと洗います。シャワーは体に密着させて使い、それでも嫌がる場合はお湯を溜めた桶に体をつける、手でお湯をかける、などの方法を試してみましょう。

4. お迎えの手順

お客さまの家にお迎えに行く際の注意

トリミングの送迎では、お客さまのご自宅にうかがい、ペットを預かります。店に連れ帰るまでのあいだ、最も気をつけなければならないのは、ペットの安全です。逃げ出しや移動中のケガを防ぐため、ケージへの出し入れやリードの受け渡しは確実に行いましょう。また、お客さまからペットを預かる際には、その場で簡単な健康チェックをし、さらにスタイルの希望などもきちんと確認します。

1 予約ノートなどを確認

予約ノートとカルテをチェックします。飼い主さんの名前、犬や猫の名前と種類、住所、連絡先、とくに注意する必要があることなどを確認し、必要事項はメモしておきます。

2 地図を確認

付近の詳しい道路地図で、店からお客さまの家までの道順を調べます。一度行ったことがある場所でも、記憶に頼ると勘違いすることがあるので、必ず再確認しておきましょう。

3 確認の電話を入れる

お客さまに確認の電話を入れます。到着時刻のほか、店からケージを持っていく必要があるかどうかなども聞いておきます。道路地図で調べても場所がわかりにくいような場合は、道順も口頭で確認しておくと良いでしょう。

4 持ちものを準備

必要な持ちものをすべてそろえます。必ず持っていきたいのは、道路地図、予備のリード、タオル、新聞紙、排泄物処理袋、メモと筆記用具など。電話確認をした際、お客さまからの指示があった場合は、ケージも持っていきます。

5 インターフォンであいさつ

お客さまの家に着いたら、門の外や玄関などのチャイムを鳴らします。相手が出たら、「こんにちは、ペットサロン○○の□□です」のように店名と自分の名前を名乗ってあいさつをします。

6 玄関でのあいさつ

ドアが開いたら玄関の中へ入り、「いつもありがとうございます。○○ちゃんのお迎えにうかがいました」などと、改めてあいさつをします。笑顔で、明るくハキハキと話しましょう。

7 お客さまの要望を聞く

トリミングの希望や犬の扱いでとくに注意することなど、お客さまの要望を聞き、必要なことはメモをとります。お客さまと話す際、お客さま本人は「○○さま」、ペットはオスなら「○○くん」、メスなら「○○ちゃん」のように呼びます。

8 犬の様子をチェック

お客さまと話しながら犬の全身をチェックし、健康状態やケガの有無などを確認します。気づいたことがあれば、どんなに小さなことでも、「耳が少し汚れていますね」のように、その場でお客さまに伝えておきましょう。

ワンポイントコラム

健康状態で気になることに気づいたら、「ここに湿疹ができていますね」など、その場で伝えておきます。飼い主さんなら当然気づいているだろう、などと考えて放置しないこと。お客さまが、トリミング後に初めて異常に気づいた場合、トラブルの原因になる可能性があるためです。

お客さまから預かる際のチェック項目

①**目の状態**
目ヤニが多くないか、まばたきが異常に多くないか

②**耳の状態**
中が汚れていないか、いやな臭いがしないか

③**皮膚の状態**
部分的な脱毛、湿疹、ただれ、フケなどがないか、しこりがないか

④**関節や骨の状態**
さわったり動かしたりしたときに痛がるところはないか、歩き方はおかしくないか

⑤**その他**
持病の有無、老犬の場合は年齢なども確認しておく

小・中型犬の場合

9 ケージごと預かる

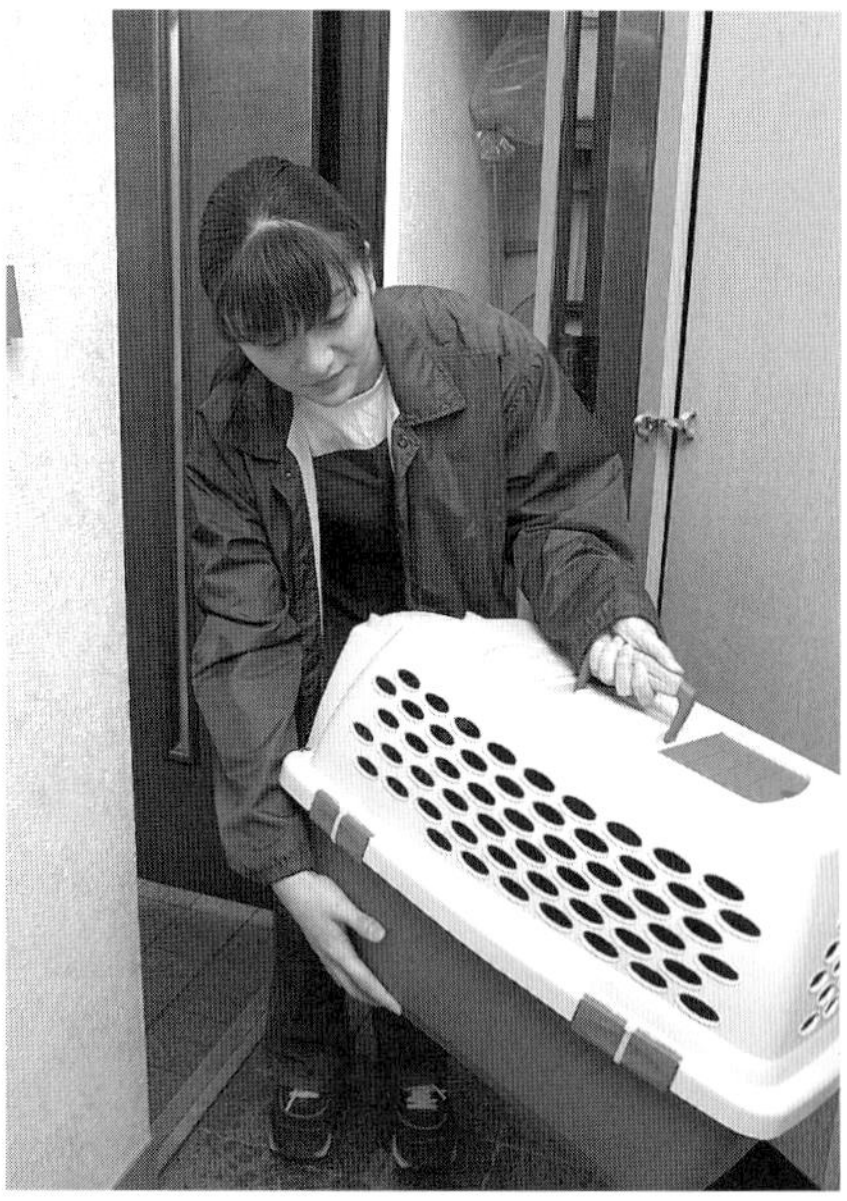

犬や猫をお客さまのケージに入れた状態で預かる場合は、ケージの取り扱いに注意します。片方の手でケージの持ち手を握って持ち上げ、もう片方の手を下から添えてしっかりと抱えた状態で車まで運びます。

10 店のケージに入れる

店から持参したケージに犬を入れる場合は、必ず玄関の中でケージに入れ、扉をきちんと閉めたことを確認してから外に出ます。ケージに入れる場合も、犬には必ずリードを付けておきます。

11 車に積み込む

車の中でケージが動かないよう、車内の安全な場所に積み込みます。ケージのドアが閉まっているか、犬にリードが付いているか、リードがケージの外に出ているか（ケージ内に入っていると犬の体に絡まることがある）を確認します。

12 店内のケージに移す

店に着いたら、ケージごと店内へ運び、店内のケージへ犬を移します。ケージの持ち運びは、できるだけ揺らさないよう、つねに両手で行い、床に置くときも衝撃を与えないようにそっと下ろします。

13 ケージの開閉

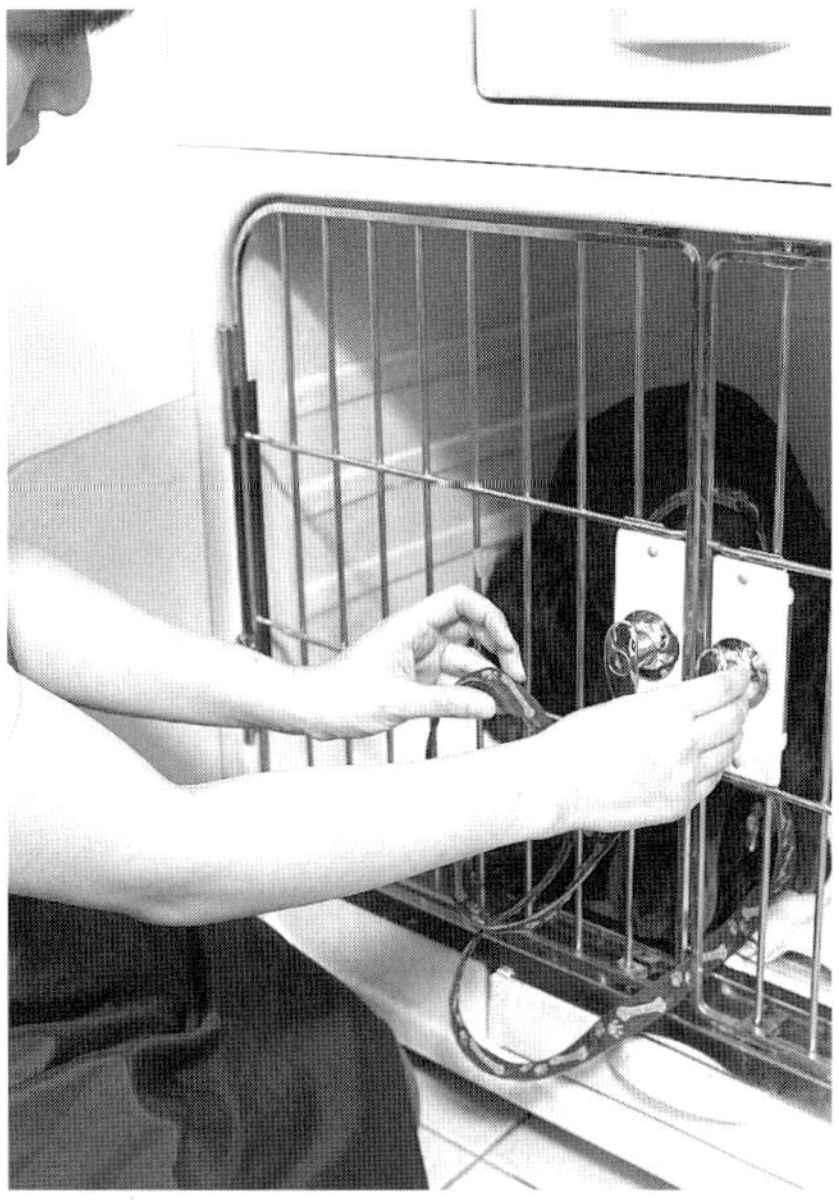

店内のケージに犬を入れたら確実に扉を閉め、犬が中から押しても開かないことを確認します。犬のリードは外さないこと。適度な長さを残して扉の外に出し、邪魔にならないようフレームなどに巻き付けておきます。

大型犬の場合

14 予備のリードを付ける

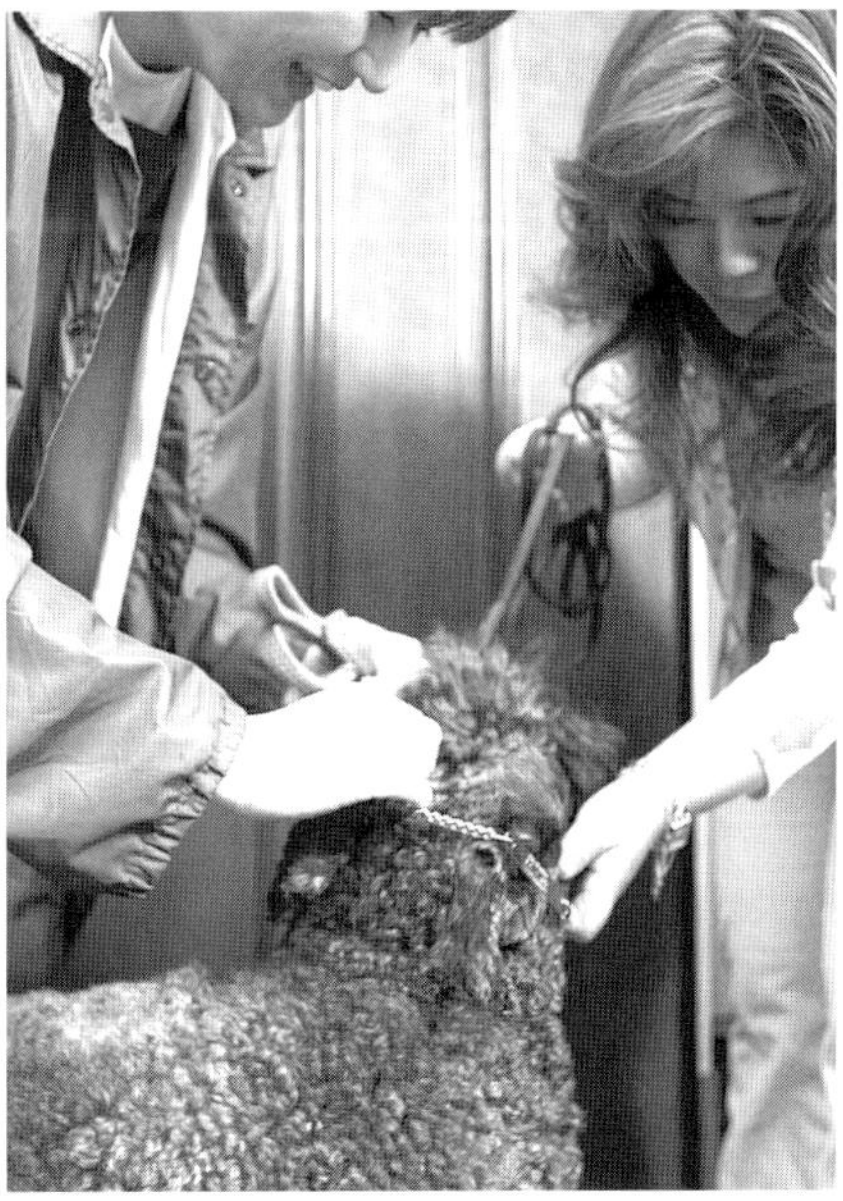

逃げ出しを防ぐため、お客さまから預かるリードのほかに、店から持参した予備のリードを付けます。お客さまの家から車、車から店までの移動は、つねにリードを2本付けた状態で行います。

15 リードの持ち方

リードは輪の部分に手首を通し、2本まとめて短く持ちます。また、写真のようなチェーンカラーを付ける場合は、チェーンの向きを必ず確認すること。間違った向きに付けるとチェーンが締まりっ放しになり、犬に苦しい思いをさせてしまいます。

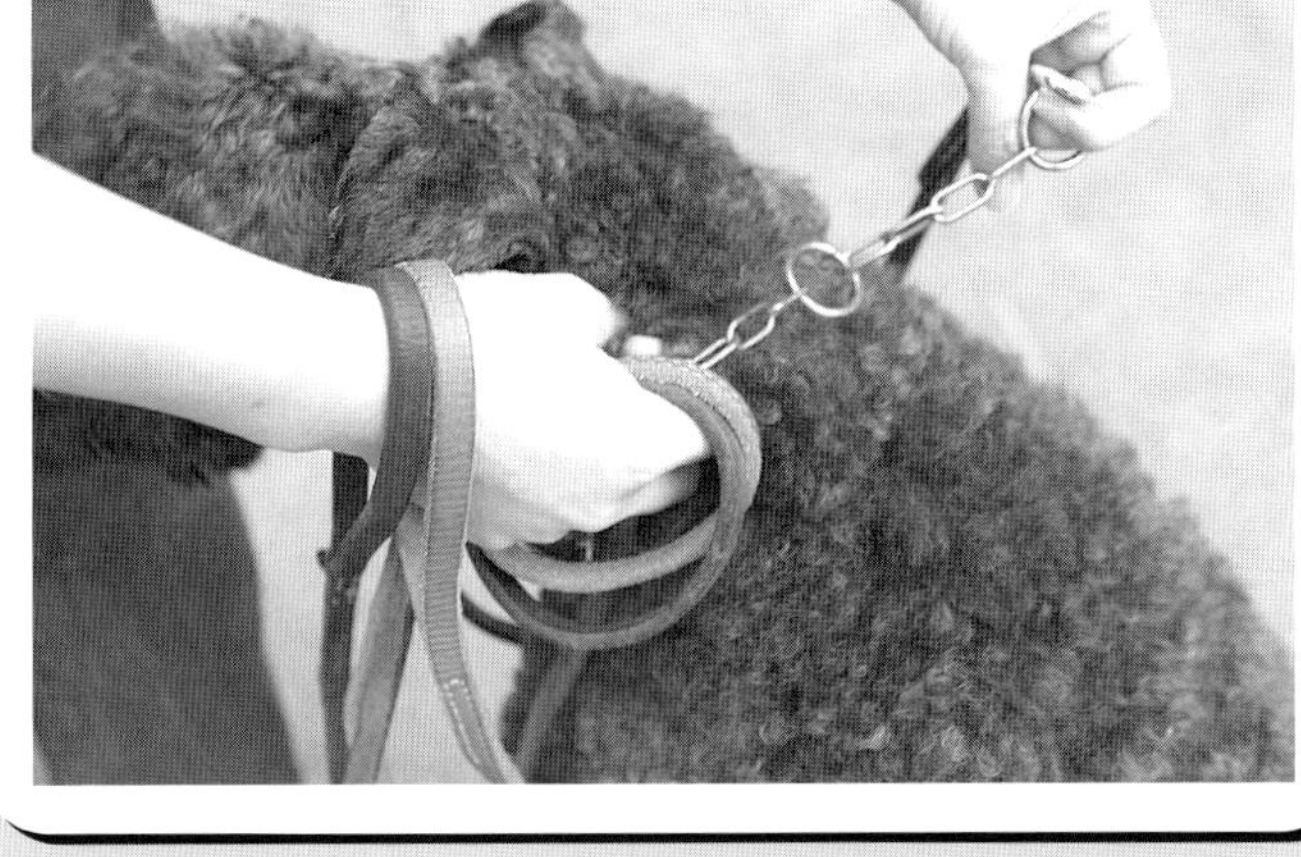

16 車に乗せる

犬を車に乗せ、決められた位置にリードをつなぎます。車内で犬が動き回ると危険なので、リードは長さに余裕を持たせすぎないようにし、犬が強く引っぱっても外れないよう、しっかりと結んでおきます。

17 ドアの開閉

車のドアを閉める際は、犬の体をはさんだりすることのないよう、十分に注意します。一気にバタンと閉めず、途中までゆっくりと閉めた後、車内を確認してから最後まで閉めるようにします。開ける際も、飛び出しなどを想定してゆっくりと開けます。

18 店内での管理

犬を店内に連れていき、安全なところにリードをつなぎます。周りに危険物がないこと、つないだところに十分な強度があること、つないだリードがほどけないことなどを必ず確認しておきます。

5. お客さまの迎え方

ご自分で犬を連れてくるお客さまの迎え方

店内でお客さまをお迎えするときは、まず「いらっしゃいませ」のあいさつが基本。その後、ペットを預かり、健康チェック、要望の確認などを行います。送迎の場合と同様、逃げ出しやケガのないよう、受け渡しなどには十分に注意します。ペットを店内のケージに入れるのは、お客さまが帰ってから。お見送りを済ませるまでは、小型犬や猫なら腕に抱き、大型犬ならリードを持っていましょう。

1 来店のあいさつ

お客さまが店内に入ってきたら、すぐに「いらっしゃいませ」などのあいさつをします。常連の方など、お互いに顔見知りで親しいお客さまであれば「おはようございます」、「こんにちは」のようにあいさつしても良いでしょう。

2 ペットを受け取る

お客さまが抱いて連れてきた小型犬や猫は、床に下ろしたりせず、「手から手へ」受け取るのが基本です。大型犬の場合は、お客さまの手からリードを確実に受け取り、すぐに輪の部分に腕を通します。

3 簡単な体のチェック

小型犬や猫ならカウンターの上、大型犬ならトリマーがしゃがんで、健康状態をチェックします。同時に、カットのスタイルなどについてお客さまの要望を聞きます。必要事項はメモをとったり、カルテに記入したりしておきましょう。

4 お客さまのお見送り

送迎の確認などをした後、「お預かりします」などのあいさつをしてお客さまのお見送りをします。小型犬や猫の場合は、カウンターからの飛び降りを防ぐため、しっかり抱いておきます。大型犬の場合は、お見送りするときまでリードを手から離さないようにしましょう。

言葉づかいの基本

仕事の場では、さまざまな場面で適切なあいさつや言葉づかいをする必要があります。
とくにあいさつは、コミュニケーションの第一歩として欠かせないもの。
どんな場面でも、自分からすすんで声をかけられるように心がけましょう。

1 お客さまへのあいさつ

来店されたとき ……「いらっしゃいませ」

お見送りのとき ……「ありがとうございました」

お待たせするとき …「少しお待ちください（ませ）」

お待たせした後 ……「お待たせいたしました」

おわびするとき ……「申し訳ございません」

2 スタッフ間のあいさつ

出社したとき ………「おはようございます」

外出するとき ………「（○○へ）行ってきます」

外出から戻ったとき……「ただいま戻りました」

外出から戻ったスタッフを迎えるとき
………「お帰りなさい」「お疲れさまです」

退社するとき ………「お先に失礼します」

退社するスタッフを見送るとき……「お疲れさまでした」

3 敬語の基本

敬語には①**ていねい語**　②**尊敬語**　③**謙譲語**の3つの種類があります。それぞれの意味や使い方を知って、正しく使い分けましょう。

①ていねい語

相手に対して失礼にならないよう、ていねいに話す言葉です。語尾に「〜ます」「〜です」などをつけた言い方を指します。

＜例＞普通の言い方 → ていねい語
ある → あります
する → します　など

※よりあらたまった場では、それぞれ「ございます」「いたします」などのような言い方をします。

★見　る → ご覧になる
食べる → 召し上がる
のように、特定の形に変化する言葉もあります。

②尊敬語

相手に対する敬意を表す言葉です。名詞に「お」「ご」をつけたり、動詞に「〜になる」「いらっしゃる」などをつけたりします。

＜例＞普通の言い方 → 尊敬語
荷物 → お荷物
住所 → ご住所
来る・行く → おいでになる、いらっしゃる
など

③謙譲語

自分側のことを表す際にへりくだった言い方をすることによって、相手に対する敬意を表します。「お〜する」「〜させていただく」などの言い方をします。

＜例＞普通の言い方 → 尊敬語
書く → お書きする、書かせていただく
聞く → お聞きする、聞かせていただく
など

★見　る → 拝見する
食べる → いただく
のように、特定の形に変化する言葉もあります。

4 知っていると良い言葉

お客さまに応対する際などに役立つのが「クッション言葉」と言われる表現です。会話にひとこと付け加えるだけで、ていねいでソフトな印象になります。

●たずねるとき ……………………「失礼ですが」
＜例＞「失礼ですが、どちらさまでいらっしゃいますか？」

●頼むとき ………………………「恐れ入りますが」
＜例＞「恐れ入りますが、あちらでお願いいたします」

●相手の希望に添えないとき……「あいにくですが」
＜例＞「あいにくですが、その商品は製造中止になっております」

●許可や了解を得るとき ………「よろしければ」
＜例＞「よろしければ、ご用件をおうかがいします」

●迷惑をかけるとき ……………「ご迷惑をおかけしますが」
＜例＞「ご迷惑をおかけしますが、よろしくお願いします」
など

6. トリミング前の健康チェック

必ず見ておきたいポイントと体温測定

お客さまからペットを預かる際に簡単な健康チェックを行いますが、トリミングを始める直前に、担当者はもう一度ていねいに健康状態を確認します。皮膚、目、耳、肛門周りなどのポイントを観察し、体調が悪そうなら体温を測ります。犬の体に異常があった場合は、すぐに先輩スタッフに報告を。その後、指示に従って飼い主さんへの連絡など、必要な処理を行います。

1 首輪などを外す

洋服を着ている場合は脱がせ、首輪やリボンなどもすべて外します。脱がせた服や外した小物類は、どのお客さまのものかわからなくならないよう、ひとつにまとめておきます。同時に呼吸が荒い、ヨダレをたらす、など不調を示す全身症状にも注意しておきます。

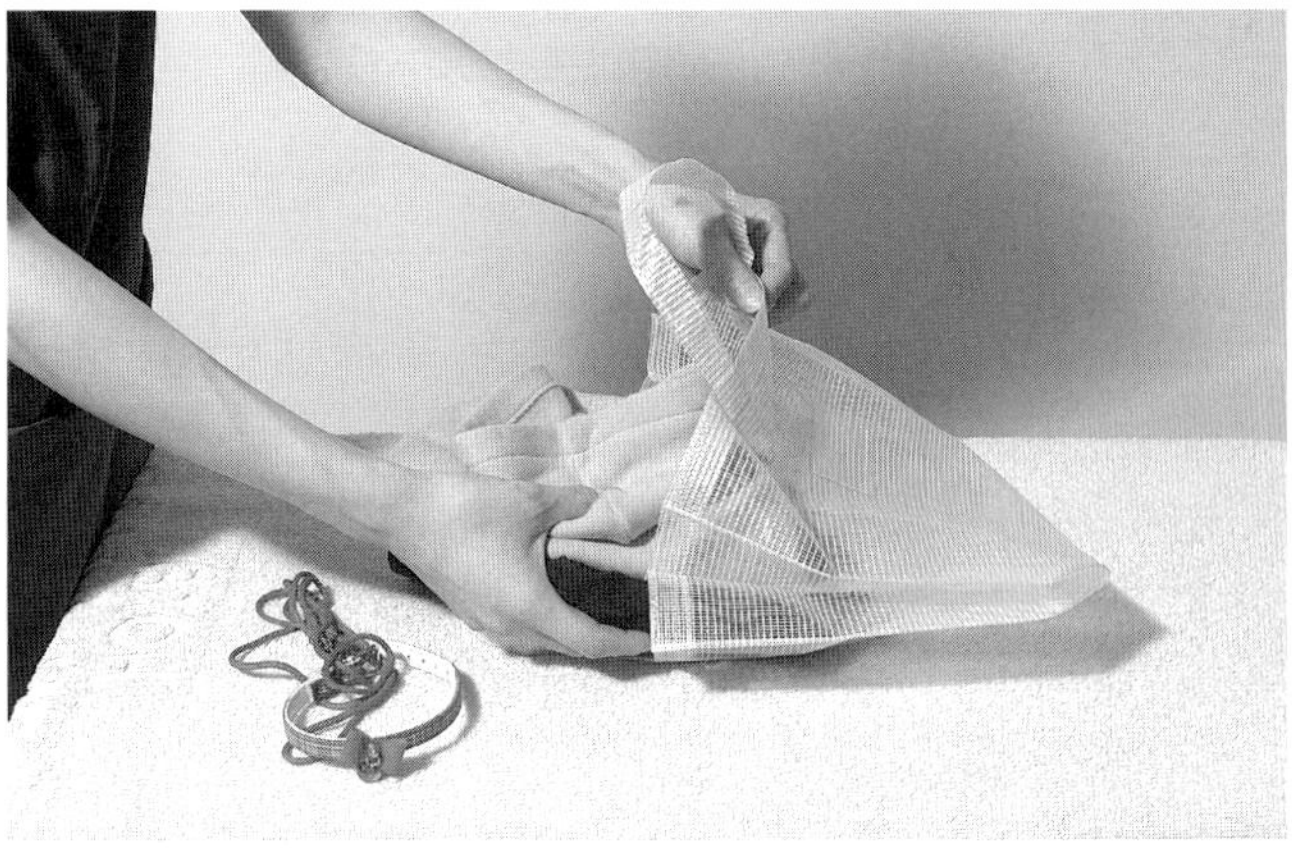

2 皮膚をチェック

毛を根元までかき分けて、湿疹、炎症、かさぶた、フケなどがないかどうか確認します。内股や脇、耳の裏なども忘れずにチェックすること。体をさわりながら、痛がるところやしこりなどにも気をつけましょう。

3 足裏をチェック

四肢を１本ずつ持ち上げ、足裏に炎症や傷がないかどうか確認していきます。表面だけを見るのではなく、パッドを指で軽く押して広げ、指のあいだまできちんと確認しておきましょう。

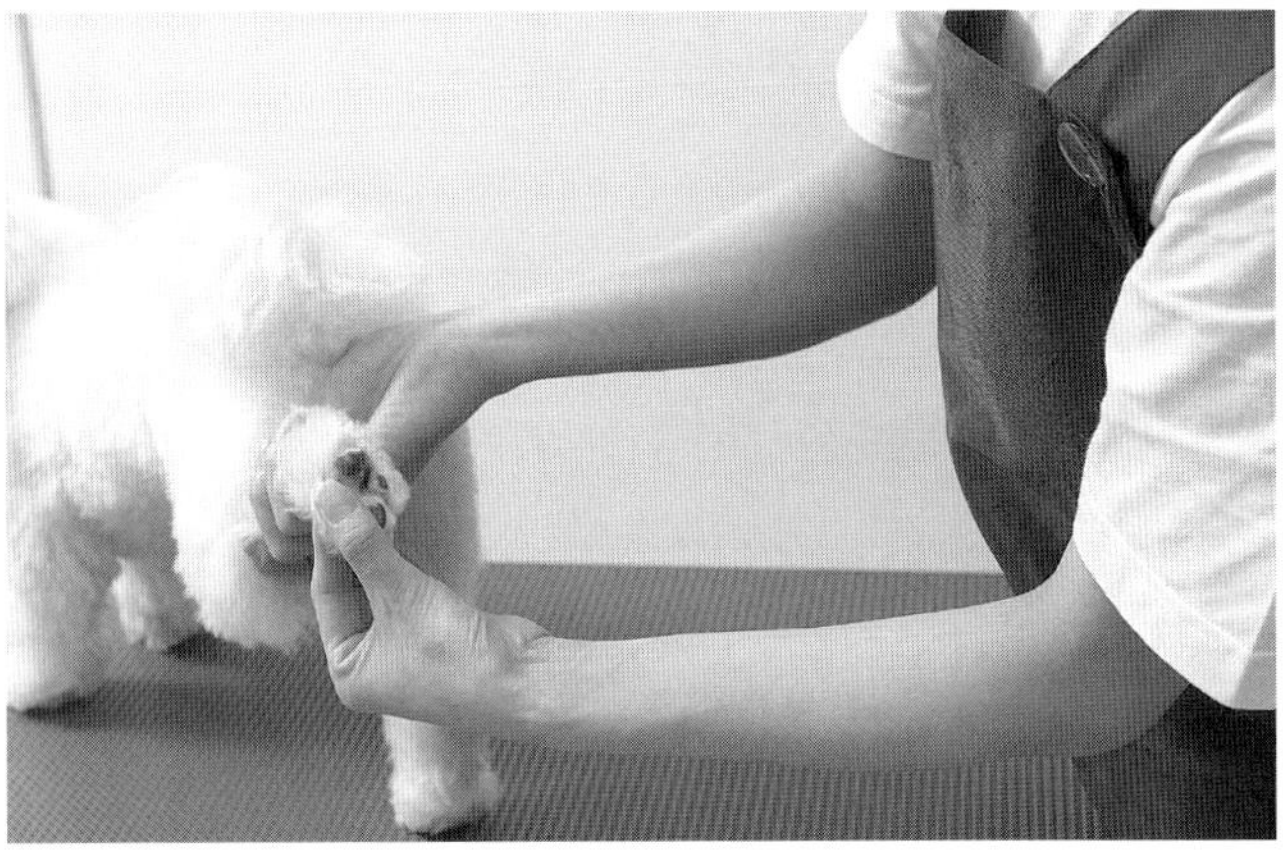

4 耳をチェック

嫌な臭いがしないか、極端に汚れていないか、炎症がないか、などを見ていきます。垂れ耳の場合は、必ず耳を裏返し、耳の中の様子をきちんと観察するようにしましょう。

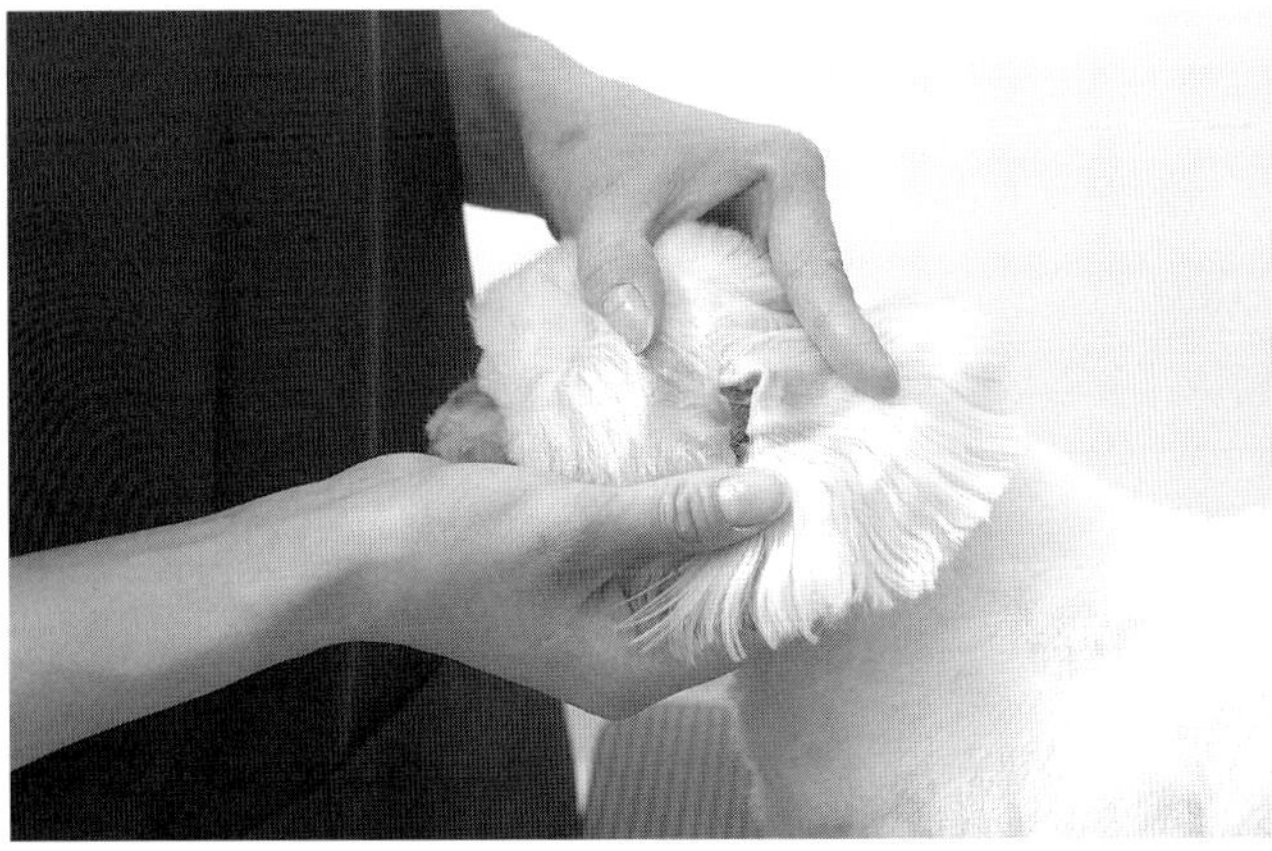

5
目をチェック

目ヤニが出ていないか、異常なまばたきがないか、目の周りが涙やけしていないか、などを見ていきます。長毛種の場合、目にかぶさる毛は必ず上に持ち上げ、両目の状態を確認します。

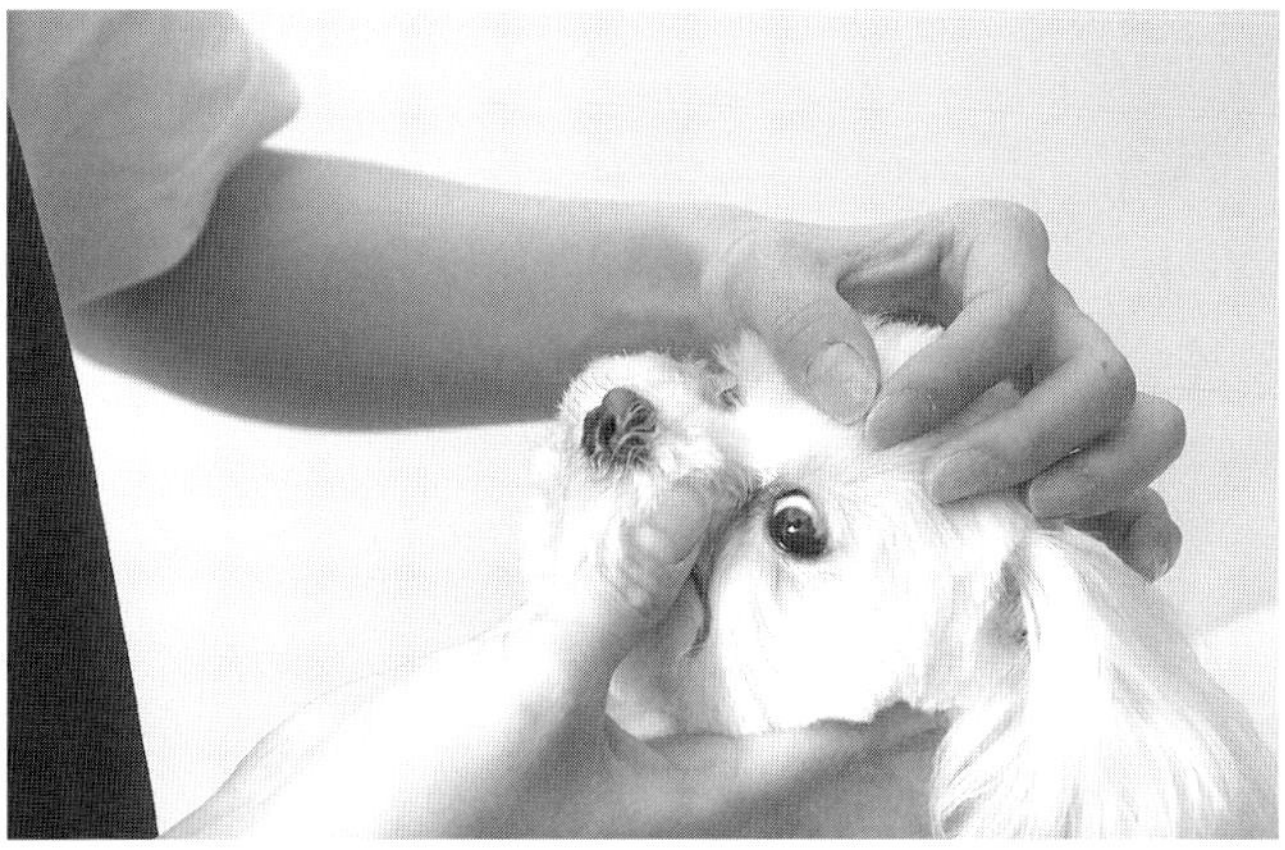

6
肛門周りをチェック

垂れ尾の場合は尾を軽く持ち上げ、肛門周りの状態を見ていきます。汚れていないか、皮膚に炎症が起きていないか、下痢をしている様子はないか、などを確認します。

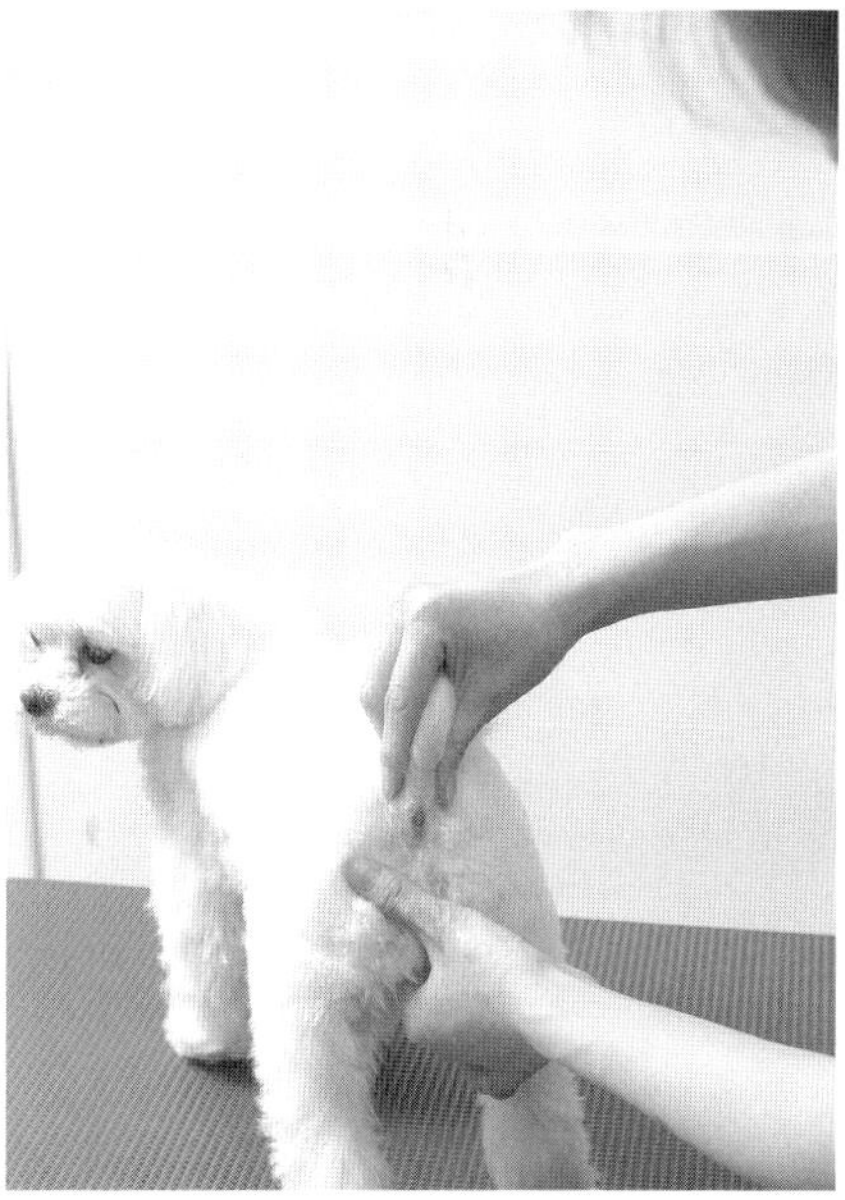

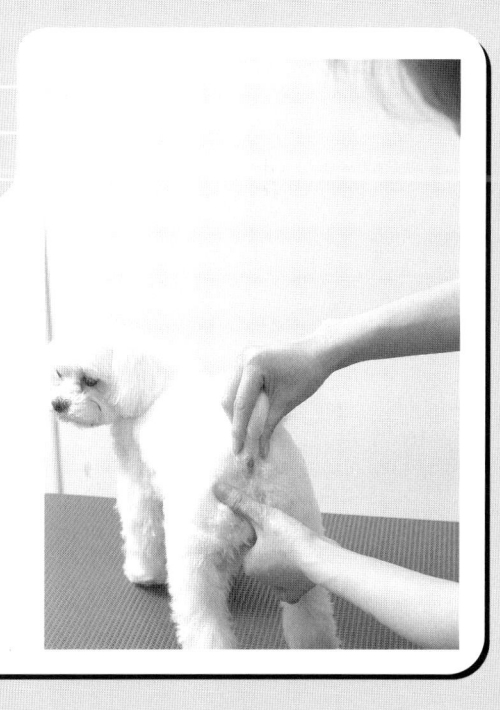

7
体温計を消毒する

体調が悪そうな場合、トリミングを始める前に検温をします（店によってはすべての犬の検温をすることも）。まず、コットンにエタノールをつけ、体温計の先端を拭いて消毒します。

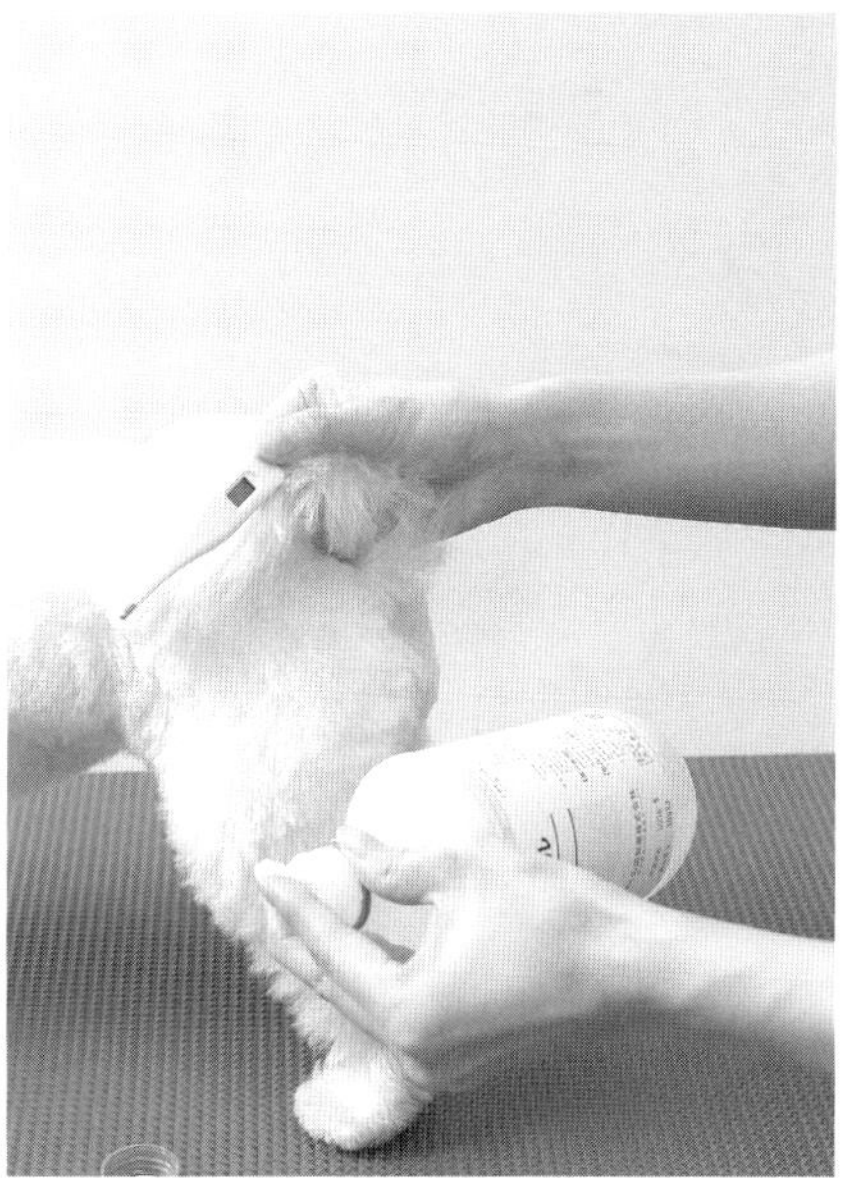

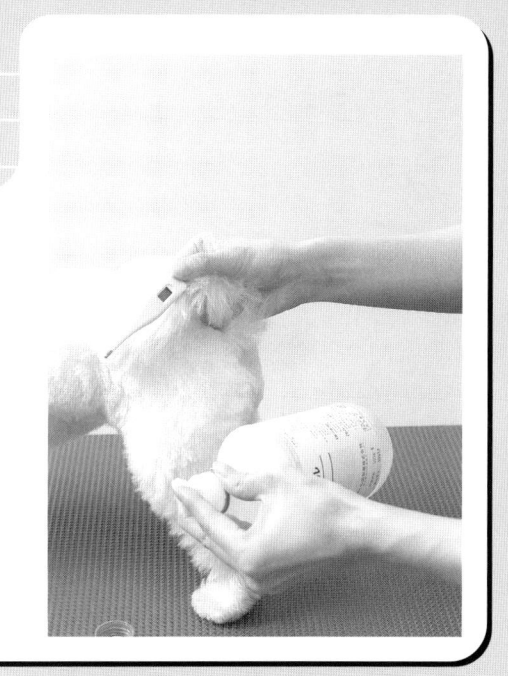

8
体温を測る

滑りを良くするためにコットンにグリセリン（またはワセリンなど）を付け、体温計の先端に薄く塗ります。犬が座らないよう尾の付け根を持ち、体温計をそっと左右にひねりながら直腸に挿入します。

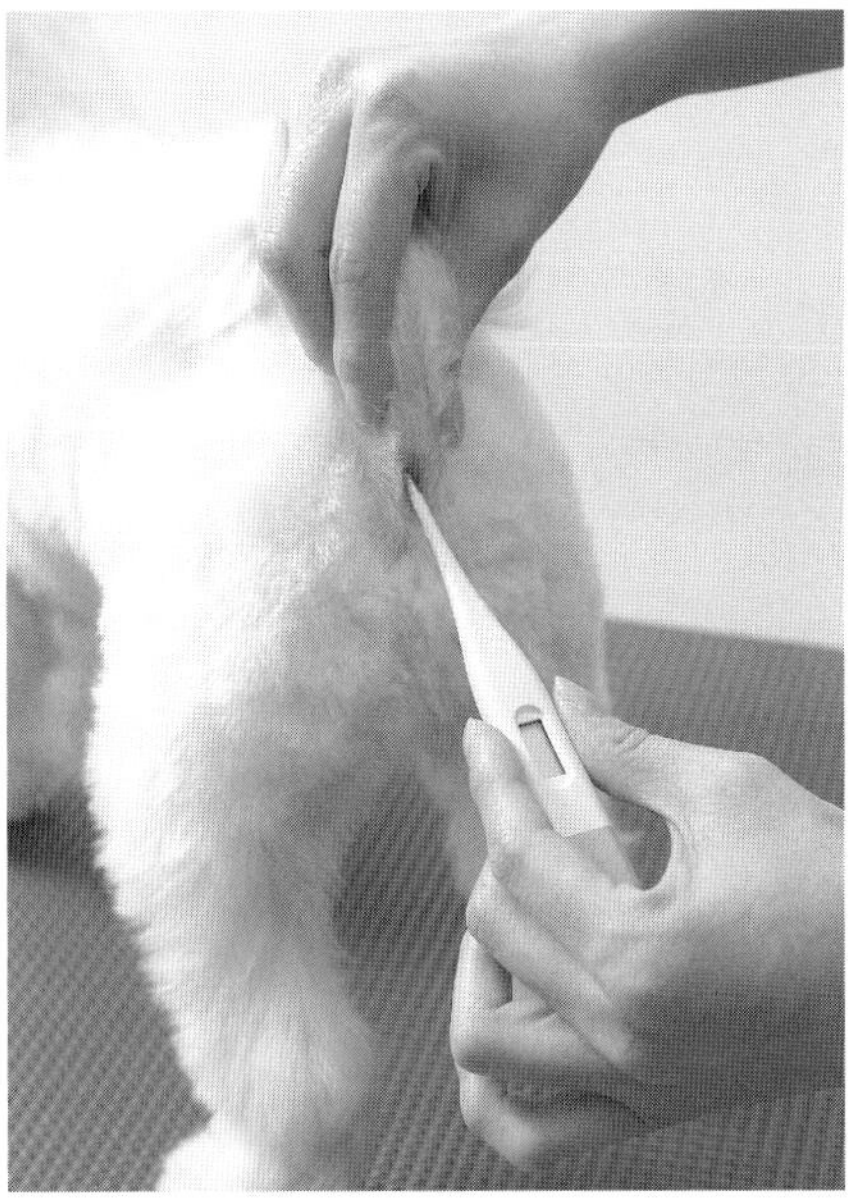

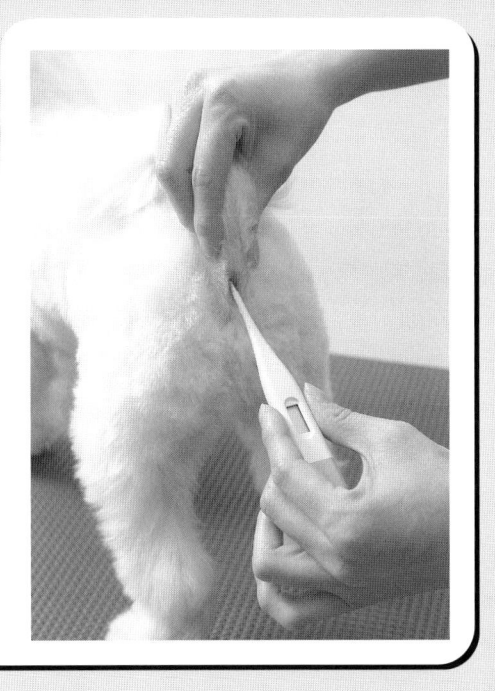

9
体温計を抜いて消毒

体温計を抜き、体温を確認します。体温計は、エタノールを付けたコットンで先端を拭き、消毒してから片付けます。体温計は、使用前と使用後に消毒するようにすると衛生的です。

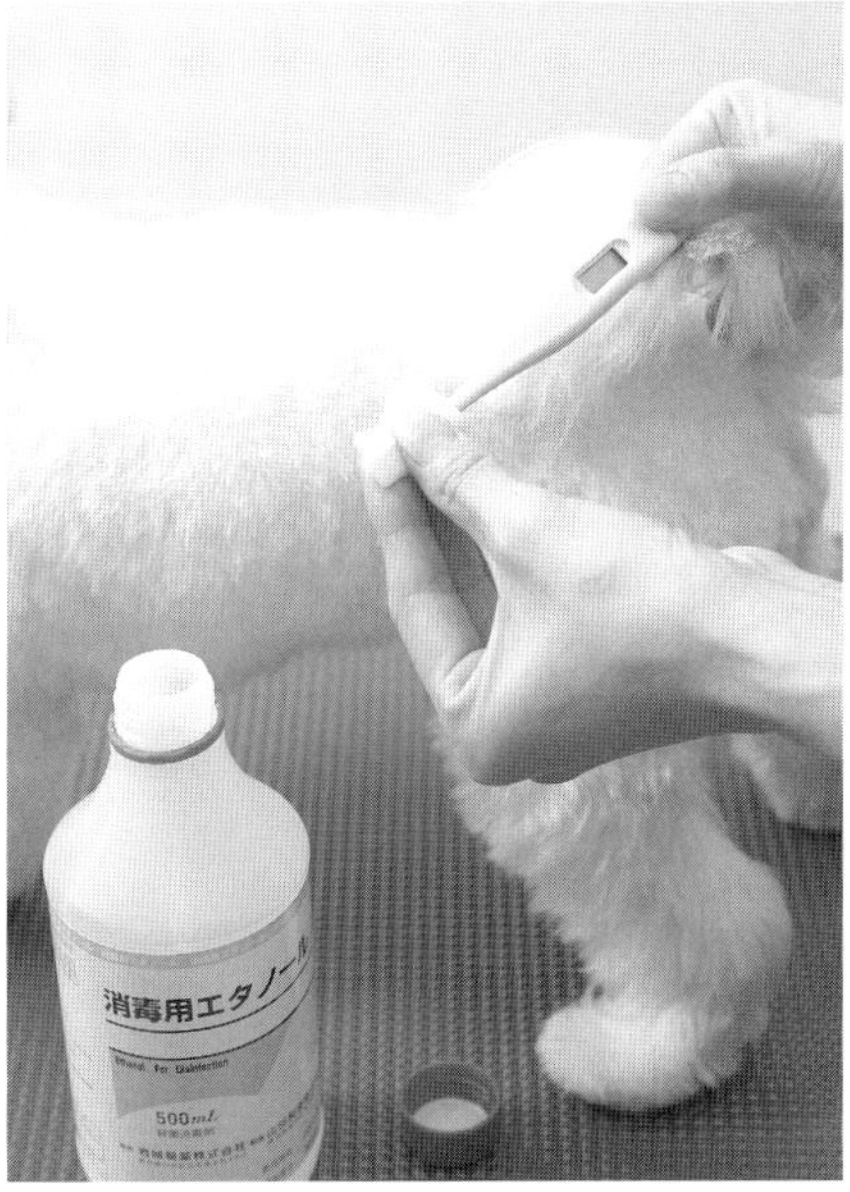

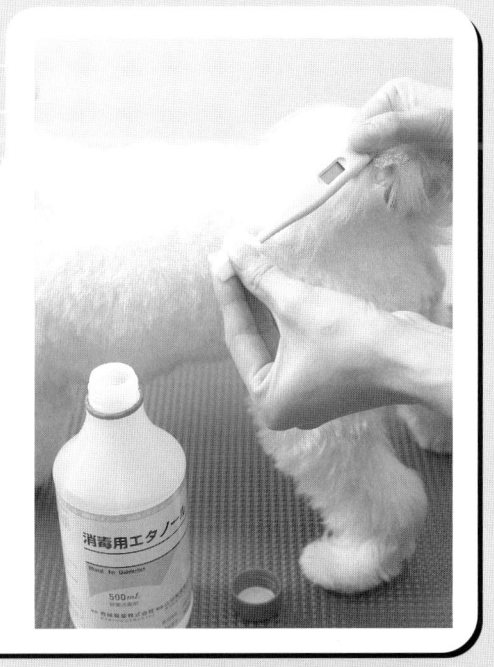

10
カルテに記入

体温や体の状態などの必要事項は、カルテやノートなどに正しく記入しておきます。熱があったり、体の異常に気づいたりした場合は、勝手な判断をせず、先輩スタッフに報告を。その後、指示に従ってお客さまへの連絡などを行います。

オーダー・チェックシート

最近は、カルテで顧客犬を管理しているショップも多いようです。カルテの種類や記入方法はそれぞれですが、チェックするポイントは似てくるのでは。以下に**A：初回来店時に作成する「総合カルテ」**、**B：来店の度に作成する「オーダーシート」**の例を示しました。これらを参考に、あなたのショップのカルテを見直してみましょう。

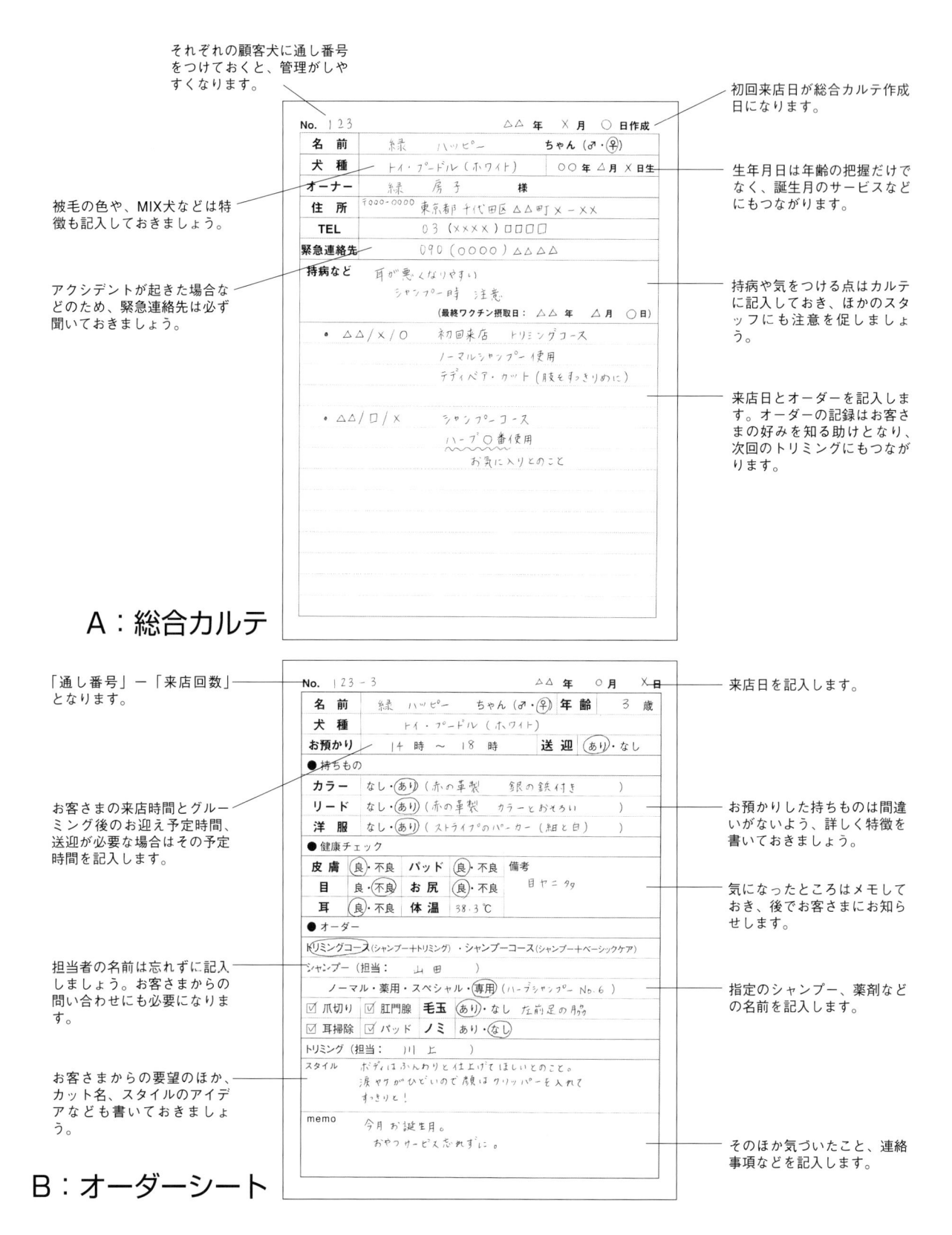

それぞれの顧客犬に通し番号をつけておくと、管理がしやすくなります。

初回来店日が総合カルテ作成日になります。

被毛の色や、MIX犬なども特徴も記入しておきましょう。

生年月日は年齢の把握だけでなく、誕生月のサービスなどにもつながります。

アクシデントが起きた場合などのため、緊急連絡先は必ず聞いておきましょう。

持病や気をつける点はカルテに記入しておき、ほかのスタッフにも注意を促しましょう。

来店日とオーダーを記入します。オーダーの記録はお客さまの好みを知る助けとなり、次回のトリミングにもつながります。

No. 123　　△△ 年　X 月　○ 日作成

名前	緑　ハッピー　ちゃん（♂・♀）	
犬種	トイ・プードル（ホワイト）	○○ 年 △ 月 X 日生
オーナー	緑　房子　様	
住所	〒000-0000 東京都千代田区△△町X－XX	
TEL	03（XXXX）□□□□	
緊急連絡先	090（0000）△△△△	

持病など　耳が悪くなりやすい
シャンプー時　注意
（最終ワクチン摂取日：△△ 年　△ 月　○ 日）

・△△/X/O　初回来店　トリミングコース
ノーマルシャンプー使用
テディベア・カット（肢をすっきりめに）

・△△/□/X　シャンプーコース
ハーブ○番使用
お気に入りとのこと

A：総合カルテ

「通し番号」－「来店回数」となります。

来店日を記入します。

お客さまの来店時間とグルーミング後のお迎え予定時間、送迎が必要な場合はその予定時間を記入します。

お預かりした持ちものは間違いがないよう、詳しく特徴を書いておきましょう。

気になったところはメモしておき、後でお客さまにお知らせします。

担当者の名前は忘れずに記入しましょう。お客さまからの問い合わせにも必要になります。

指定のシャンプー、薬剤などの名前を記入します。

お客さまからの要望のほか、カット名、スタイルのアイデアなども書いておきましょう。

そのほか気づいたこと、連絡事項などを記入します。

No. 123－3　　△△ 年　○ 月　X 日

名前	緑　ハッピー　ちゃん（♂・♀）	年齢	3 歳
犬種	トイ・プードル（ホワイト）		
お預かり	14 時 ～ 18 時	送迎	あり・なし

● 持ちもの

カラー	なし・あり（赤の革製　銀の鋲付き　）
リード	なし・あり（赤の革製　カラーとおそろい　）
洋服	なし・あり（ストライプのパーカー（紺と白）　）

● 健康チェック

皮膚	良・不良	パッド	良・不良	備考 目ヤニ タダ
目	良・不良	お尻	良・不良	
耳	良・不良	体温	38.3℃	

● オーダー

トリミングコース（シャンプー＋トリミング）・シャンプーコース（シャンプー＋ベーシックケア）

シャンプー（担当：　山田　）

ノーマル・薬用・スペシャル・専用（ハーブシャンプー No.6 ）

☑ 爪切り	☑ 肛門腺	毛玉	あり・なし　左前足の脇
☑ 耳掃除	☑ パッド	ノミ	あり・なし

トリミング（担当：　川上　）

スタイル　ボディはふんわりと仕上げてほしいとのこと。
涙ヤケがひどいので顔はクリッパーを入れてすっきりと！

memo　今月お誕生月。
おやつサービス忘れずに。

B：オーダーシート

7. シャンプー前の手入れ①

足裏などのクリッパーと爪切り、耳掃除

シャンプーの前に行う基本的なグルーミングです。足裏、肛門周り、お腹にはクリッパーをかけ、爪切りや耳掃除を行います。とくに爪切りや耳掃除は、犬が嫌がることも多い大変な作業です。正しい方法を知って、手早く正確に進めるようにしましょう。爪切りを嫌う場合は、かみつきなどの事故も起こりかねないので、攻撃的な犬に対しては保定の仕方を工夫する必要もあります。

1 足裏のクリッパー①

１ミリの刃をつけたクリッパーで、足裏の毛を処理します。足裏の毛が伸びていると不潔なだけでなく、室内で滑りやすくなり、関節を傷める原因になることもあるので、パッドのあいだまできれいに刈っておきます。

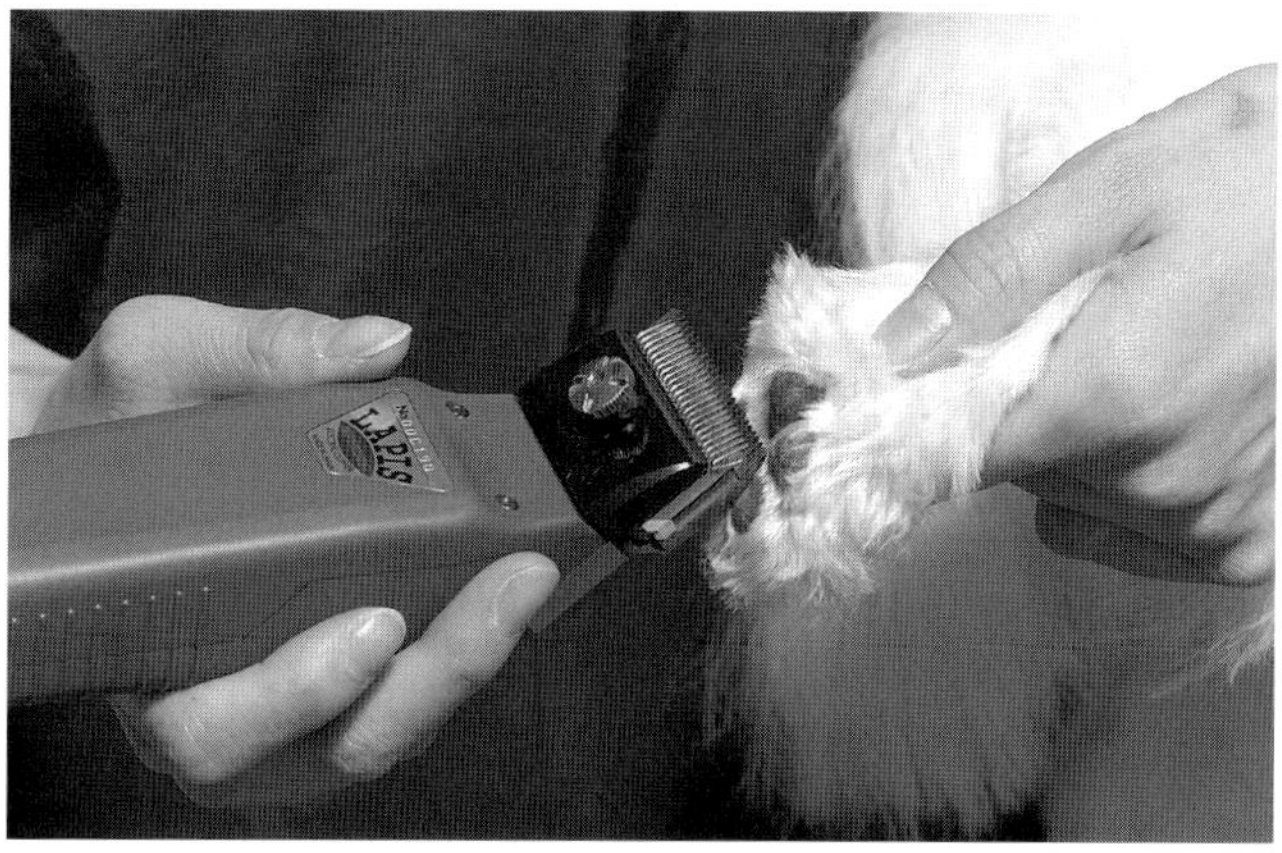

2 足裏のクリッパー②

作業をしながら、パッドに傷が付いていないか、炎症や湿疹といった皮膚の異常がないか、などの確認を改めて行います。クリッパーを嫌がる犬の場合は、皮膚を傷つけないよう、十分に注意しながら進めます。

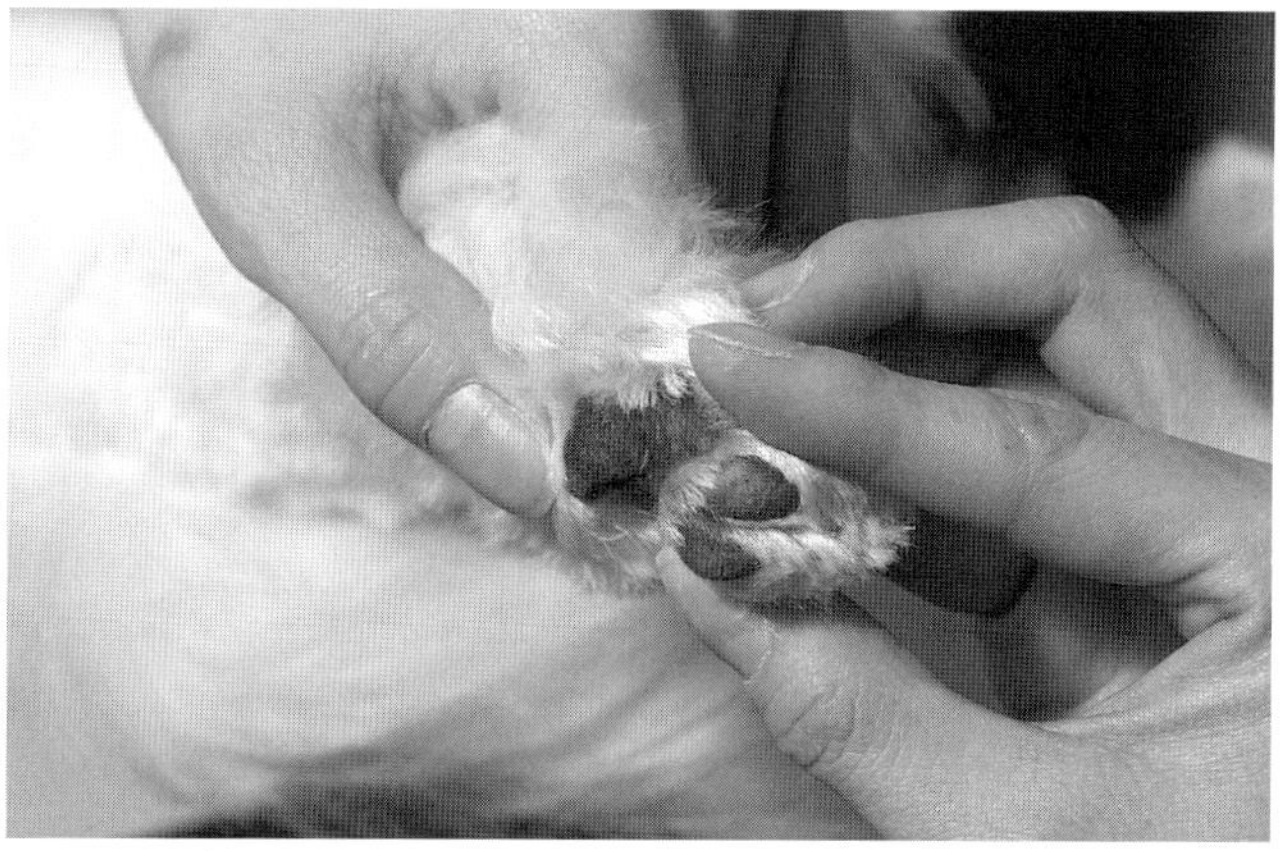

3 爪切り①

親指と人さし指で、爪の根元をしっかり押さえます。指と指のあいだにある水かきの部分を押し広げるようなつもりで押さえるとうまくいきます。爪切りをするときは、肢を無理な角度に上げさせないように注意することも必要です。

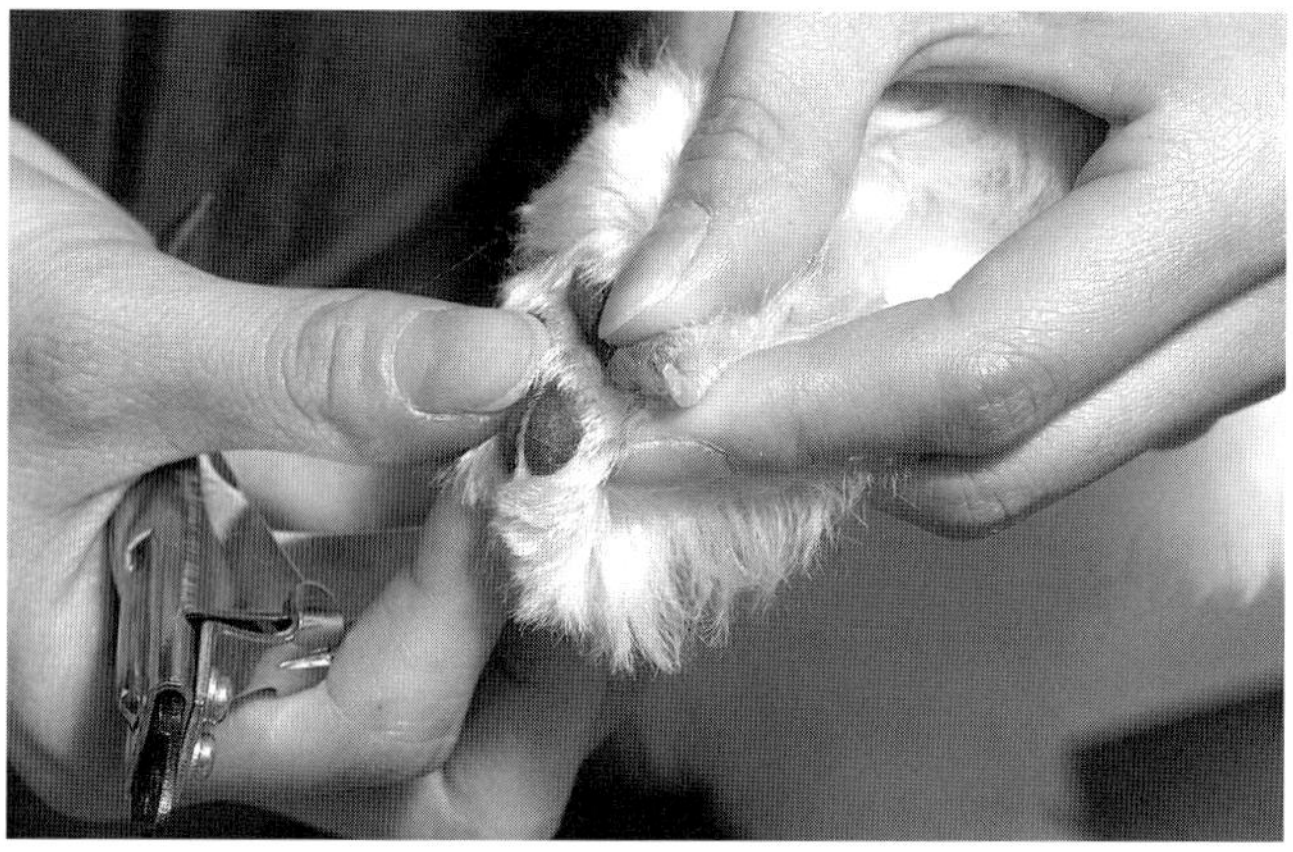

4 爪切り②

血管を切らないように注意しながら切る位置を決め、爪切りを当てたら一気に切ります。最初に真っ直ぐ、次に左右の角を落とすように、３手順で切るのが基本。血管が見えない黒い爪の場合は一気に短くせず、最初は長めに切っておき、少しずつ短くしていきます。

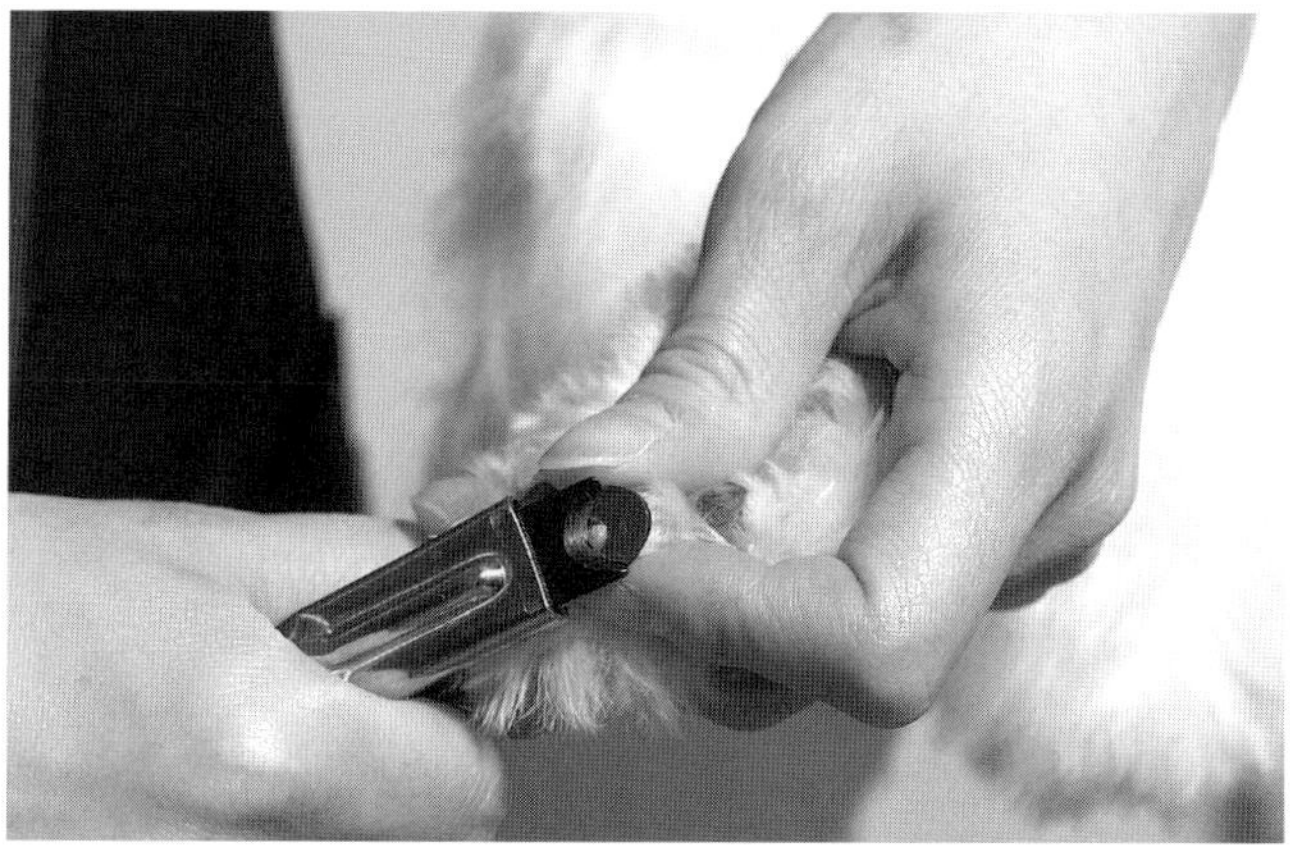

5 暴れるときの保定

爪切りを嫌がる犬はたくさんいます。かみつきなどの事故を防ぐため､犬が暴れる場合は、片方の腕の脇に頭を抱えこむように保定します｡爪を切る瞬間の振動を嫌う犬も多いので、切る場所を決めたらスパッと一気に切ることも大切です。

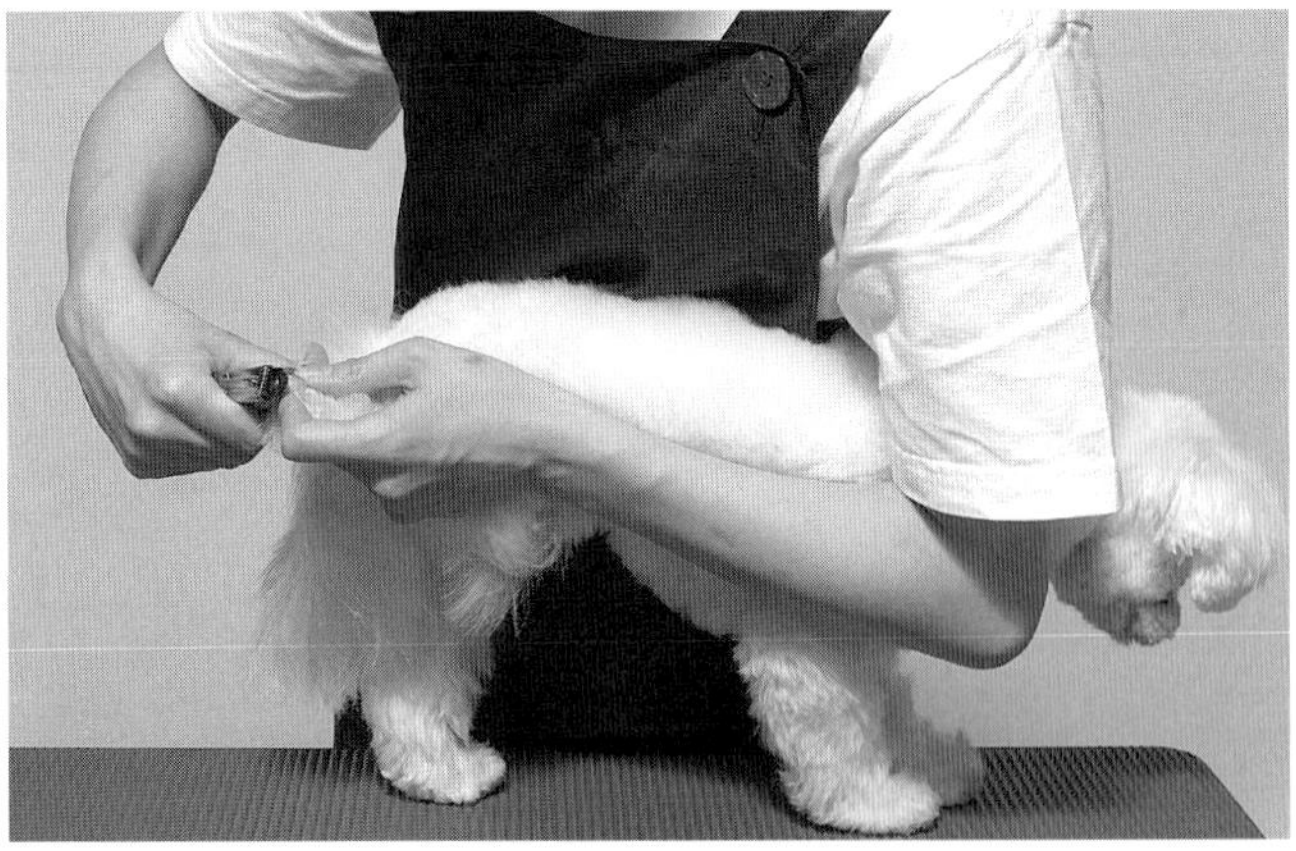

6 爪にヤスリをかける

ヤスリをかけて切り口の角をとります。ヤスリは爪に密着させて動かすこと。浮かせて動かすと、振動で犬が驚いてしまうこともあります。また、往復させず、一方向に動かすことも大切です。

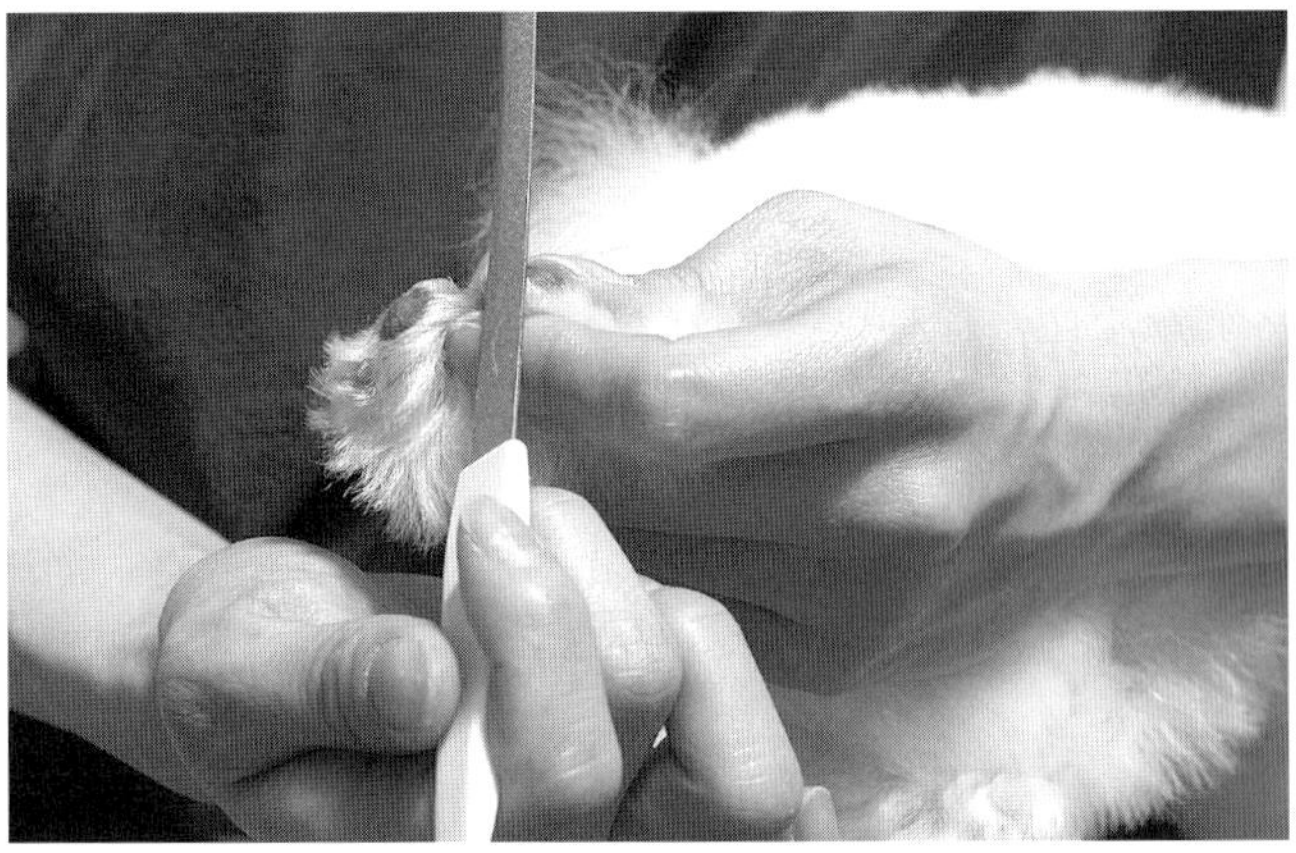

7 出血したときの処理①

爪の血管を切ってしまったら、すぐに止血をします。爪切りをするときは、つねにコットンや止血剤を近くに用意しておきましょう。まず、出血した部分に清潔なコットンを当て、上から強めに押さえます。その状態で、指に止血剤を少量取ります。

8 出血したときの処理②

出血している部分に止血剤を付けます。指先に取った止血剤を、傷口に押し当てるようにし、指を離して出血が止まったことを確認します。止血剤を強く擦り込んだりすると、犬に痛い思いをさせてしまうので注意しましょう。

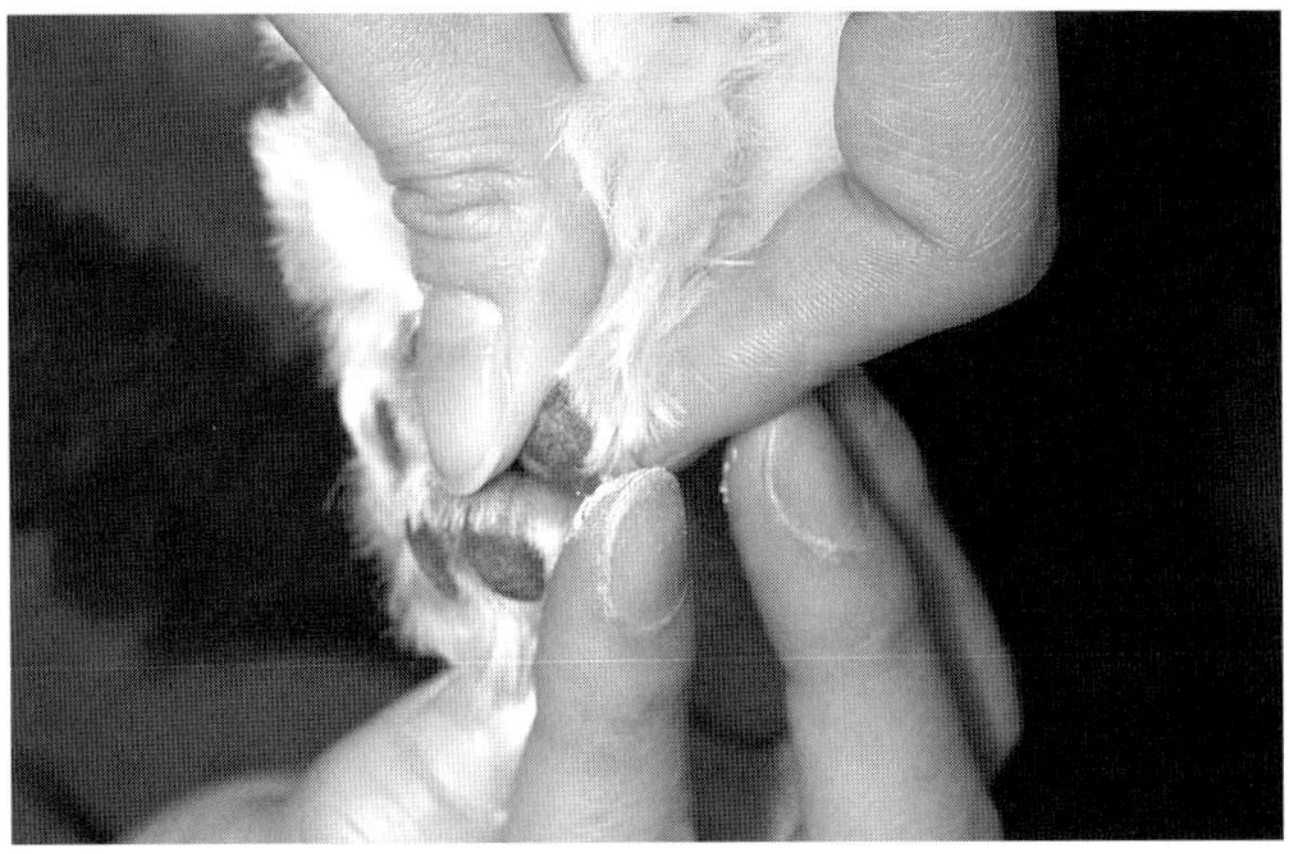

9 耳の毛を抜く①

耳の裏側の毛を抜く準備をします。耳を裏返し、見える部分の耳の毛に滑り止めのパウダーをかけていきます。パウダーは、写真のように耳の毛に直接付けるほか、自分の指先にかけてもかまいません。

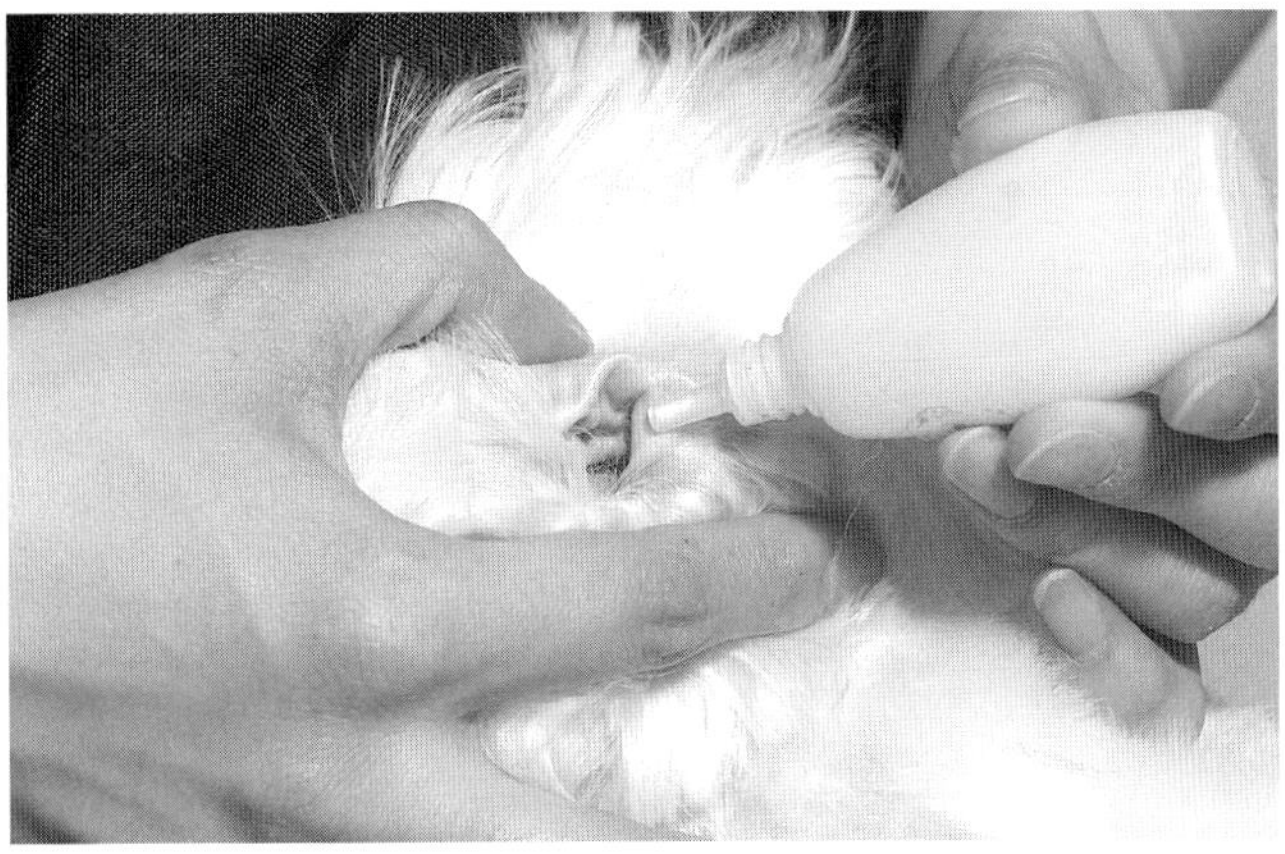

10 耳の毛を抜く②

片方の手で、裏返した状態の耳を押さえ、もう片方の手の指先で、耳の裏側の毛をつまんで抜いていきます。見える範囲にある、指でつまめる毛はすべてきれいに抜いておきましょう。

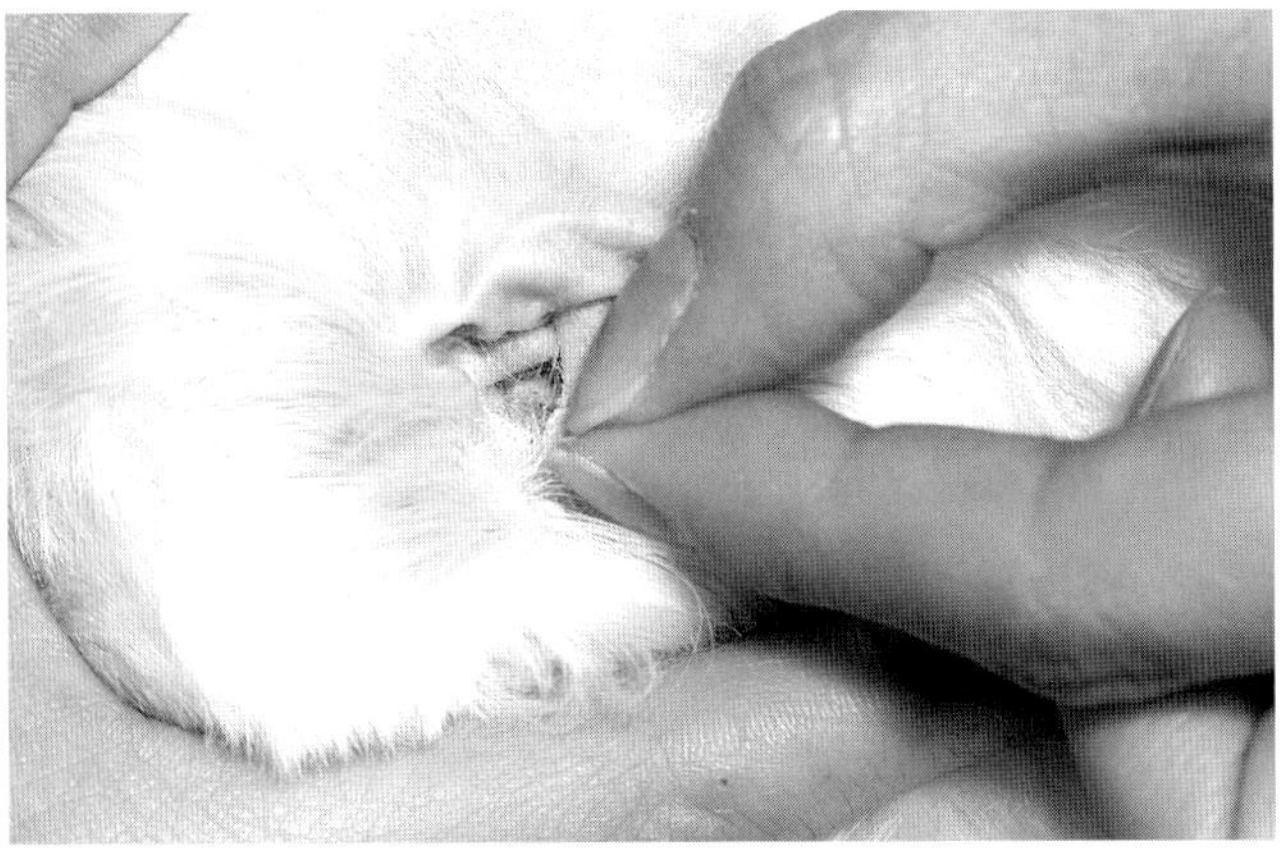

11 耳の毛を抜く③

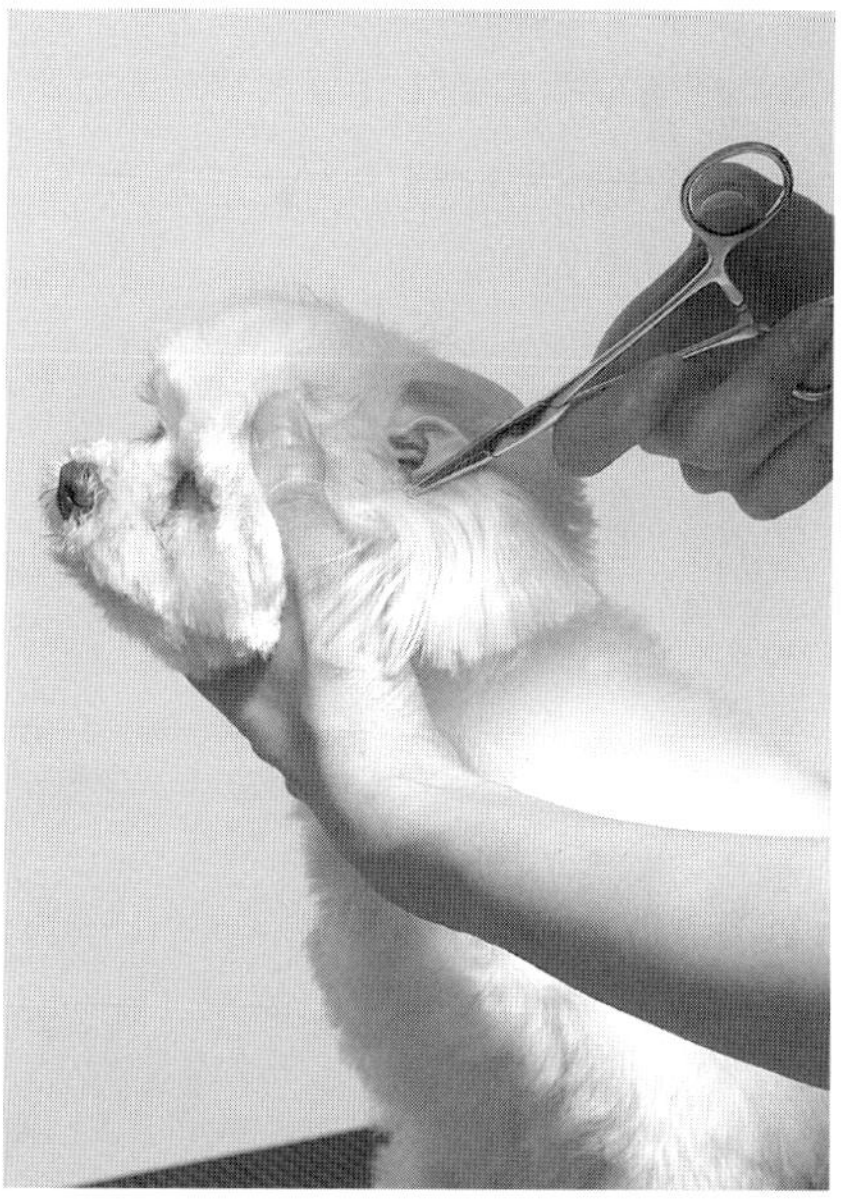

指でつまめなかった毛を鉗子で抜きます。皮膚をはさまないよう、鉗子の背を皮膚に垂直に当てるようにします。また、耳の中で大きく開きすぎないことも大切。鉗子の冷たい感触を嫌がる犬も多いので、耳に当てる前に、鉗子を手で握って温めておいても良いでしょう。

12 鉗子にコットンを巻く

薄くはがしたコットンの端を、鉗子の先ではさみます。はさんだ部分を指先でしっかり押さえ、鉗子をクルクルと回して、先端にコットンを巻き付けます。鉗子にコットンを巻いたもののほうが市販の綿棒より先端が柔らかいため、犬に痛い思いをさせにくくなります。

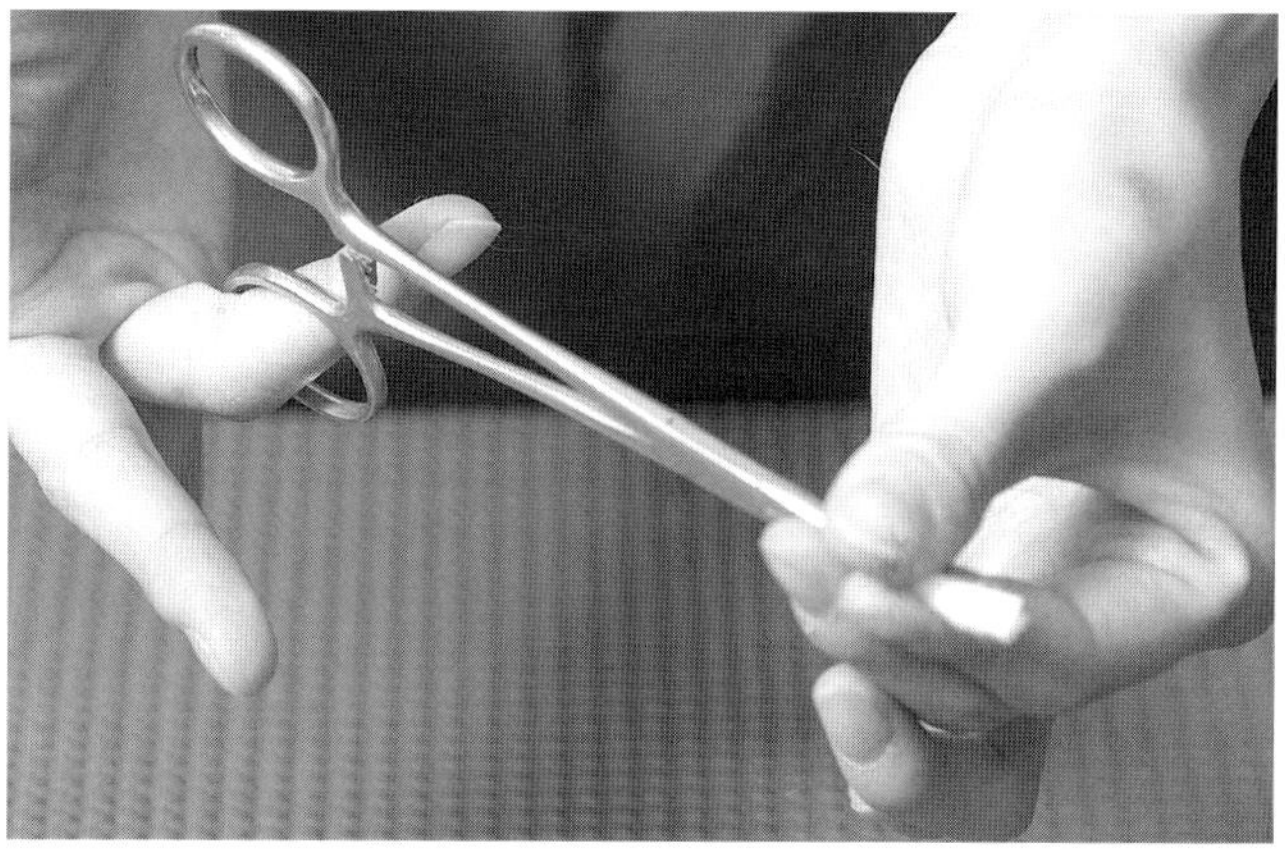

13 ローションを付ける

鉗子に巻いたコットンにイヤーローションを付けます。イヤーローションは耳の中の汚れを取りやすくするために使いますが、耳に炎症などの異常がある場合は使用を避けたほうが良いでしょう。

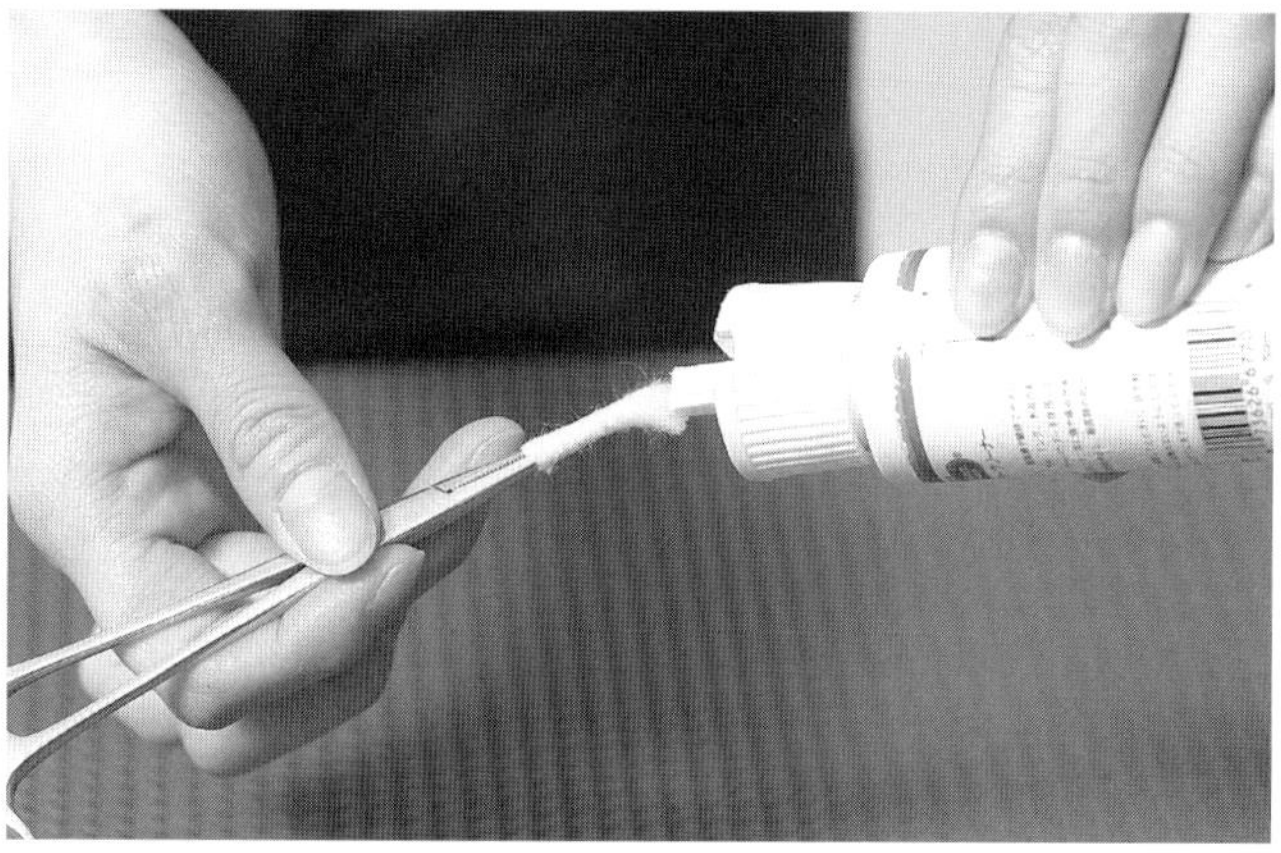

14 耳の中を拭く

13のコットンで、耳の汚れを拭き取ります。耳の奥のほうまできれいにしますが、力を入れてこすると皮膚を傷つけてしまうことがあります。犬の様子を見ながら、力加減に注意して作業を進めます。

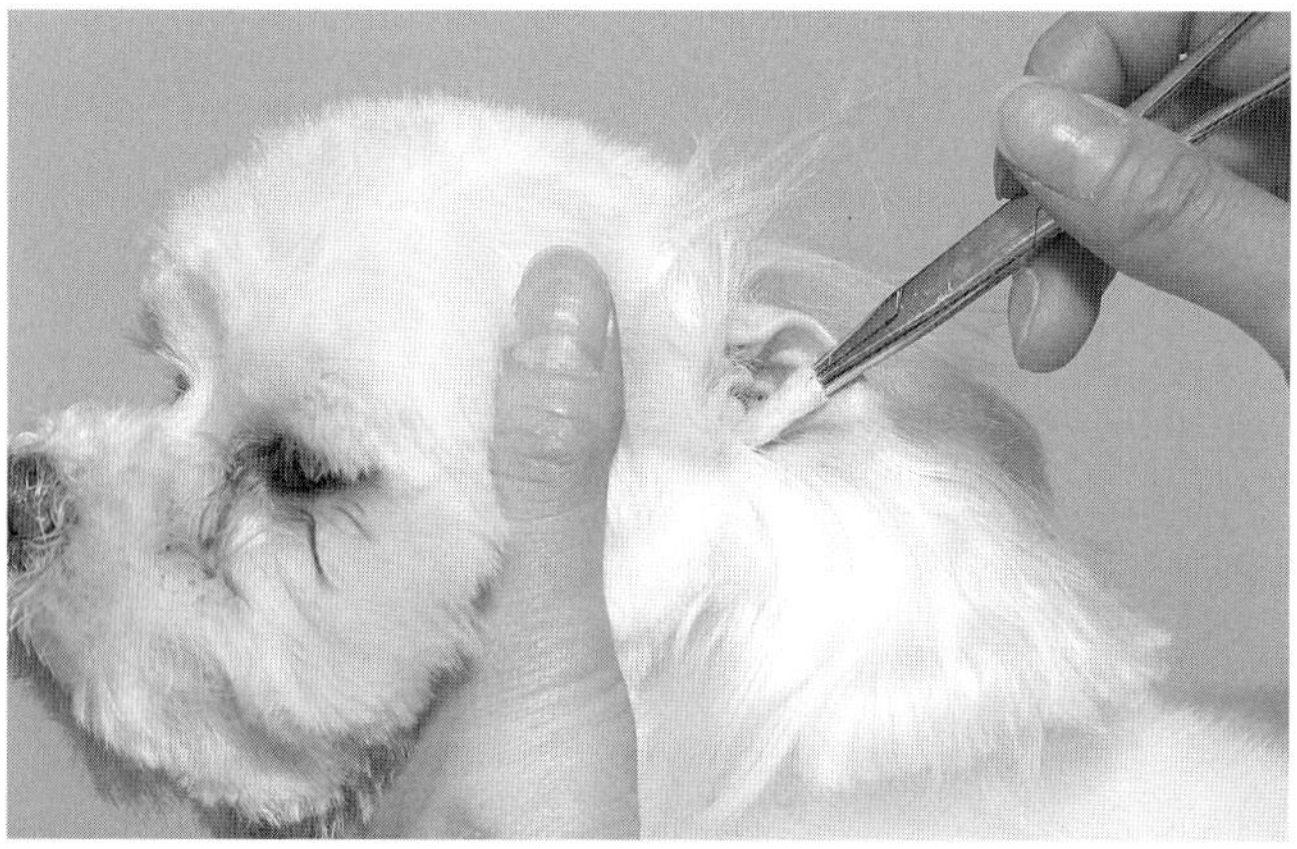

15 肛門周りのクリッパー

１ミリの刃をつけたクリッパーで、肛門にかぶさる毛を処理します。細かい部分の作業には、クリッパーの角を使うとスムーズです。肛門周りは皮膚が薄いので、傷つけないよう、十分に気をつけます。

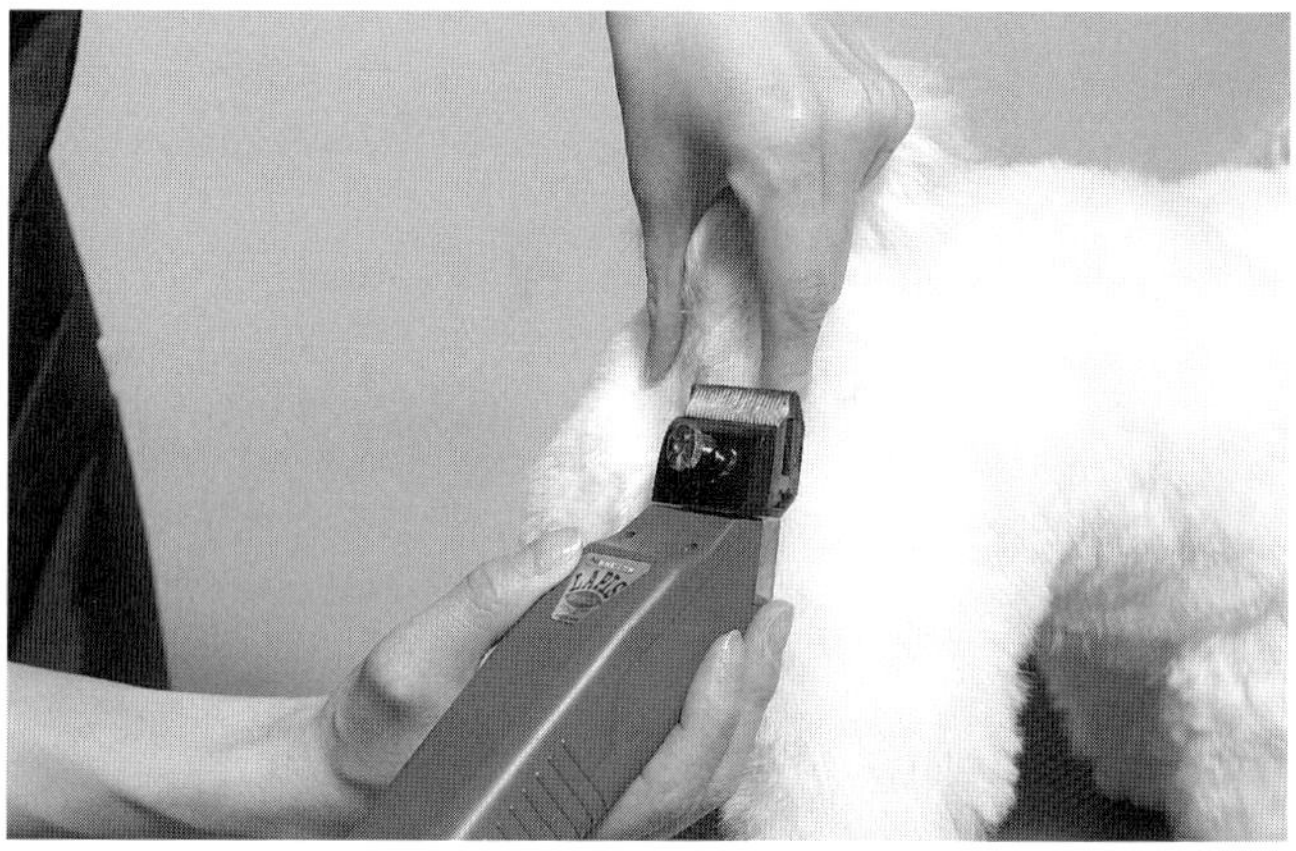

16 腹部のクリッパー

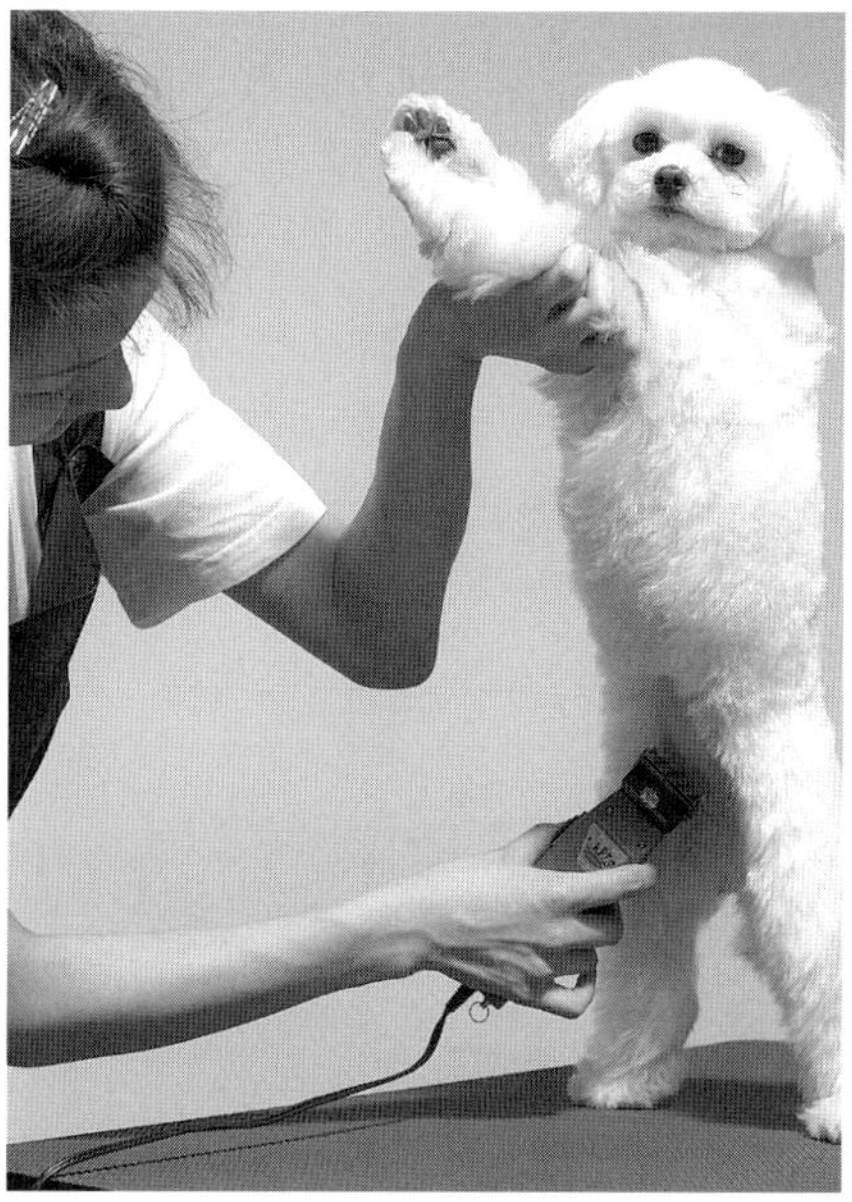

１ミリの刃をつけたクリッパーで、お腹の毛を処理します。ヘソを頂点に、オスの場合は逆Ｖ字型、メスの場合は逆Ｕ字型に毛を刈ります。柔らかい皮膚を傷つけないよう、クリッパーは少し浮かし気味に当てると良いでしょう。

8. シャンプー前の手入れ②

ブラッシングの正しいテクニック

毛のもつれを取りのぞき、皮膚を刺激して新陳代謝を活発にするブラッシングは、日常の手入れやシャンプー前に欠かせない作業です。短かめの毛にはスリッカー、長い毛にはピンブラシを使うのが基本。ブラッシング後は必ずていねいにコーミングをして、毛玉の取り残しなどを確認します。ブラッシングは体のどこから始めてもかまいませんが、１カ所ずつ確実に仕上げていくことが大切です。

1 スプレーをかける

ブラッシングを始める前、全身に静電気防止作用のあるスプレーをかけておきます。毛がほぐれやすくなり、ブラッシングによる切れ毛などを減らします。スプレー剤を使うときは、犬の目にかからないよう注意します。

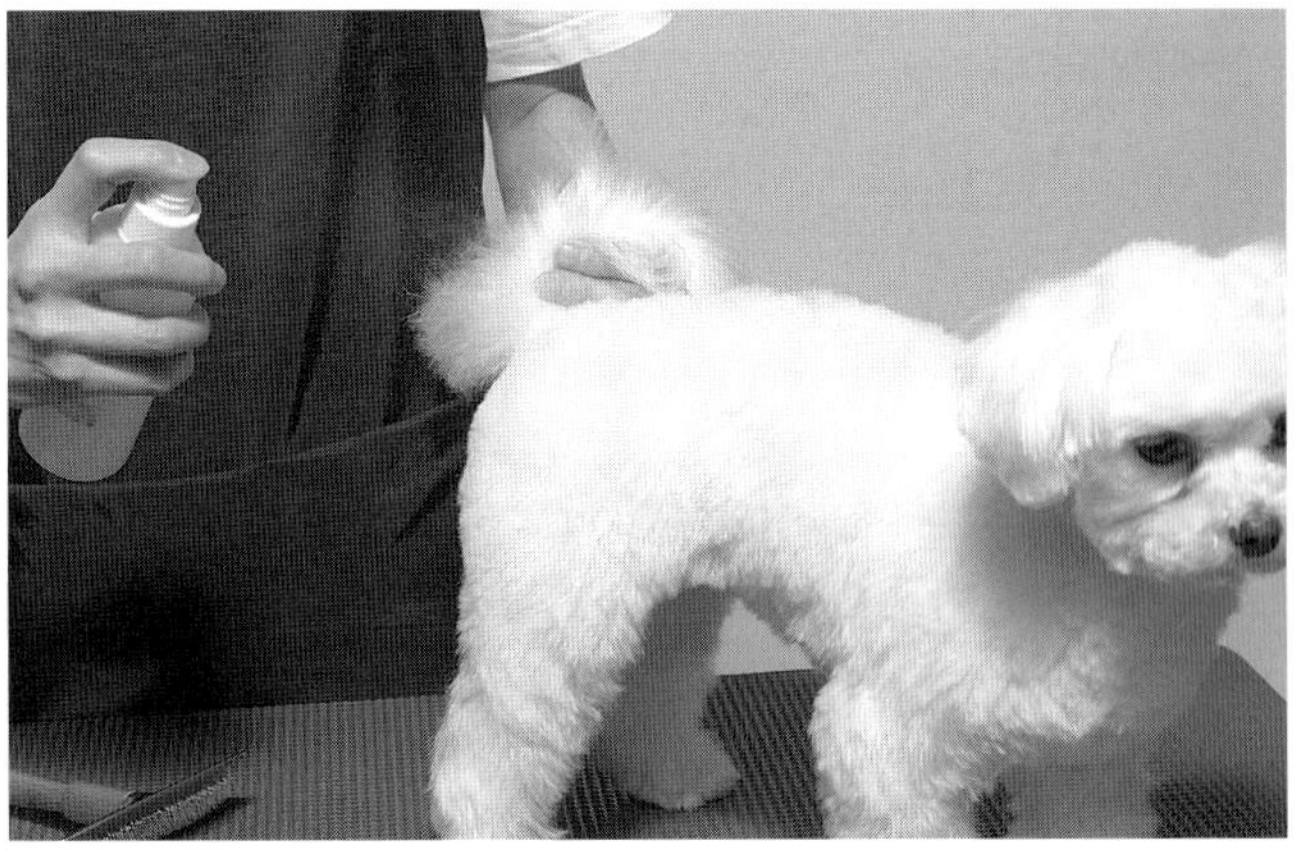

2 スリッカーの使い方①

スリッカーは、手の中で動くぐらいの力で軽く握り、ピンが出ている面を犬の体に対して平らに当てるように使います。柄の部分を握りしめるように持つのは間違いです。腕を動かす方向によって、写真のような２種類の持ち方をします。

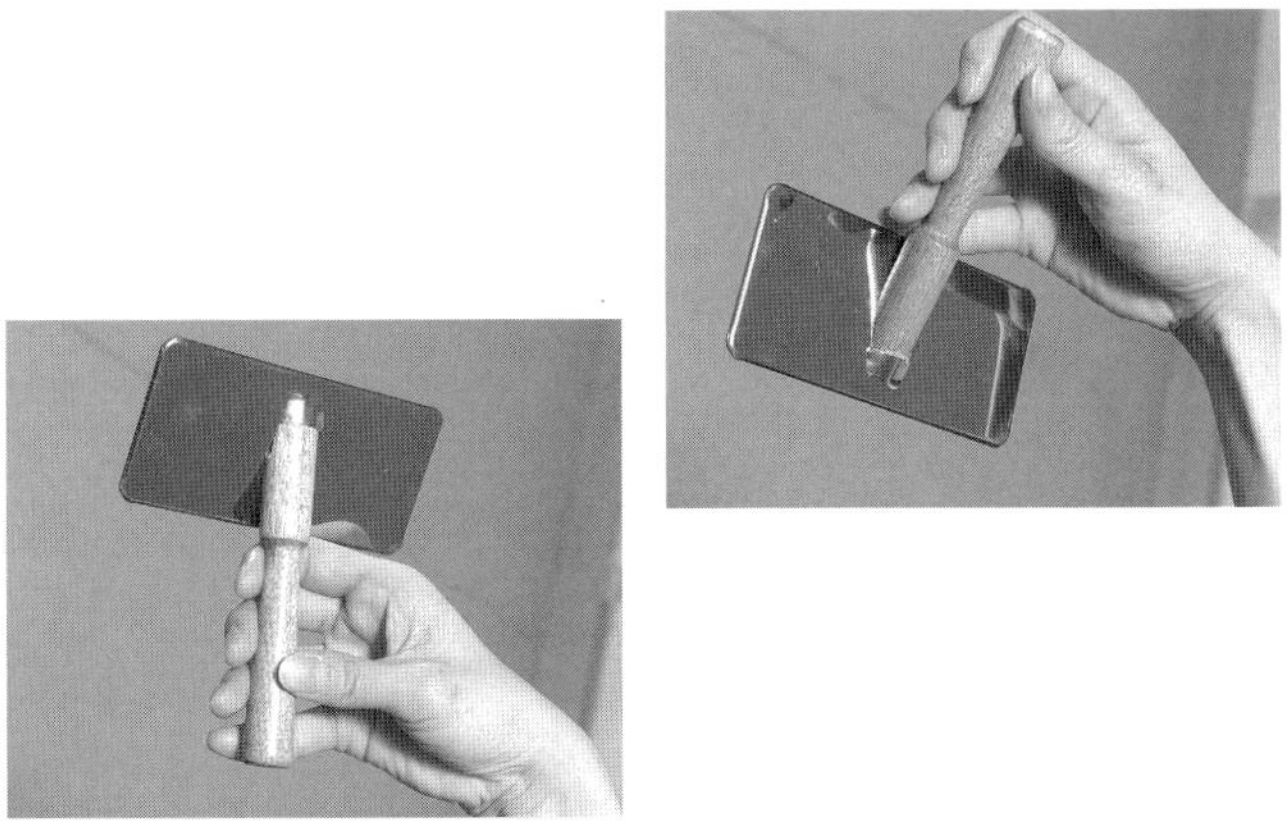

3 スリッカーの使い方②

左手で毛を持ち上げて毛の根元の皮膚が見えるようにしておき、毛の根元にスリッカーのピンを当てるようにしながら、毛流に沿ってとかします。手首に軽くスナップをきかせ、腕全体で円を描くようにローリングさせるのがポイントです。

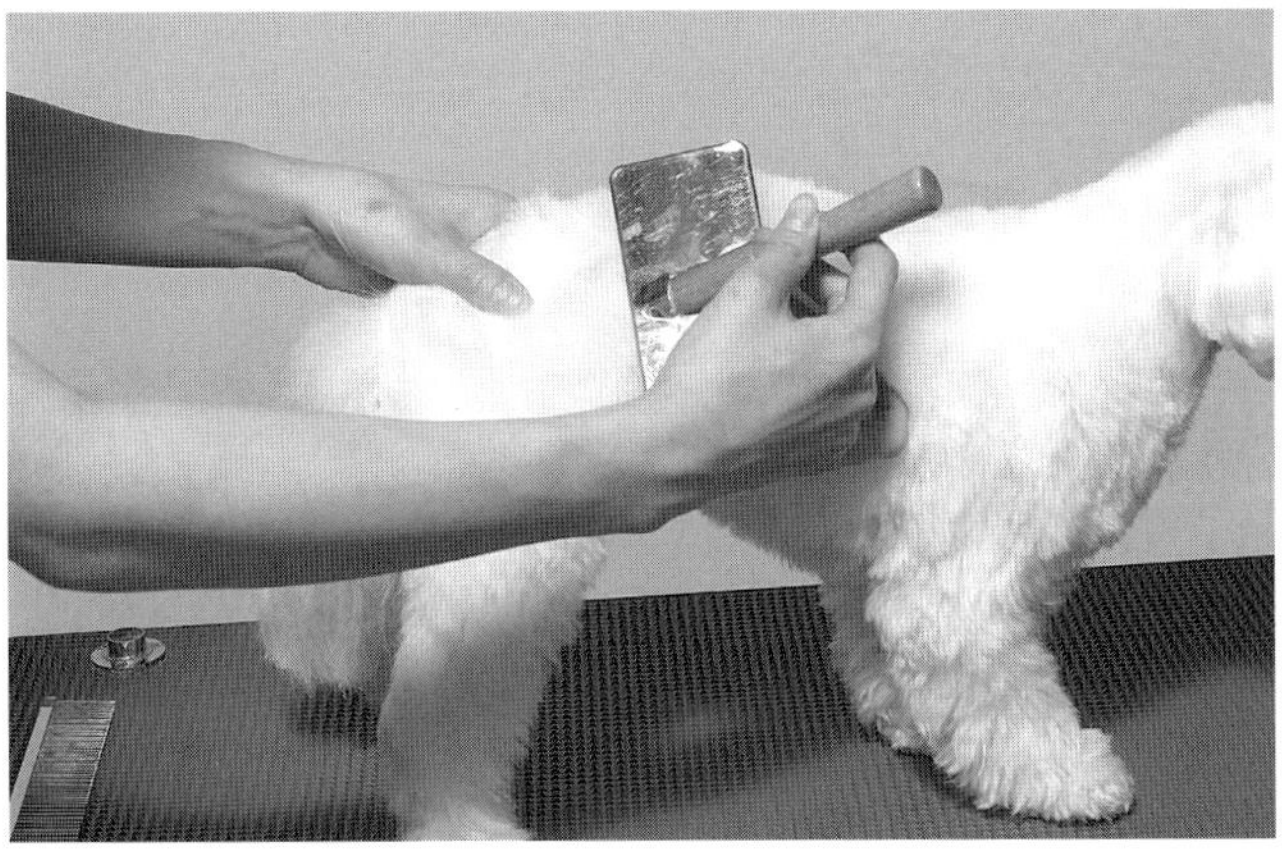

4 耳のブラッシング

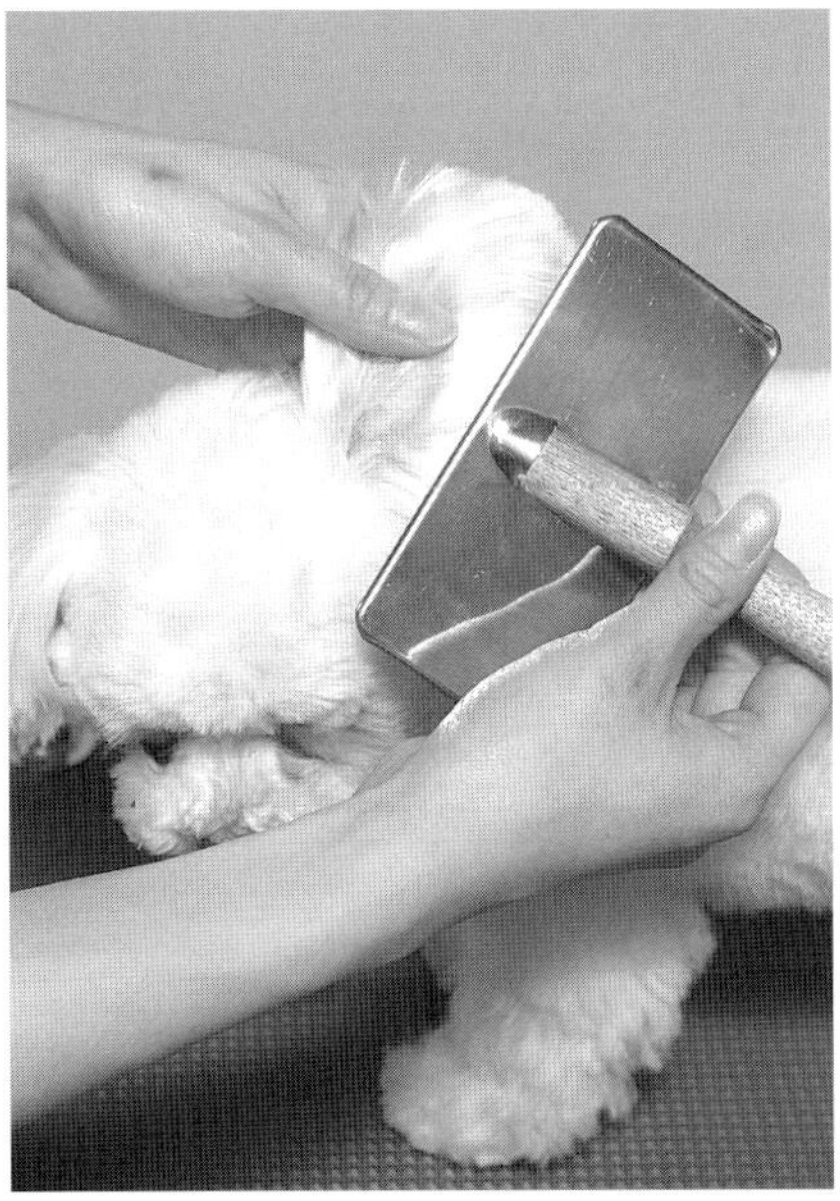

耳は皮膚が薄く傷つきやすいので、とくに注意しながらとかします。ブラッシングは必ず、左手の手のひらを耳の下に添えた状態で行います。スリッカーを当てる角度や力加減にも気をつけましょう。

5 肢のブラッシング

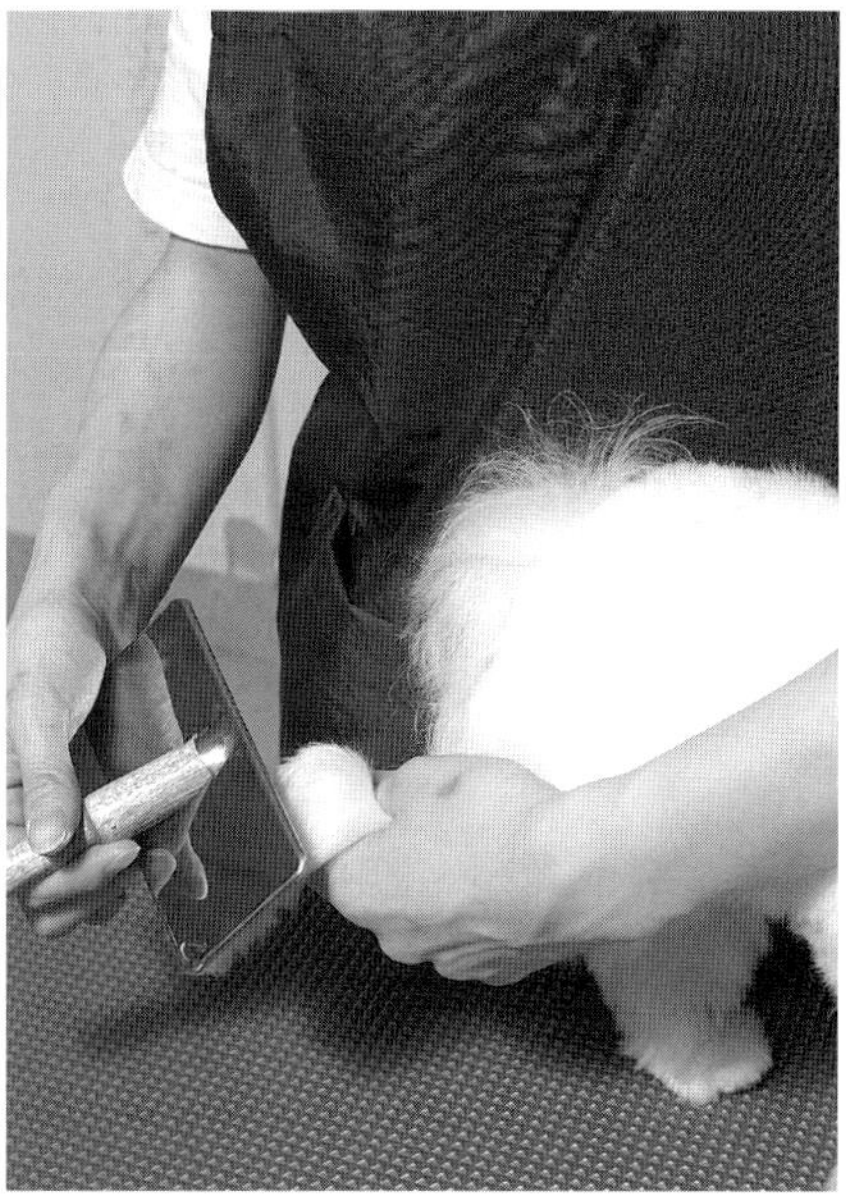

肢の関節の部分は骨が突き出していて皮膚が薄いため、傷つきやすいところです。ピンで皮膚を引っかけたりすることのないよう、スリッカーを当てる角度や力加減に気をつけます。また、肢を無理な角度に持ち上げないように注意することも大切です。

6 ピンブラシの使い方①

ピンブラシは手の中で動くぐらいの力で軽く持ち、ピンが出ている面を犬の体に対して平らに当てるように使います。腕に力を入れず、ブラシ自体の重さだけでとかすようにするとうまくいきます。

7 ピンブラシの使い方②

長い毛の部分には、ピンブラシを使います。手首に軽くスナップをきかせ、腕全体で毛の長さに合わせて円を描くようにローリングさせます。腕の動かし方が小さいと、長い毛を巻き込んでしまうことがあるので注意しましょう。

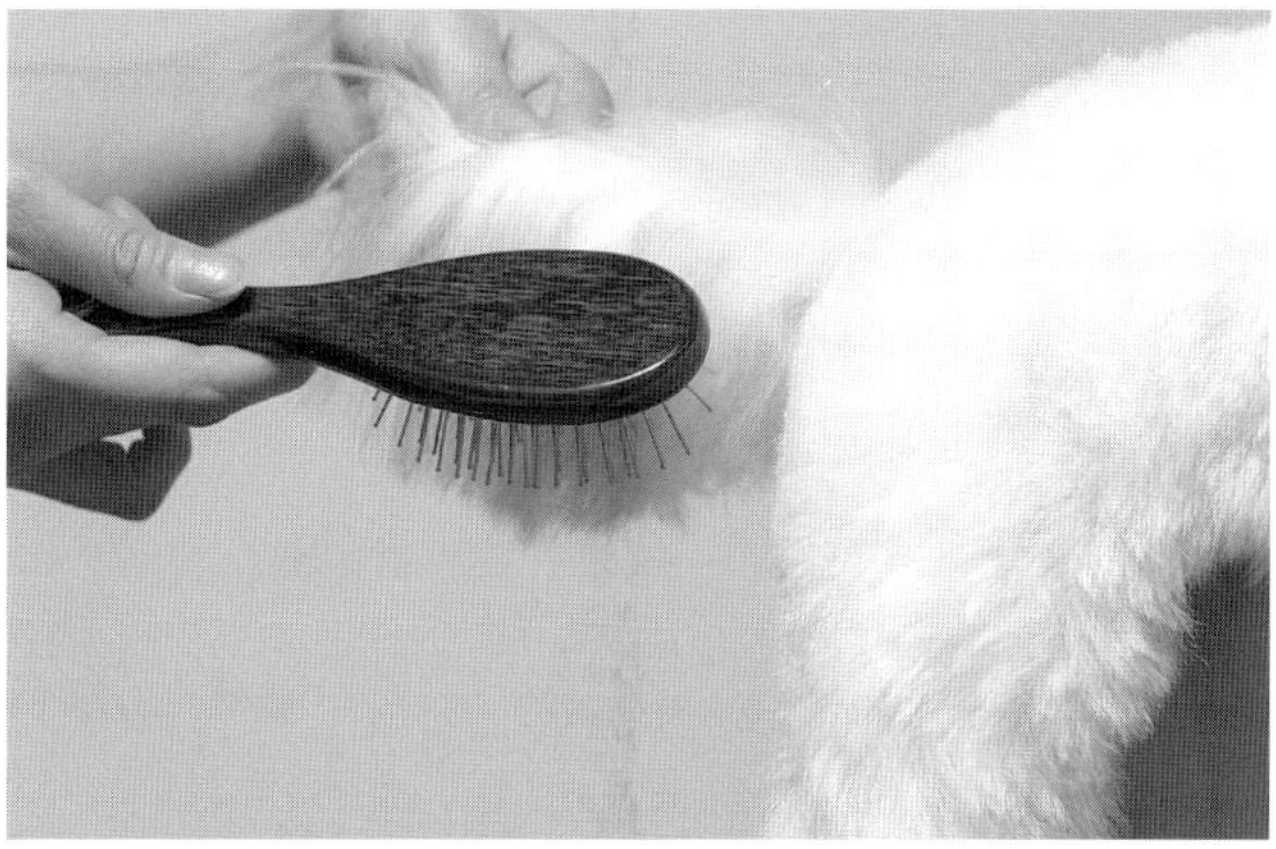

8 コームの使い方①

コームは、全体の長さの3分の1ぐらいのところを軽く持ち、毛の根元から歯を通していくように動かします。強く握りしめたり、腕に力を入れたりせず、コーム自体の重さでとかすようにします。

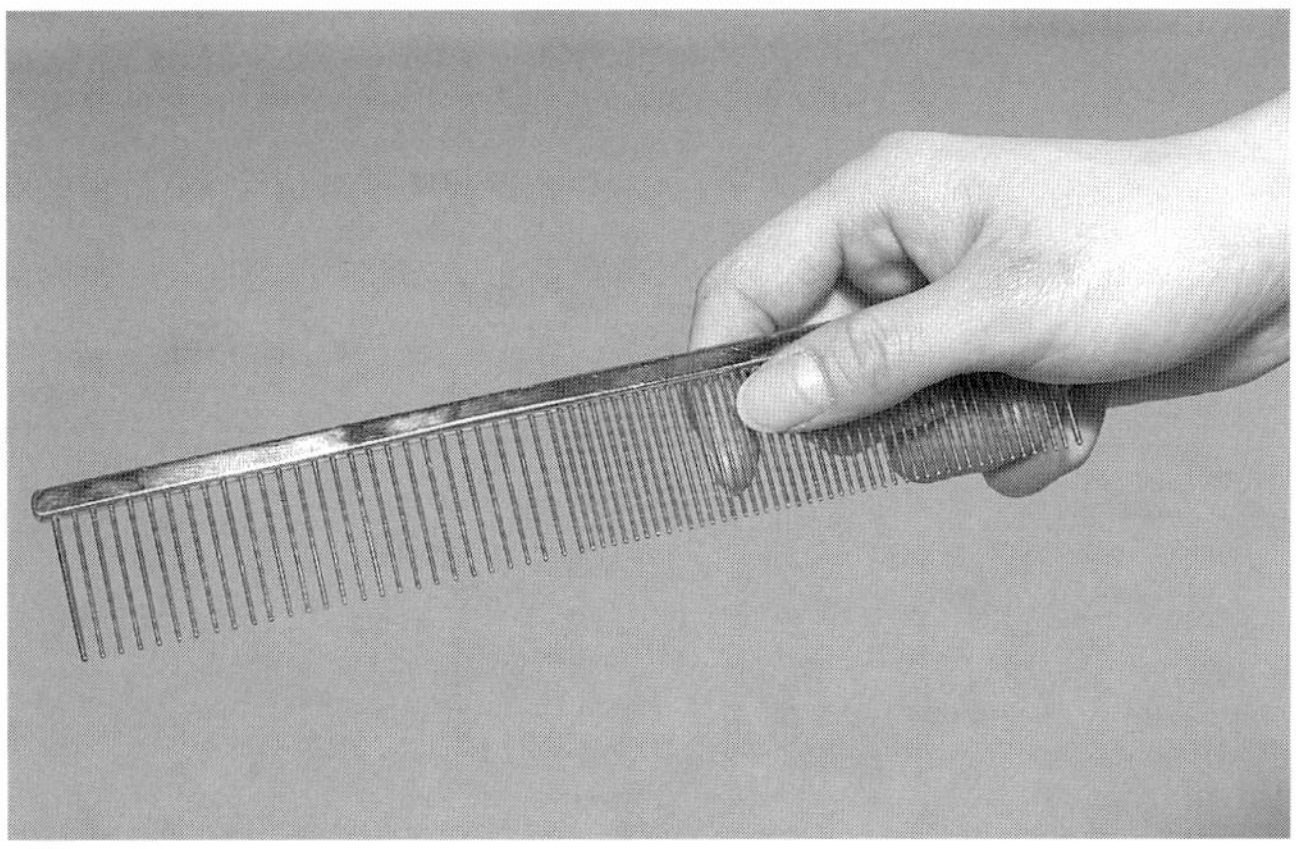

9 コームの使い方②

通常は粗目、顔や足先など細かい部分は細目の歯を使ってとかします。ブラッシング後にコーミングをする目的は、毛のもつれや毛玉の取り残しを確認すること。コームが引っかかるところがないかどうか注意しながら、全身をていねいにとかしましょう。

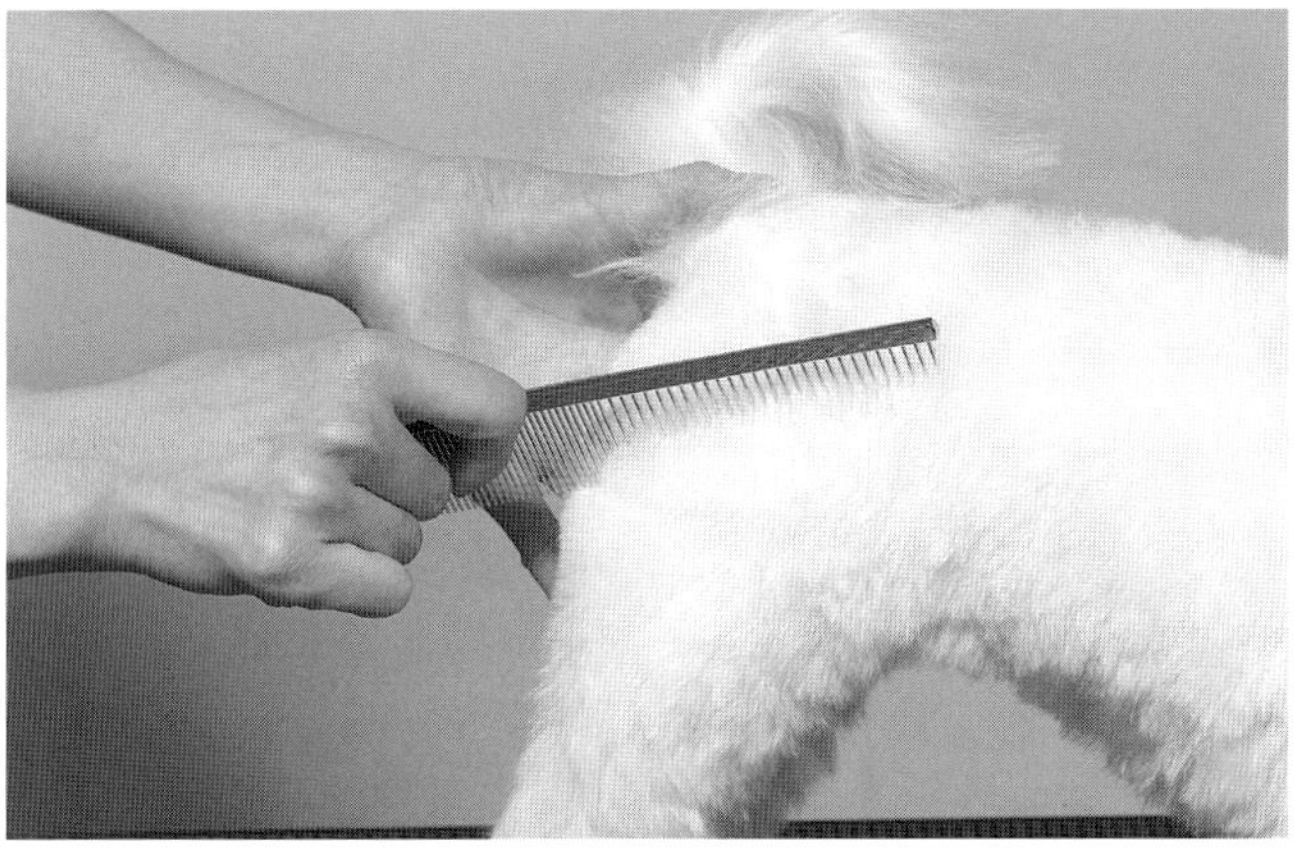

10 顔のコーミング

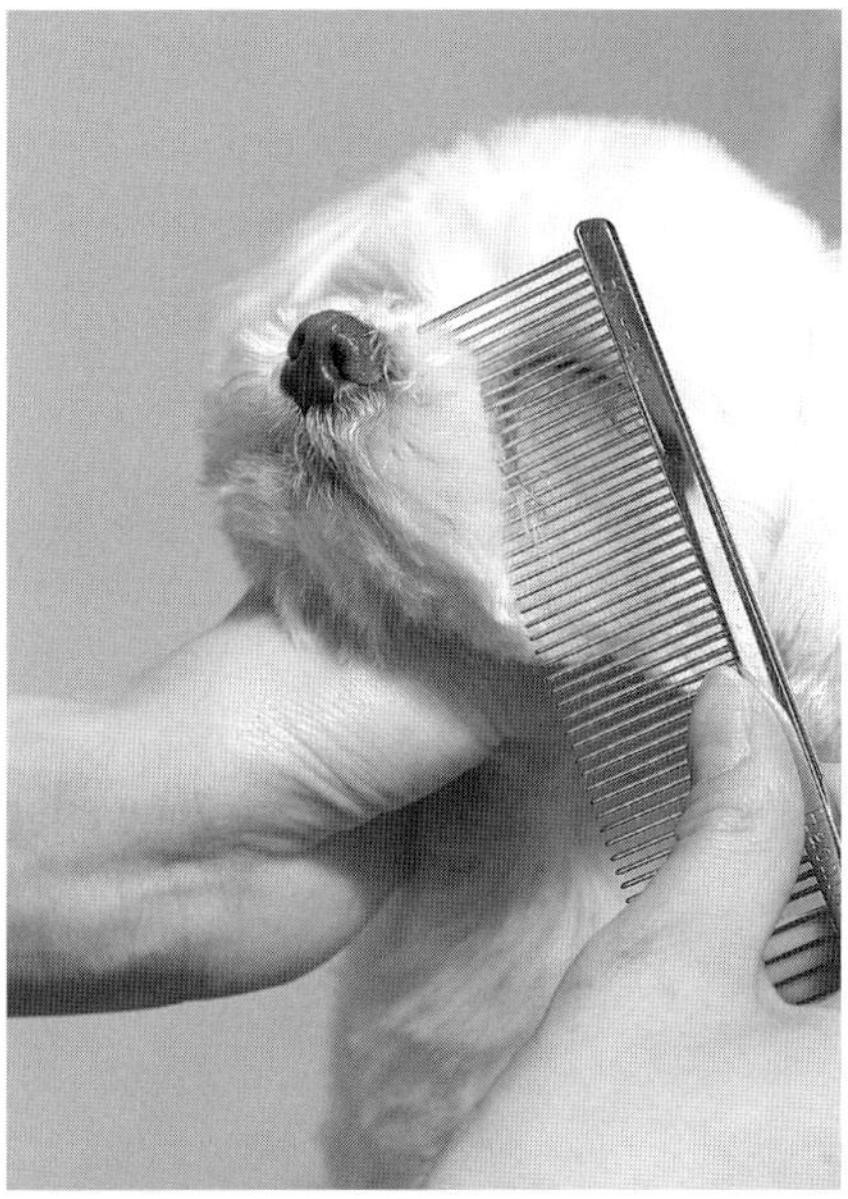

目の周りは目ヤニなどが付きやすいので、目の縁ぎりぎりからコームを入れ、きれいに仕上げます。コームの歯が目に刺さったりすることのないよう十分に注意すること。目の近くをとかすときには、コームの角を使うようにすると良いでしょう。

9. シャンプー前の手入れ③

毛玉ができている場合の処理の方法

「毛玉」とは、毛が絡んで玉状になったもの。そのままにしておくと、どんどん大きく、絡み方も強くなっていきます。見ただけでは気づかない小さなものでも、ブラッシングやコーミングをすると、ブラシのピンなどに引っかかってきます。毛玉は、簡単に取れる小さいうちに取りのぞくことが大切。毛がすれて毛玉ができやすい脇などは、ブラッシングの際、とくに注意するようにしましょう。

1 毛玉の位置を確認

毛玉があると、コーミングの際に歯が引っかかります。毛玉に気づいたら、無理に毛先までとかそうとしないこと。まずは引っかかった部分の毛を持ち上げて、毛玉の位置ともつれ方の様子を確認します。

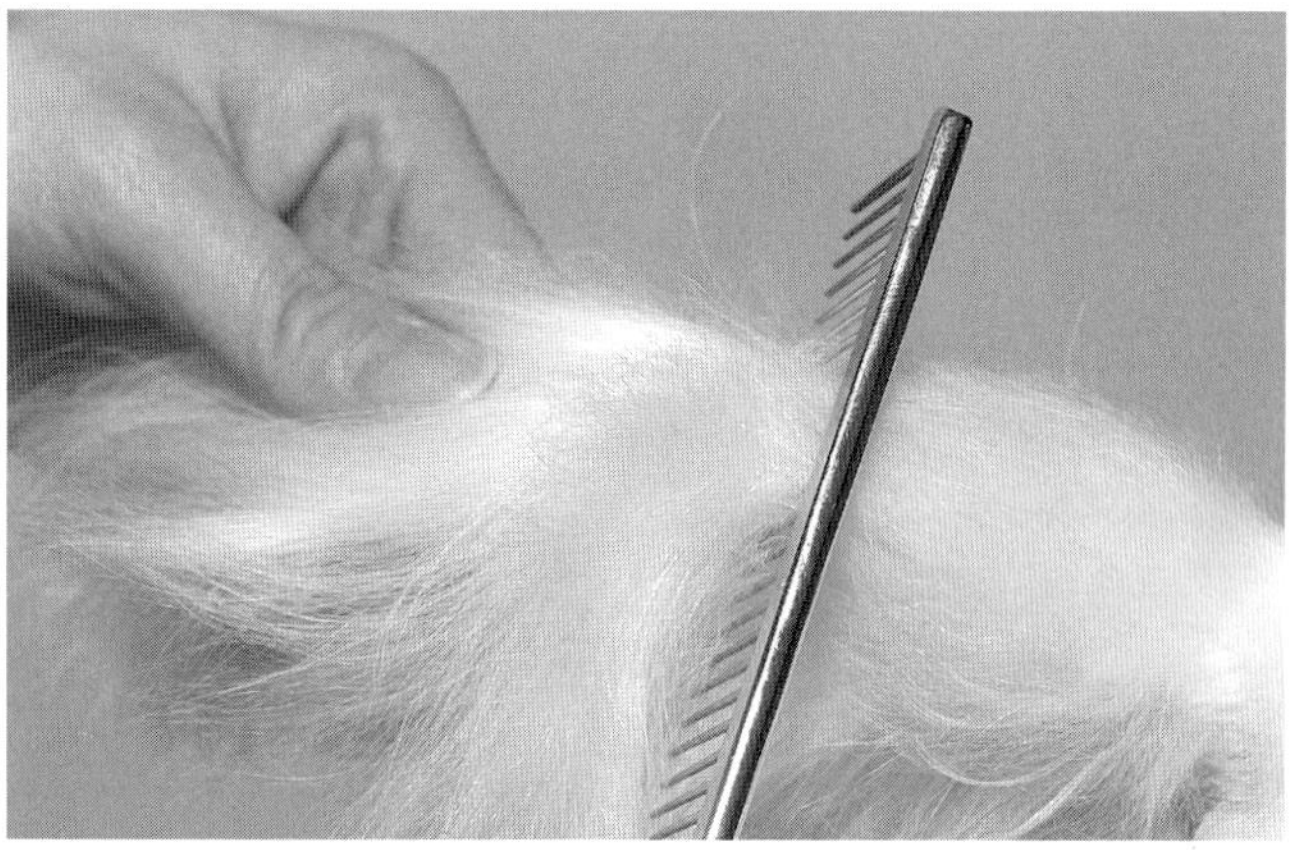

2 もつれ方が弱い場合

絡んでいる毛を、スリッカーで毛先のほうから少しずつほどいていきます。このとき、いきなり根元のほうからとかさないこと。無理に毛を引っぱることになるため、犬に痛い思いをさせる上、皮膚や毛も傷めてしまいます。

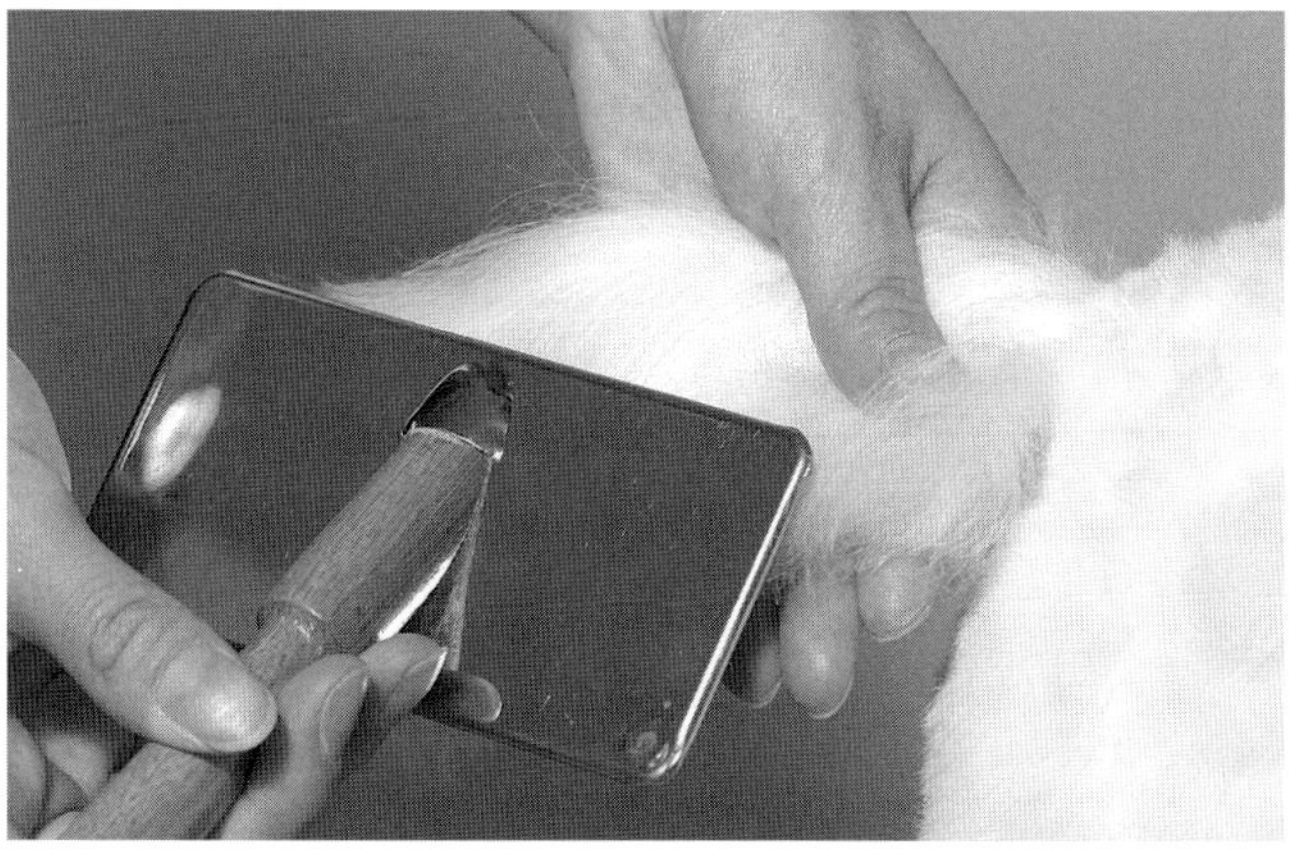

3 もつれ方が中程度①

毛玉の位置を確認したら、まずは指で毛のもつれをほぐします。ほぐすときは、毛を強く引っぱったり、抜いたりしないよう、指先の感触に注意しながら作業します。

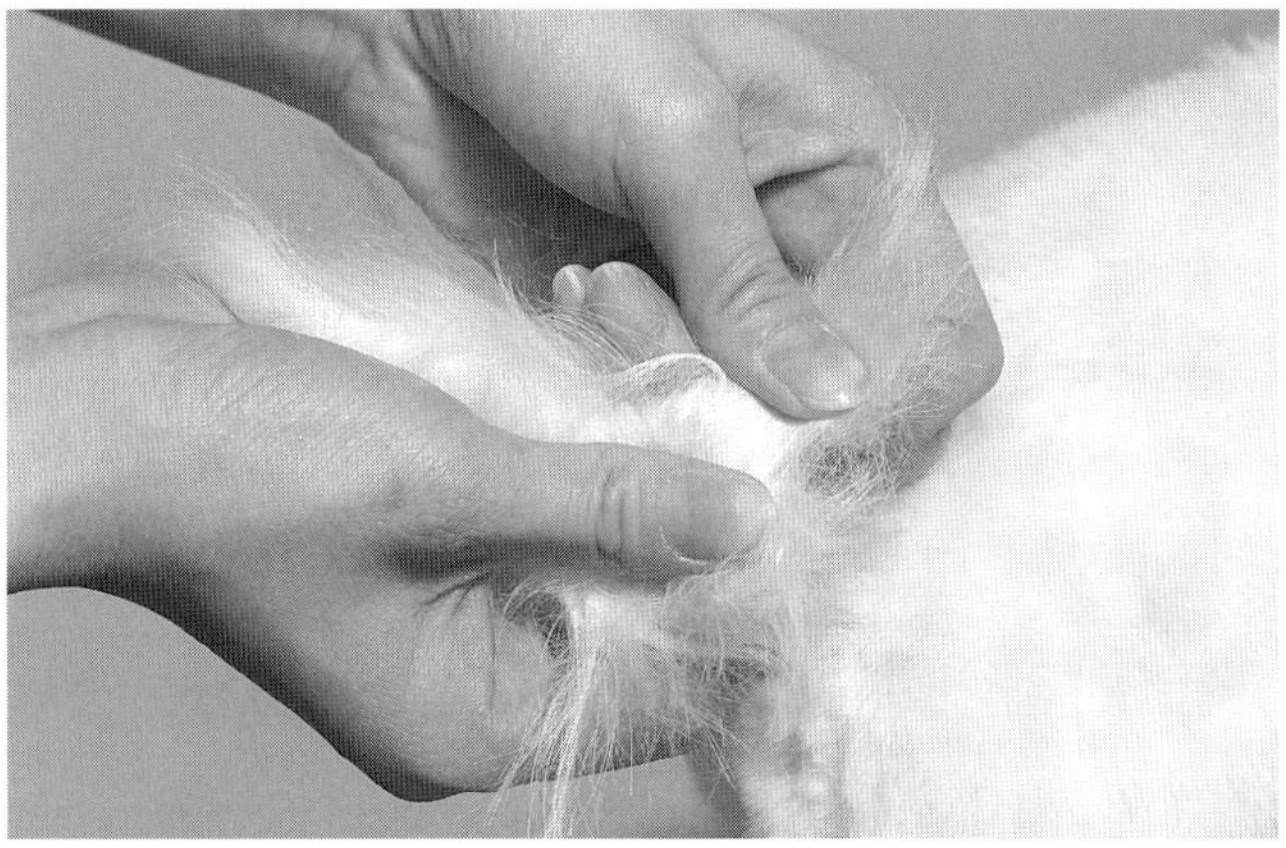

4 もつれ方が中程度②

強く絡んだ毛がほぐれてきたら、スリッカーで毛先の方から少しずつほどいていきます。絡んでいる毛を、少しずつ毛先のほうへ動かしていくつもりで、ていねいに作業します。

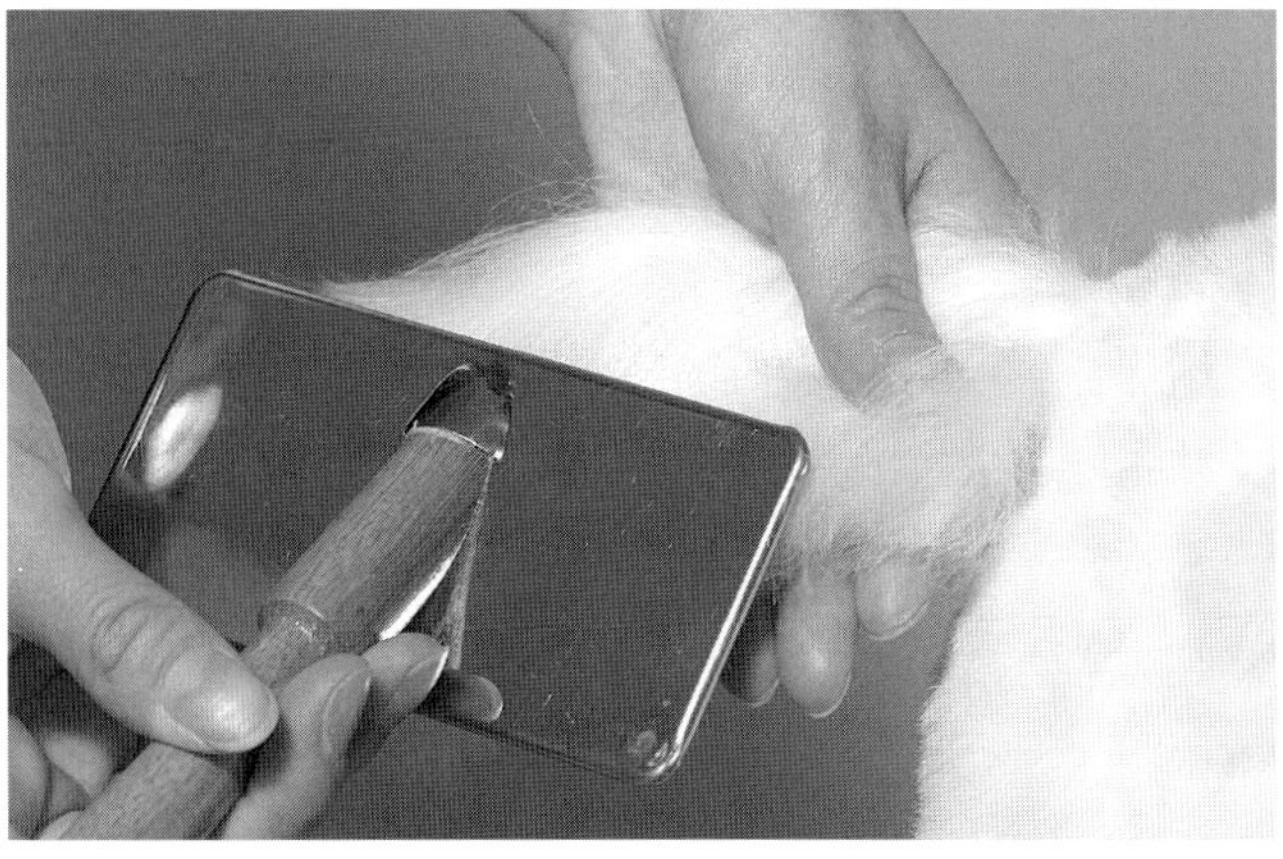

5 もつれ方が強い場合①

毛の絡み方が強く、指でほぐすことができない場合は、ハサミを使って毛玉を裂きます。ハサミは、毛玉の部分に縦（毛流に対して平行）に入れ、皮膚を傷つけないように注意すること。

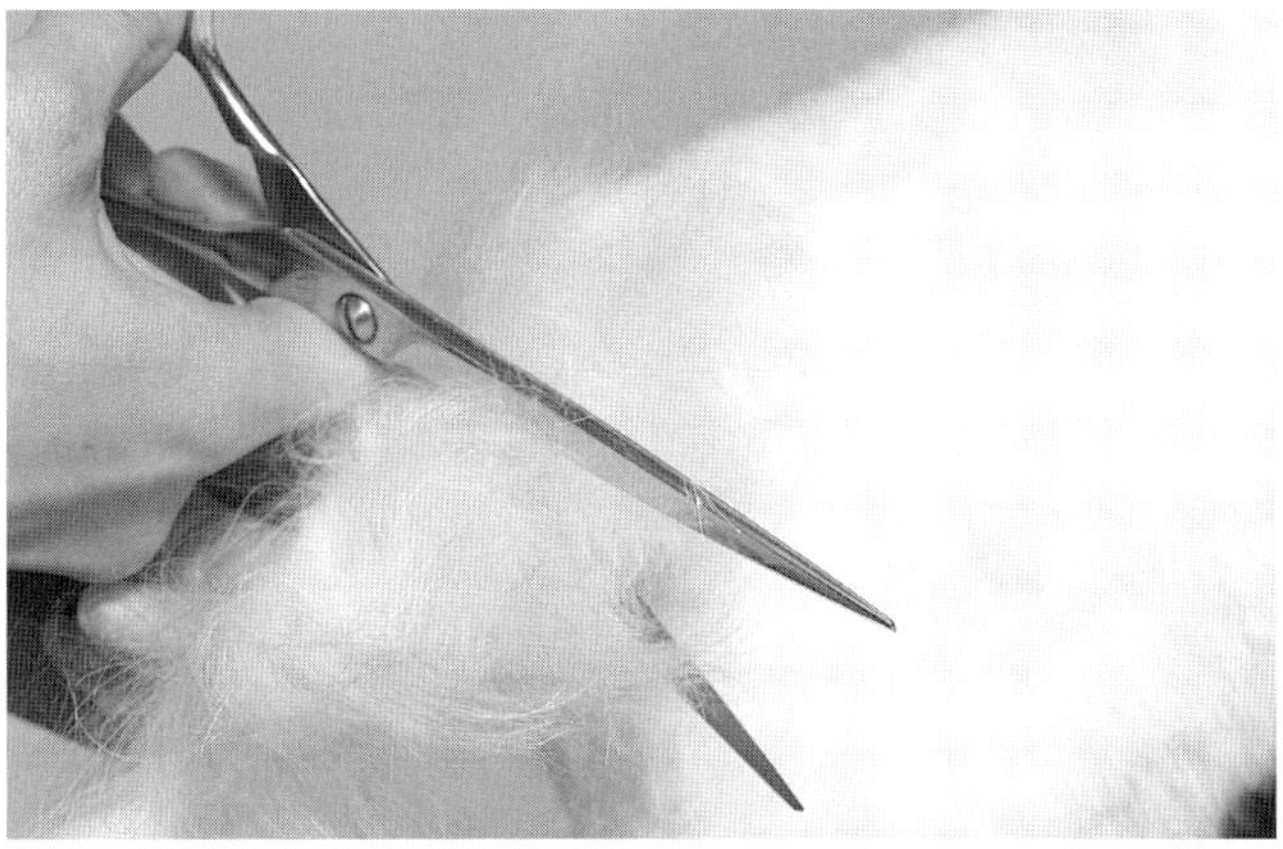

6 もつれ方が強い場合②

ハサミを入れた部分の毛のもつれを、指で少しずつほぐしていきます。ほぐすときは、生きた毛を強く引っぱったり、抜いたりしないよう、指先の感触に注意しながら作業します。

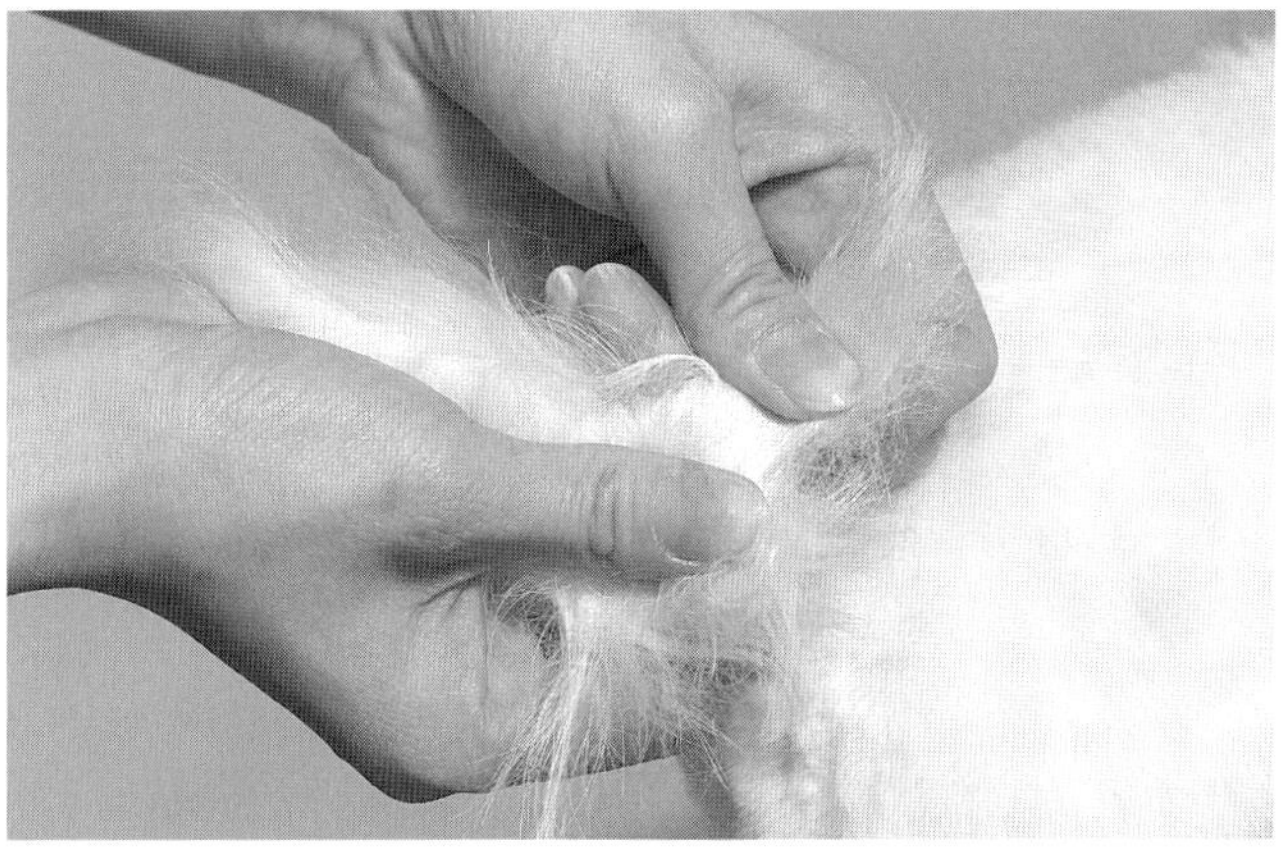

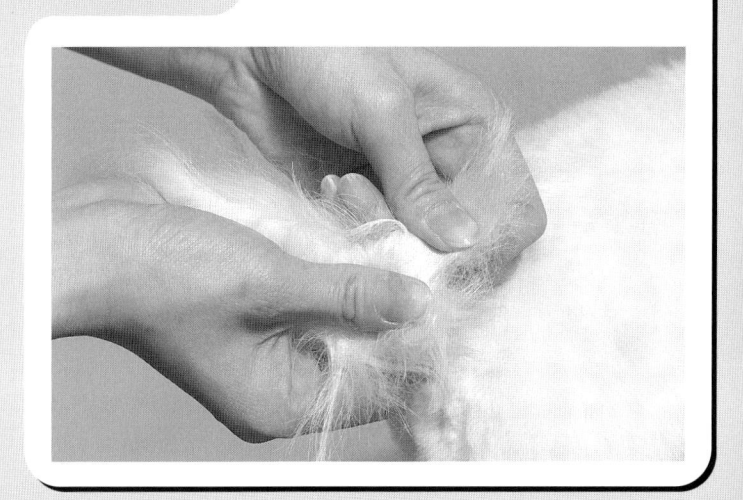

7 もつれ方が強い場合③

強く絡んだ部分の毛がほぐれてきたら、スリッカーで毛先のほうからていねいにほどいていきましょう。絡んでいる毛を、少しずつ毛先のほうへ動かしていくつもりで、ていねいに作業します。

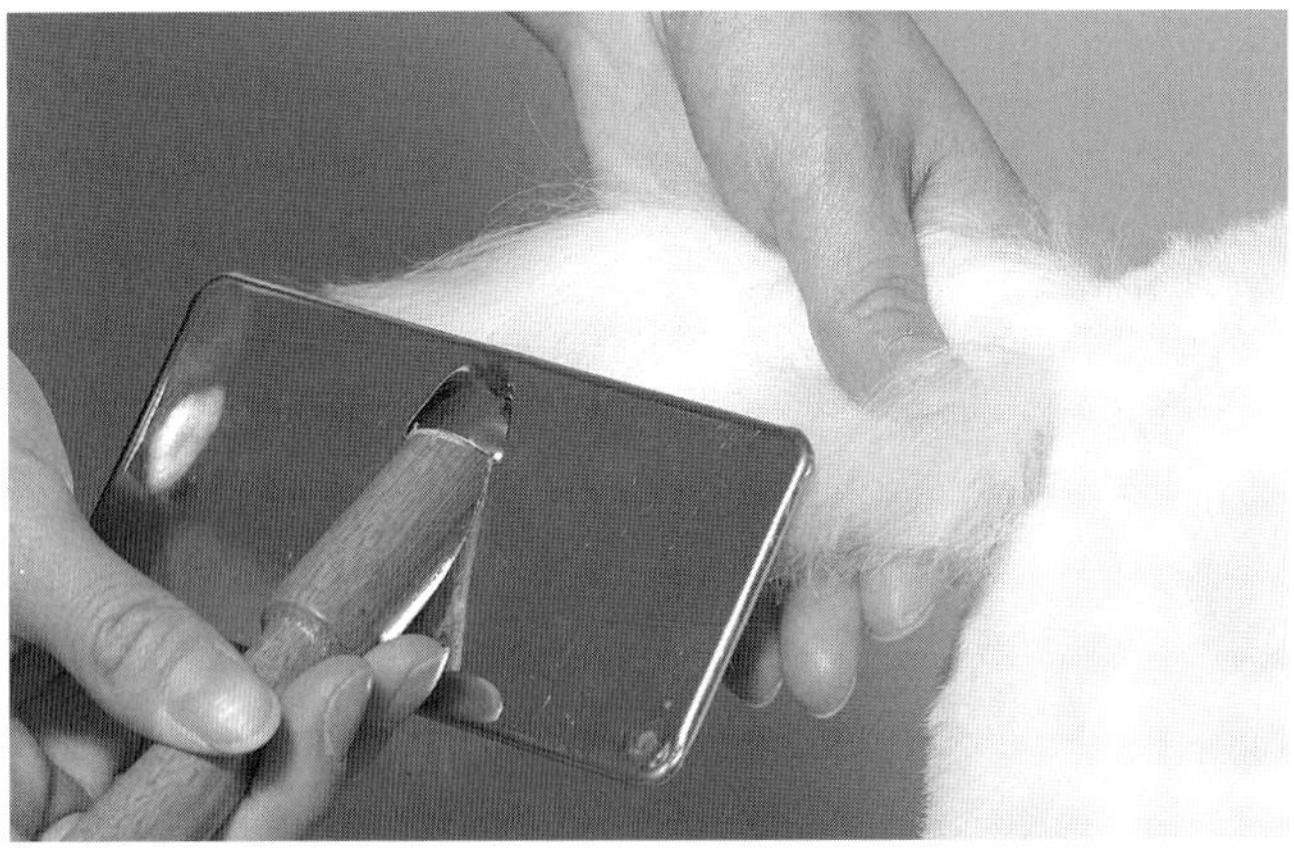

8 コームで確認する

毛玉をとったら、その部分をていねいにコーミングします。コームが引っかかれば、毛玉を取り残している証拠。コームがスムーズに通るようになるまで、ていねいに毛玉を取りのぞきます。

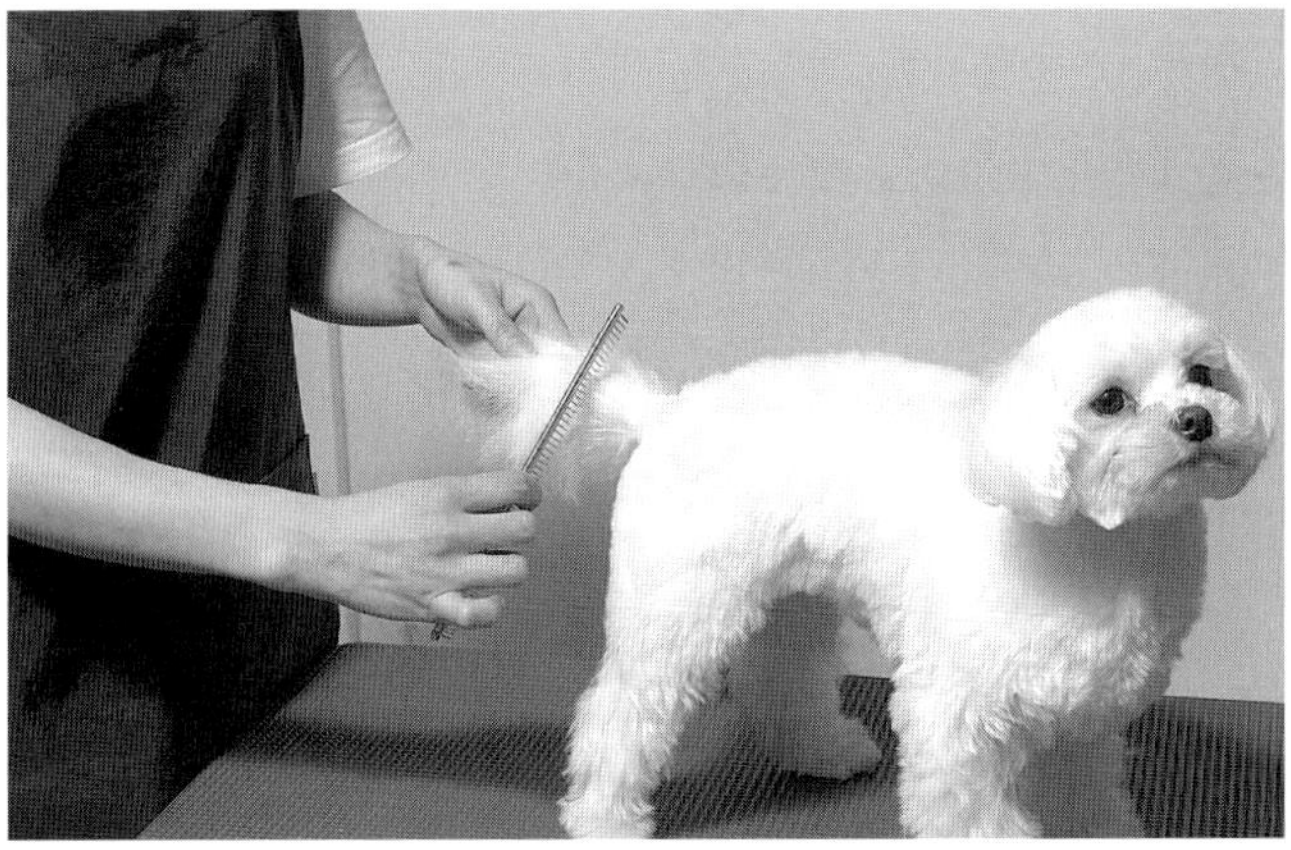

ワンポイントコラム

毛玉がひどい場合は……

毛のもつれがひどく、大きな毛玉がたくさんできているような場合は、クリッパーで毛を短く刈ることをおすすめしてみましょう。どんなにひどい毛玉でも、時間をかければ取りのぞくことができます。でも、その作業をすることによって犬は疲労し、皮膚や毛にもそれなりの負担がかかるのです。

お客さまのなかには、毛を短くするのを嫌がる方もいますが、犬のためにはいったんクリッパーをかけてしまったほうが良いこともあります。犬の状態や作業にかかる時間などをよく考え、犬の美容のプロとして、適切な方法をお客さまに提案することができるようにしましょう。

10. シャンプーの基本

正しい洗い方と犬の扱い方の注意

シャンプーの際に注意したいのは、シンクからの飛び出しです。事故を防ぐためには、つねに犬にふれていることが基本。たとえ短時間でも、犬から手を離したり、シンクのそばを離れたりしてはいけません。シャンプーは、体を清潔にし、被毛を良い状態に保つために欠かせませんが、なかには嫌がる犬もいます。嫌な思いをさせないよう、正しい方法で手早く行うことを心がけましょう。

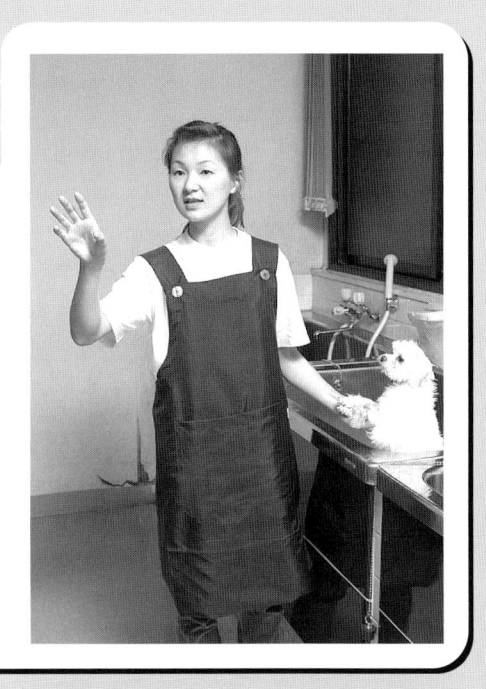

1 犬をシンクへ運ぶ

犬をシンクの中に入れます。犬の肢がシンクの底につくまで、手を離さないように注意。深いシンクで小型犬のシャンプーをする場合、底に高さのあるスノコなどを入れておくと作業がしやすくなります。

2 犬から目を離さない

シンクからの飛び出しを防ぐため、作業中はつねに犬の体にふれていること。とくにシャンプーが嫌いな犬の場合、少しでも手を離すとシンクから飛び出してしまうことがあります。

3 シンクを離れるとき①

やむを得ず、シャンプー中にシンクの前を離れるときは、短時間でも犬をひとりにしないこと。ほかのスタッフに声をかけ、必ず誰かに犬のそばについていてもらうようにします。

4 シンクを離れるとき②

シンクの前を離れなければならないのに、代わりに犬を見ていてくれるスタッフがいない場合もあります。そんなときは、タオルで犬をくるみ、抱いて一緒に移動するようにします。

5 お湯の温度を確認

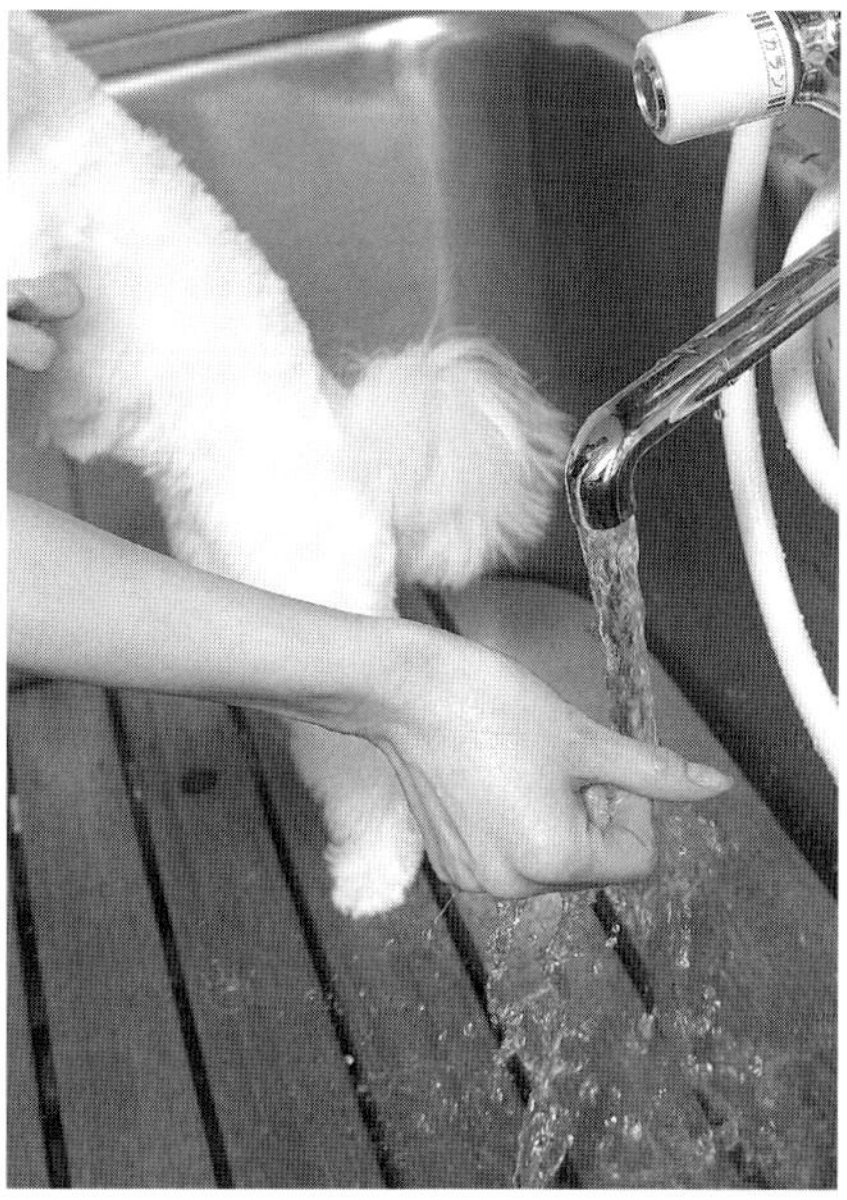

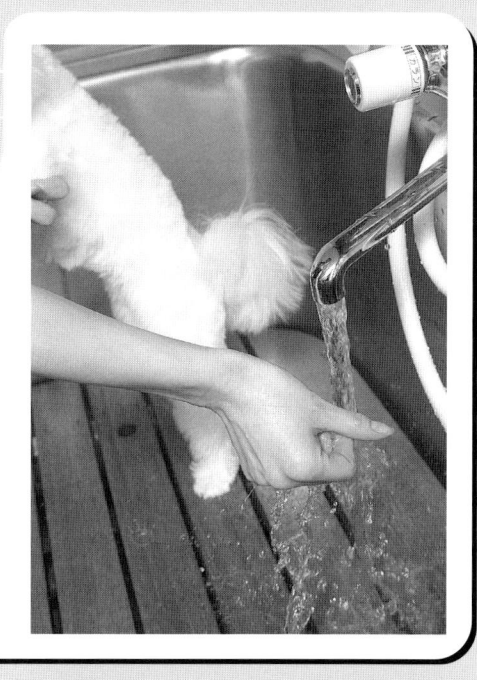

犬の体を濡らす前に、必ずお湯の温度と水圧を確認します。温度は人肌程度が基本ですが、心臓が弱かったり、アレルギーがあったりする場合は、少しぬるめに。シャワーを嫌がる犬には、水圧を低くすると良いでしょう。

6 犬の体を濡らす

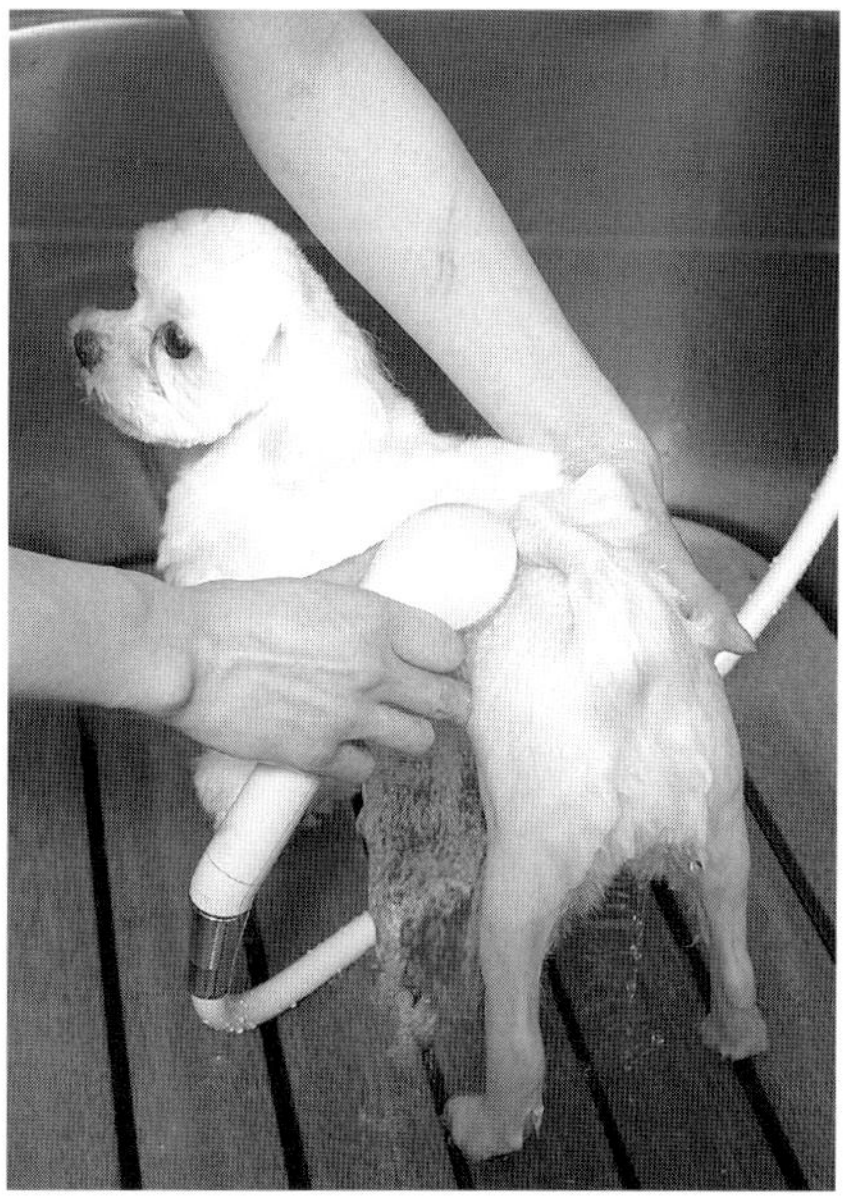

お尻のほうからかけ始め、全身にシャワーをかけていきます。毛の表面だけでなく、内側まできちんと濡らします。シャワーヘッドは体に近づけて。シャワーを嫌がる場合は、体に密着させて使いましょう。

7 シャワー嫌いの場合

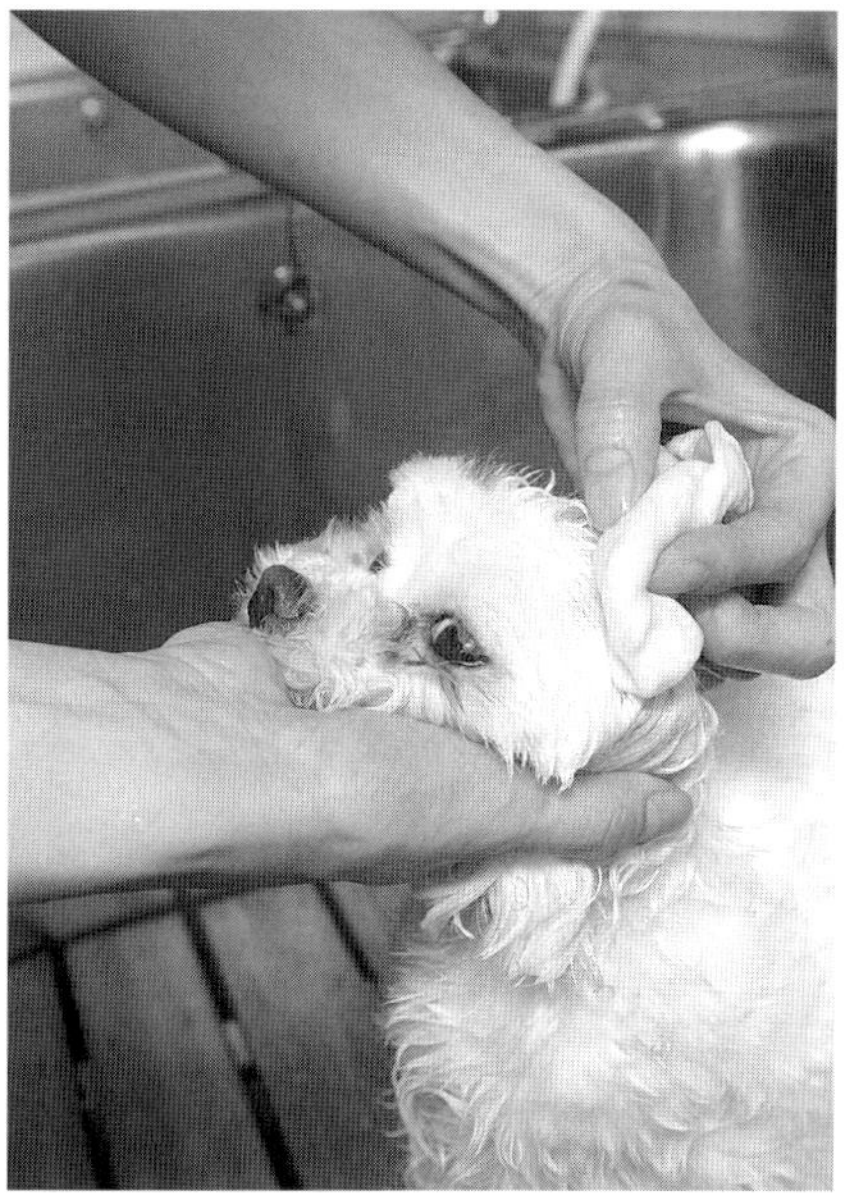

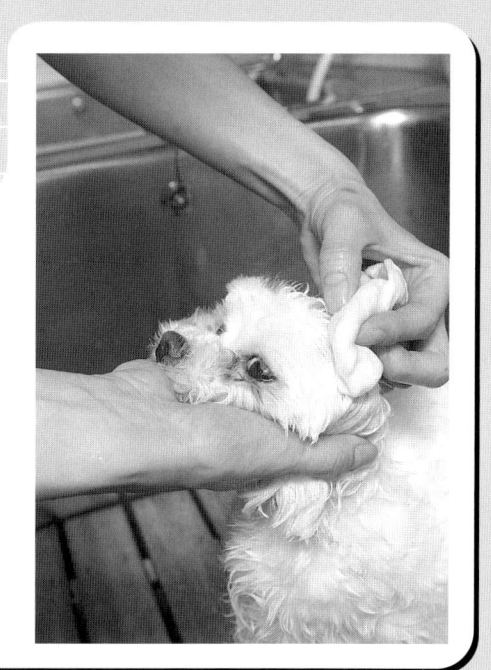

シャワーが嫌いな犬の場合、とくに顔に水をかけられるのを嫌がります。その場合は、スポンジやガーゼにお湯を含ませ、頭や顔に密着させて軽く絞るようにして濡らしていきます。

8 肛門腺を絞る

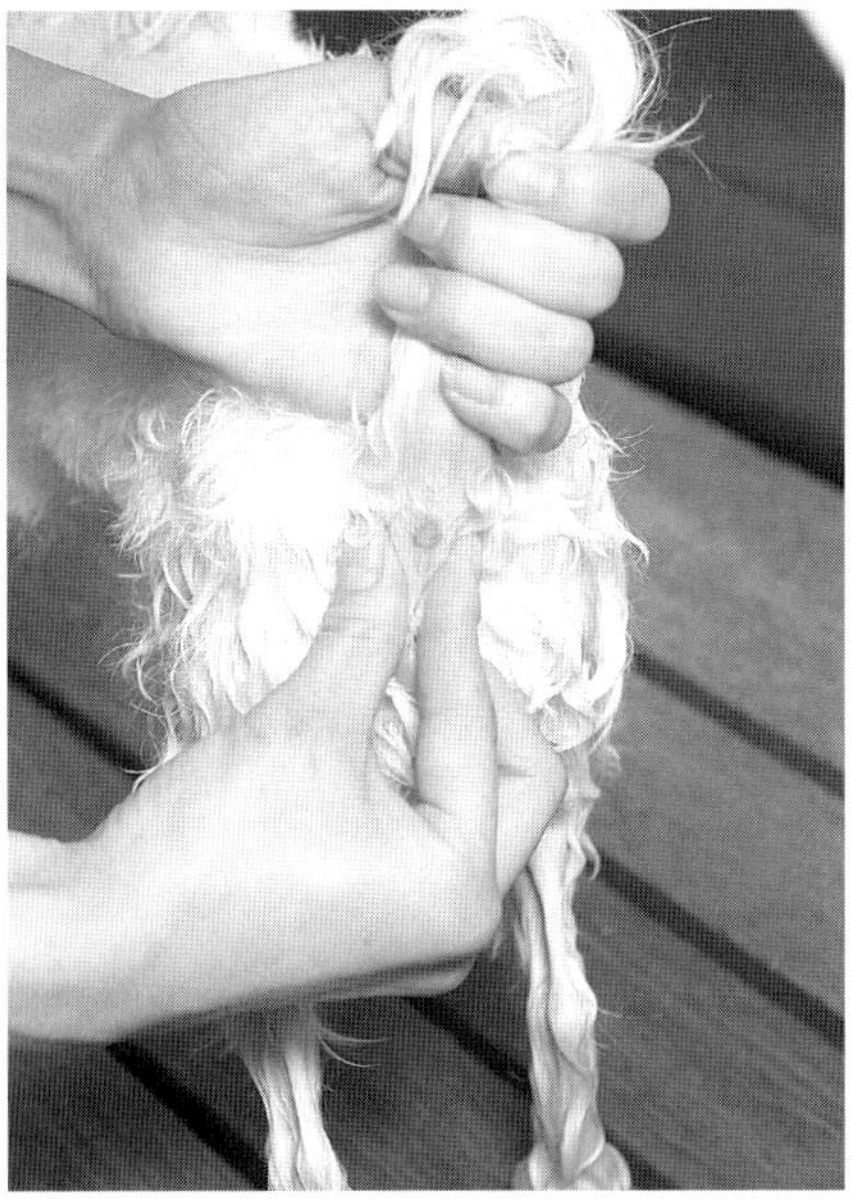

肛門腺を絞ります。尾を持ち上げて、肛門の斜め下の、さわると球状になっている部分を下から押し上げるように絞ります。このとき、爪を立てないように注意すること。分泌物が出てきたら、シャワーのお湯をかけて、きれいに洗い流します。

9 シャンプー液で洗う

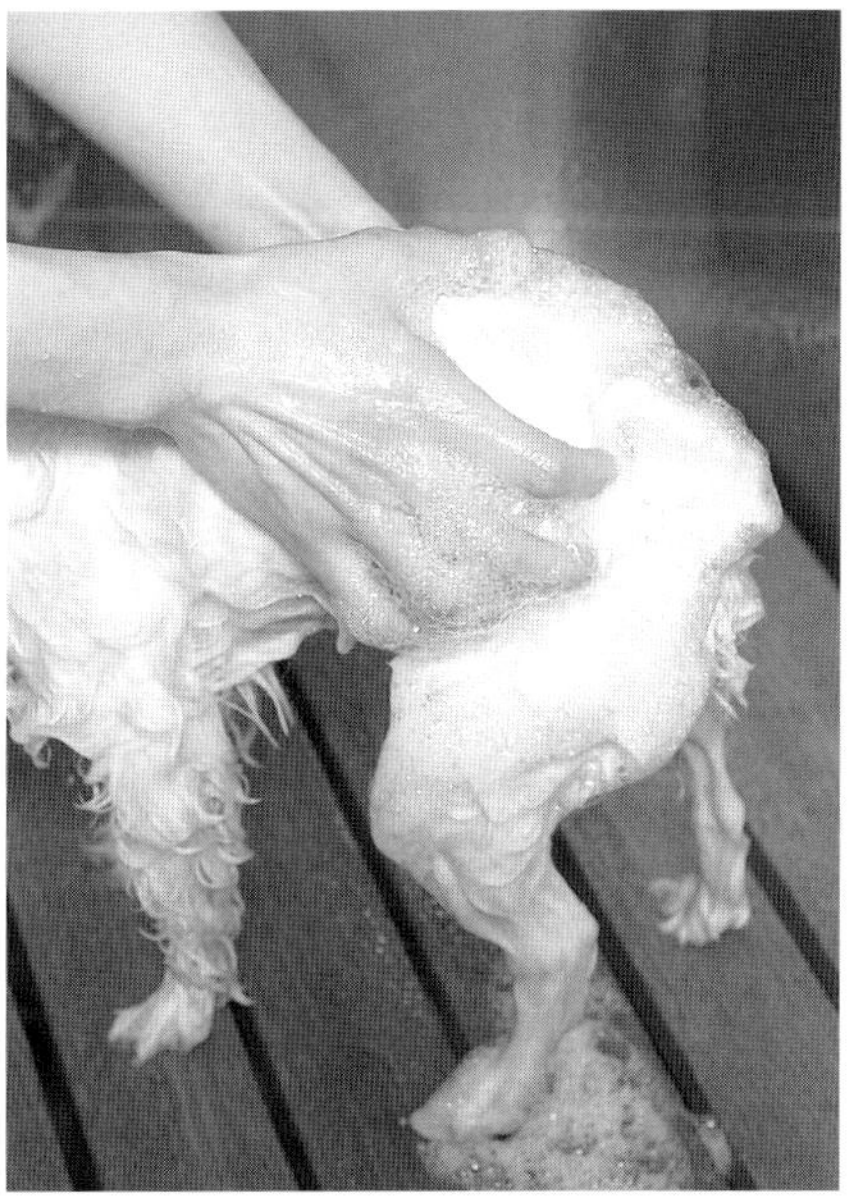

シャンプー液は、毛質や毛色、汚れ具合や肌の状態などを考えて、それぞれの犬に合ったものを選びます。犬の体にシャンプーをかけ、爪を立てずに指の腹で洗っていきます。毛の根元まで指を入れ、力を入れずに軽く動かすのがポイントです。

10 シャワーですすぐ

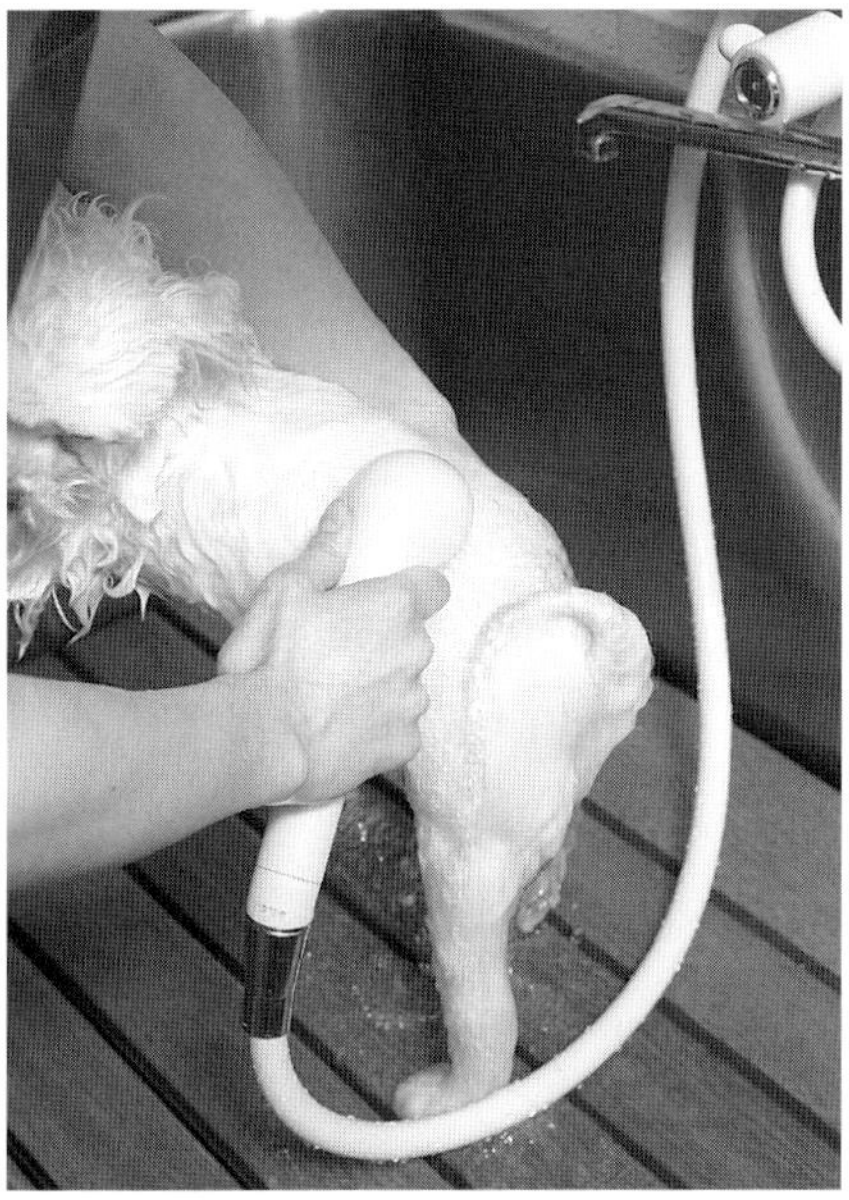

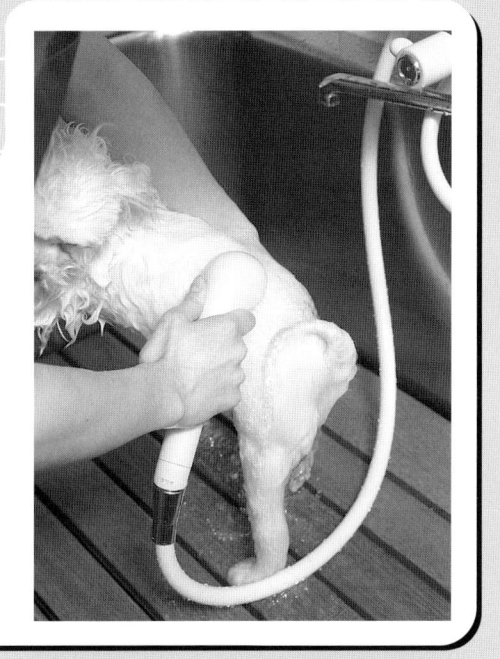

シャンプーの泡が残らないよう、頭部からシャワーで十分にすすぎます。シャワーを嫌がる場合は、シャワーヘッドを体に密着させてお湯をかけましょう。汚れが強い場合は2度洗いし、それでも脂っぽいところがあれば、部分的に3度洗いします。

11 リンシング

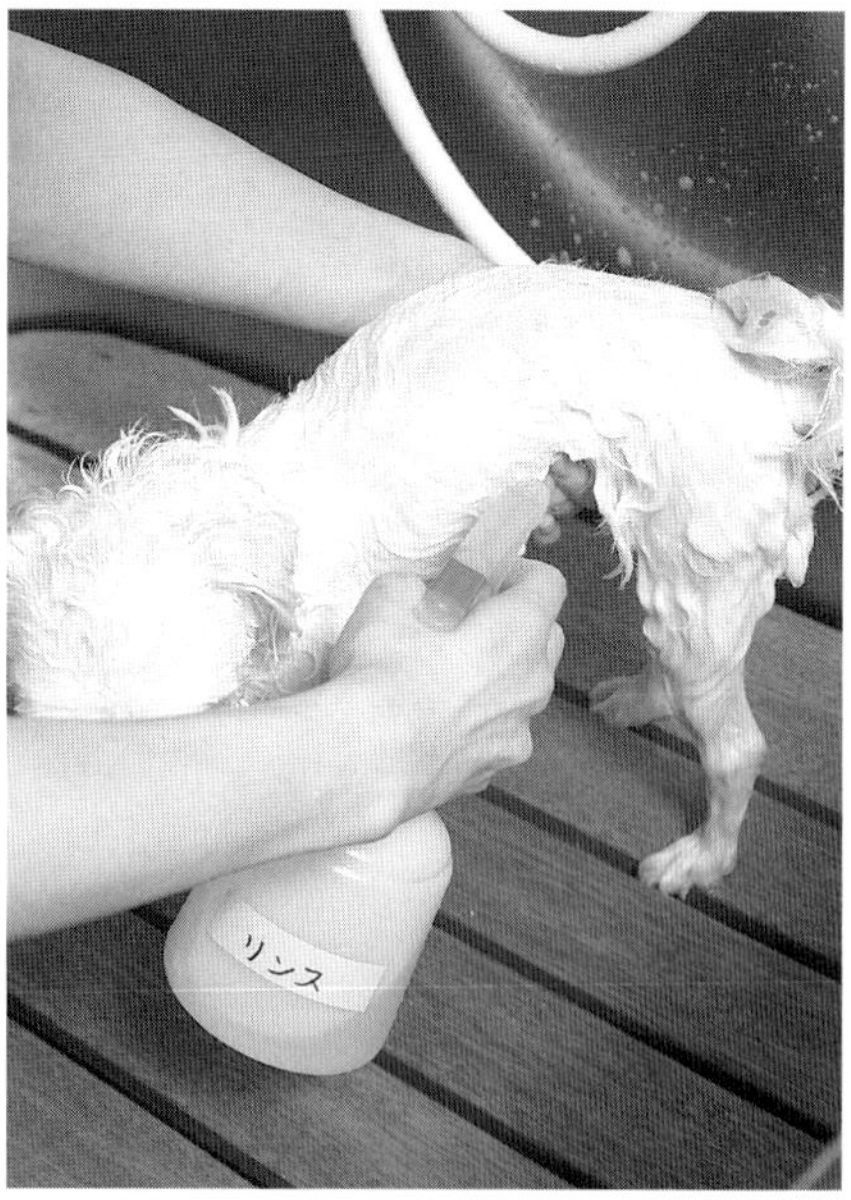

全身にリンスをかけ、手で軽く押さえるようにしてなじませた後、洗い流します。リンスには、シャンプーでアルカリ性になった被毛を弱酸性に戻し、しっとり感を出す働きがあります。

12 毛の水分を絞る

リンスをすすいだ後、シンクの中で毛の水分を絞っておきます。ボディは上から両手で押さえるようにし、四肢やテイルなどは片方の手で軽く握って絞ります。このとき、毛をもみほぐしたりすると毛玉の原因になるので注意します。

13 タオルで水気をとる

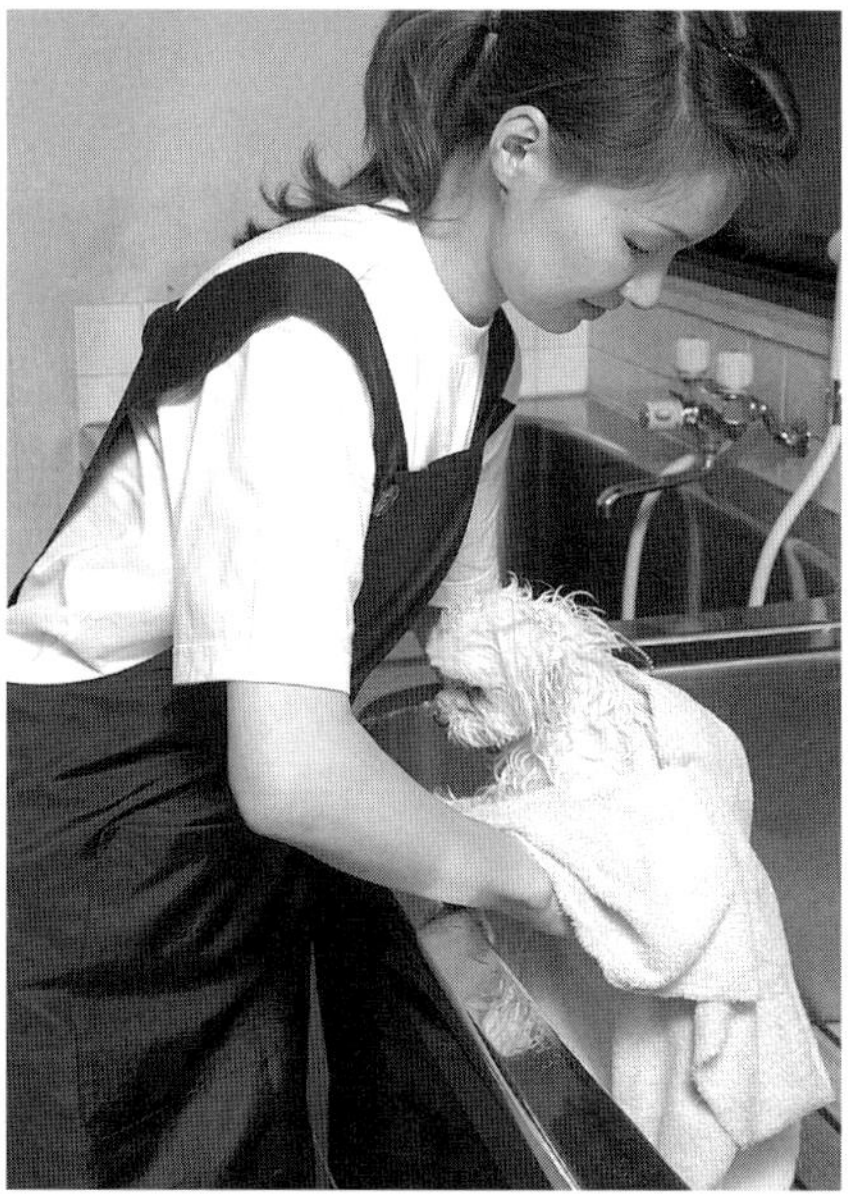

犬をシンクの中に入れたまま、頭部から体をタオルで包みます。上から手で軽く押さえるようにして全身の水気を取り、タオルで包んだまま抱き上げて、トリミング・テーブルへ移します。

14 シンク周りの整頓

シャンプーが終わったら、シンクの周りを整頓します。シンク内の抜け毛やゴミを取りのぞき、シャンプーのボトルなどは元の位置に戻します。次に使う人が、すぐに使える状態にしておくことが大切です。

15 床の水を拭き取る

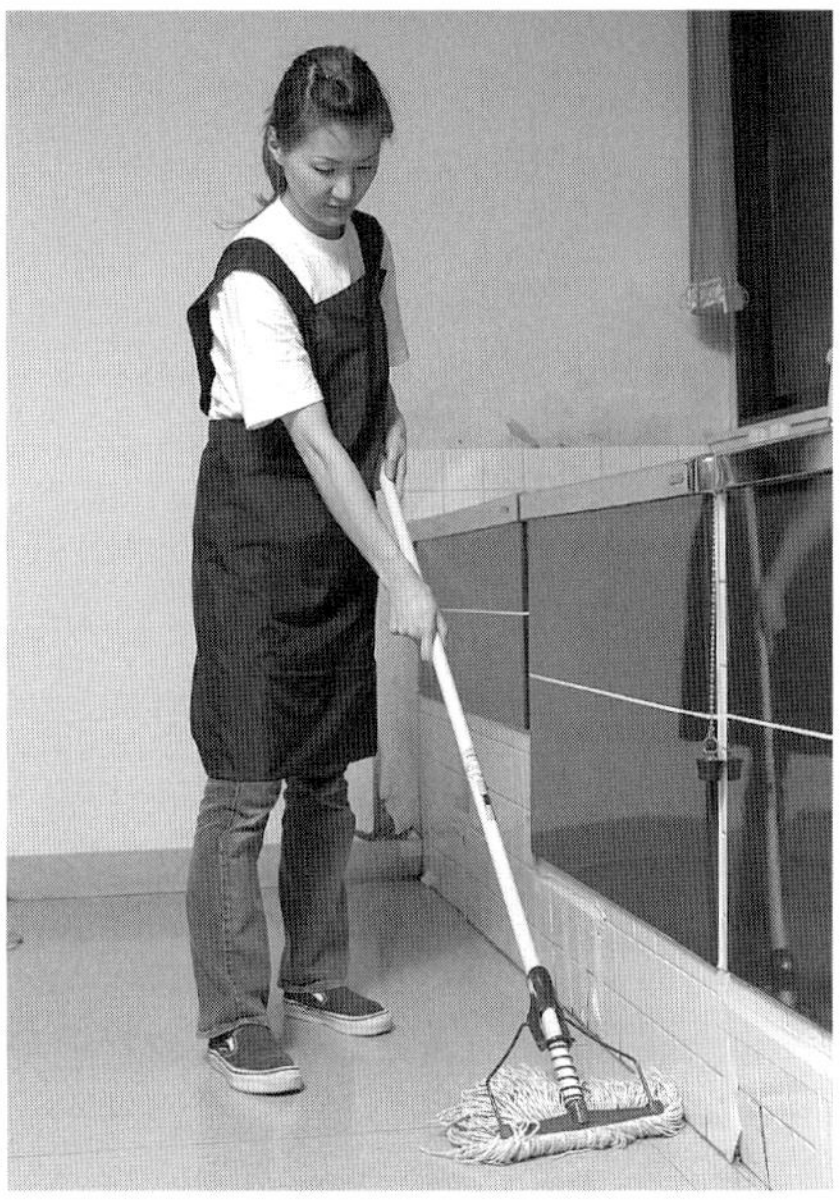

シャンプー後はシンクの前の床が濡れて滑りやすくなっていることが多いので、モップや雑巾などで必ず水分を拭きとっておきます。シャンプーなどがこぼれている場合は、ヌルヌルした感じがなくなるまでていねいに拭きましょう。

16 シャンプー液などを補充

シャンプーやリンスなどの消耗品で、使い切ったり、残りが少なくなったりしているものがないかどうか確認します。次の人が作業するときに不足しそうなものがあれば、すぐに補充しておきましょう。

ケーススタディ 1

接客トラブル回避術

こんなとき、どうする？

トリマーとしての知識や技術を持ち、接客の基本がきちんと頭に入っていたとしても、実際にショップでの仕事を始めると、意外なトラブルに悩まされることも多いはずです。ここでは、どう対応するべきか迷いがちな状況の対処法を、ケーススタディで見ていきましょう。

ケース 1 接客中に電話が鳴った

店内でお客さまとトリミングの打ち合わせをしているとき、電話が鳴り始めました。電話に出る？　それとも無視する？

対処法　**切りの良いところで電話に出る**

接客中のお客さまを優先するのが基本ですが、かといって電話が鳴り続けるなかで話を続けるのも居心地が悪いもの。会話の区切りの良いところで、「申し訳ございません。電話が鳴っておりますので、少しお待ちいただけますか？」などと断り、電話に出たほうが良いでしょう。その際の電話は早く切り上げること。長くなりそうな用件であれば、折り返し電話をする旨を伝え、連絡先を確認していったん電話を切りましょう。

ケース 2 接客中にほかのお客さまに呼ばれた

お客さまに商品説明をしているとき、ほかのお客さまから「すみません」と声をかけられました。こんなときは……？

対処法

A：ほかのスタッフに引き継ぐ

接客中のお客さまに「すぐに戻りますので、少しお待ちいただけますか？」と断り、後のお客さまには「別の者がすぐに参りますので、少しお待ちいただけますか？」と声をかけてから、ほかのスタッフに後のお客さまを引き継ぎます。先のお客さまのところに戻ったら、「たいへんお待たせいたしました」のひと言を忘れずに。

B：後のお客さまに待っていただく

ほかのスタッフがいない場合は、後のお客さまに「次におうかがいしますので、少しお待ちいただけますか？」とお願いし、待っていただくようにします。

C：会計のお客さまは最優先する

後から声をかけてきたお客さまの用件が会計の場合は、そちらを優先します。先のお客さまにはAと同様に声をかけ、会計のお客さまのお見送りまでを済ませましょう。

11. ドライングの基本

タオルドライから仕上げまで

シャンプーが終了したら、すぐにドライングを行います。犬に嫌な思いをさせないためには、ドライヤーの風の温度や風圧が、犬の体との距離によって変わってくることを忘れないことが大切です。ていねいなドライングは、シャンプー後のカットをしやすくし、型くずれを防ぎます。それぞれの犬の仕上がりのスタイルを意識しながら、毛を乾かし、正しくクセづけしていきましょう。

1 タオルドライ

シャンプーが済んだら、犬をタオルで包んで抱き上げ、トリミング・テーブルへ移します。テーブルの上で体にタオルをかぶせ、上から手で押さえるようにしながら水分を取ります。

2 ドライヤーの温度確認

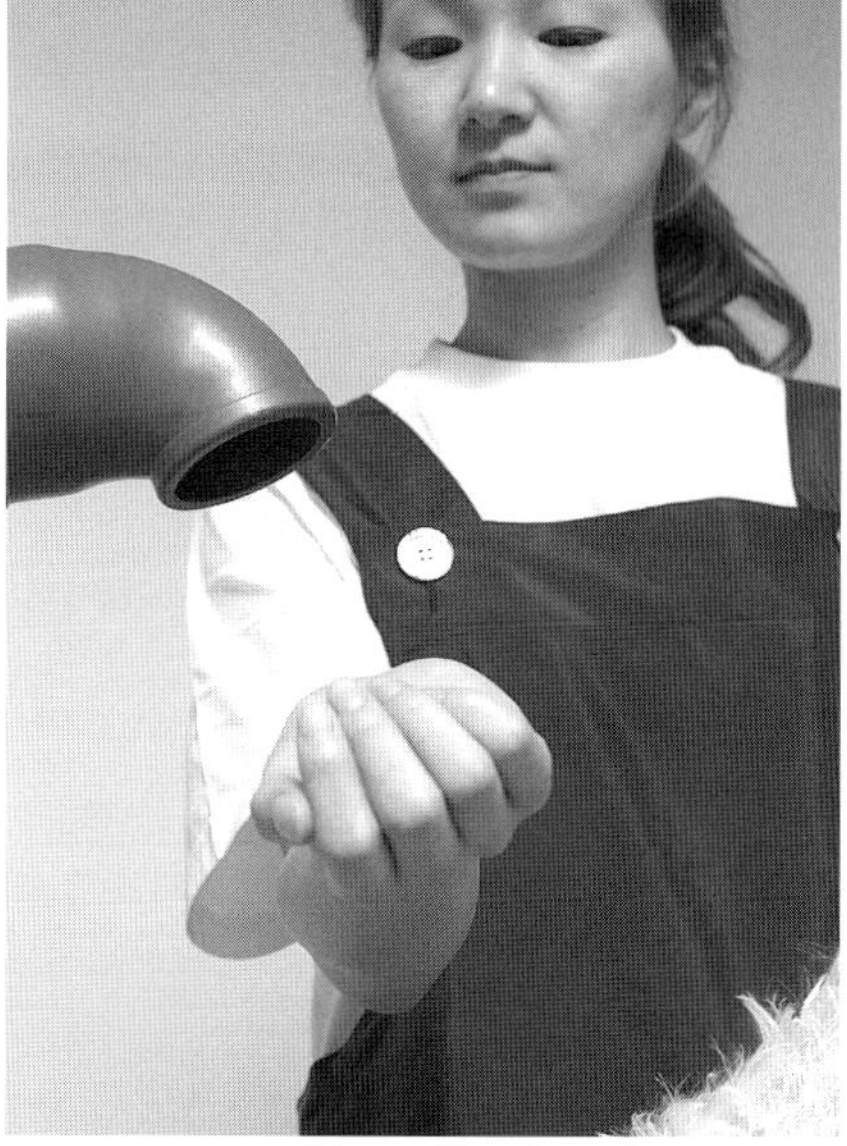

ドライヤーのスイッチを入れたら、まず自分の手に風を当て、温度や風圧を確認します。設定温度や風圧だけでなく、ドライヤーと犬との距離もつねに考えながら作業しましょう。

3 お腹から乾かす

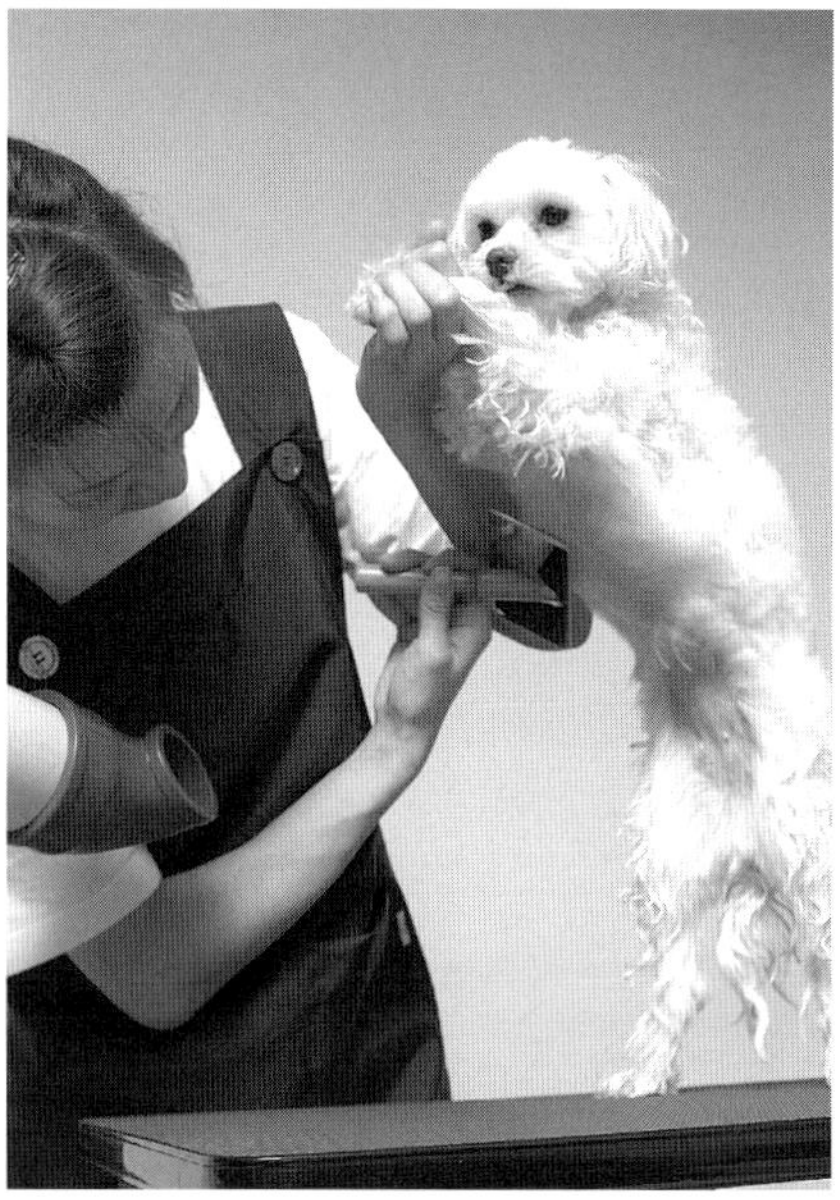

ドライングはお腹から始めます。お腹が濡れたままだと内臓が冷えてしまい、トリミング後に犬が体調を崩す原因となる場合があるからです。お腹を乾かすときは、後肢で立たせて作業すると良いでしょう。

4 全身を乾かす

毛の根元に風を当てるようにしながら、スリッカーやピンブラシでとかしていきます。ボディは強めの風で一気に、顔や耳は弱めの風でやさしく乾かすなど、体の部分によって風の当て方を工夫すると良いでしょう。

5 皮膚の状態も確認

ドライングをしながら、皮膚の状態もチェックしていきます。ドライヤーの風を当ててとかす際、毛を根元までしっかり分けて、皮膚の状態を観察する習慣をつけましょう。炎症や傷など、気になることがあったら、すぐに先輩スタッフに報告します。

6 目元などは指で

顔を乾かすときは、目に直接熱風を当てないように注意します。目の周りにはブラシ類は使わず、弱い温風または冷風を当てながら、指の腹で毛を軽く毛をこすって乾かします。

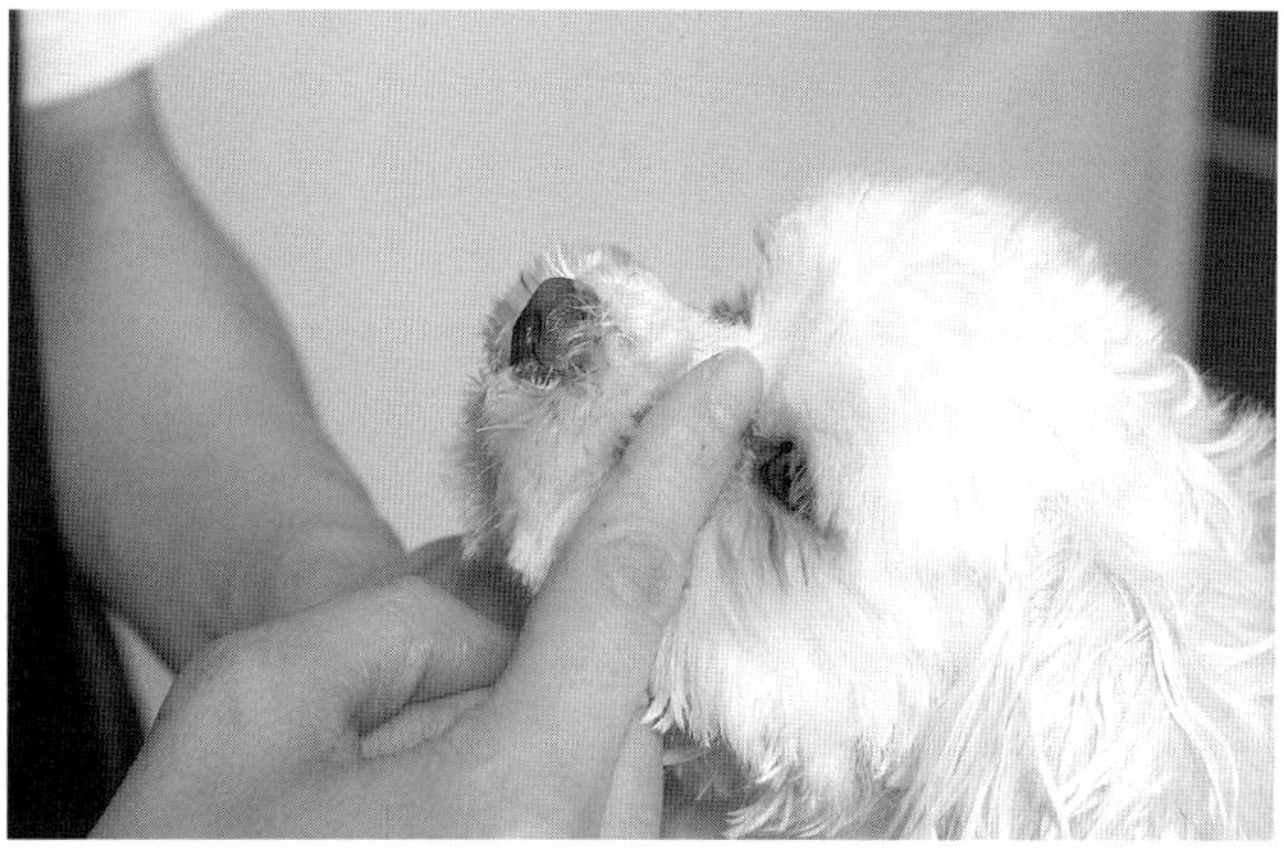

7 毛が伸びにくいときは

毛が自然乾燥してしまい、とかしても真っ直ぐになりにくい部分があったら、ぬるま湯をスプレーして毛を湿らせます。その後、改めて風を当てながらとかすと毛が伸びます。

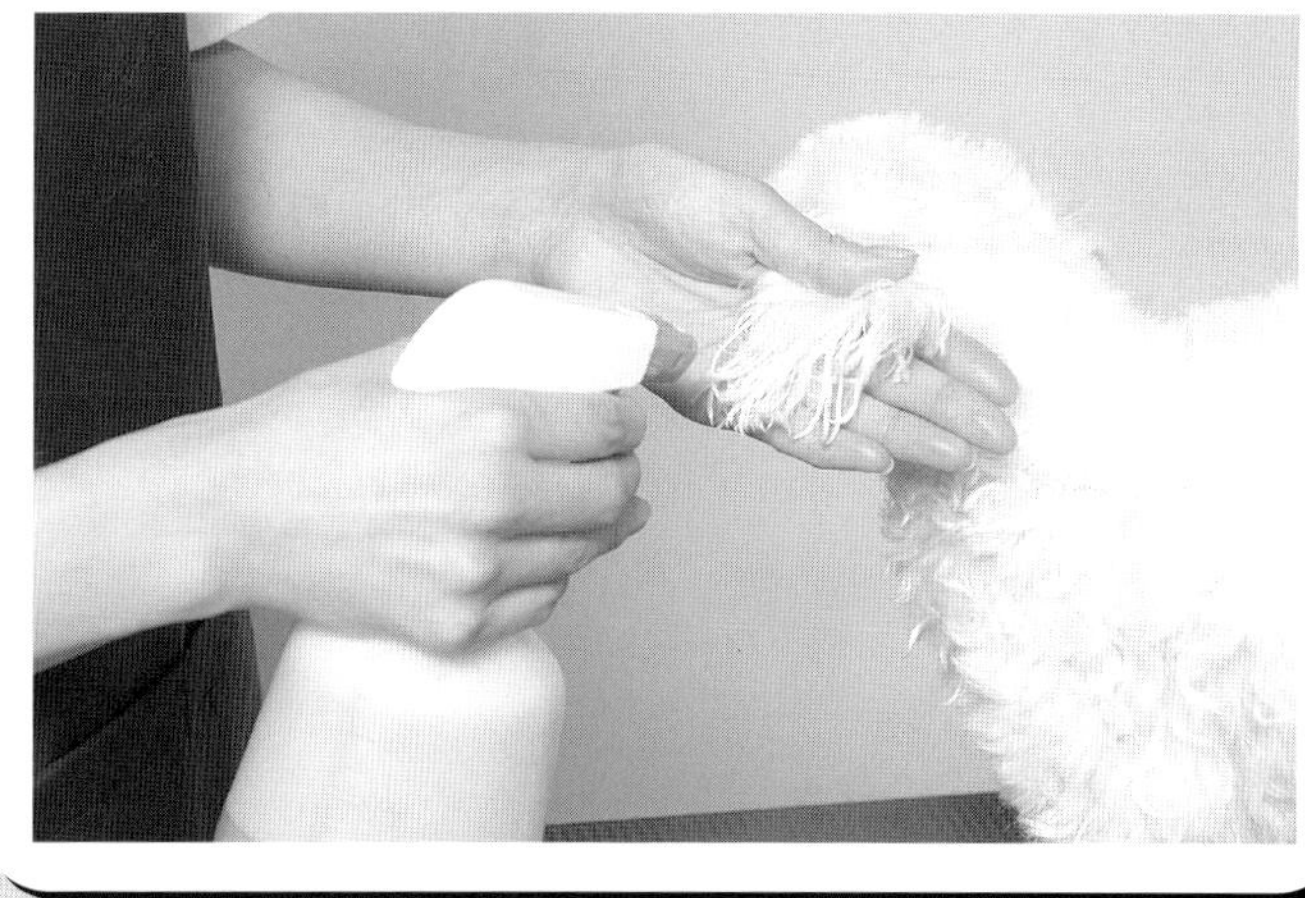

8 周りの人へも気配りを

同じ室内で複数のトリマーが作業している場合、近くで作業している人の邪魔にならないように動くことも心がけます。ドライヤーの風向き、アームの位置などにも気をつけましょう。

9 オートドライヤーの使い方

オートドライヤーを使う場合は、ヤケドをさせないように注意します。風の温度や設定時間は慎重に設定しましょう。また、オートドライヤーを使用しているときは、こまめに中の様子をチェックすることも大切です。

10 仕上げのコーミング

ドライングが終わったら、すぐに全身をコーミングします。仕上げのコーミングをきちんとしておくと毛流が整い、その後のカットの仕上がりも良くなります。ドライング後、すぐにカットをしない場合は、カット直前にもう一度コーミングをしましょう。

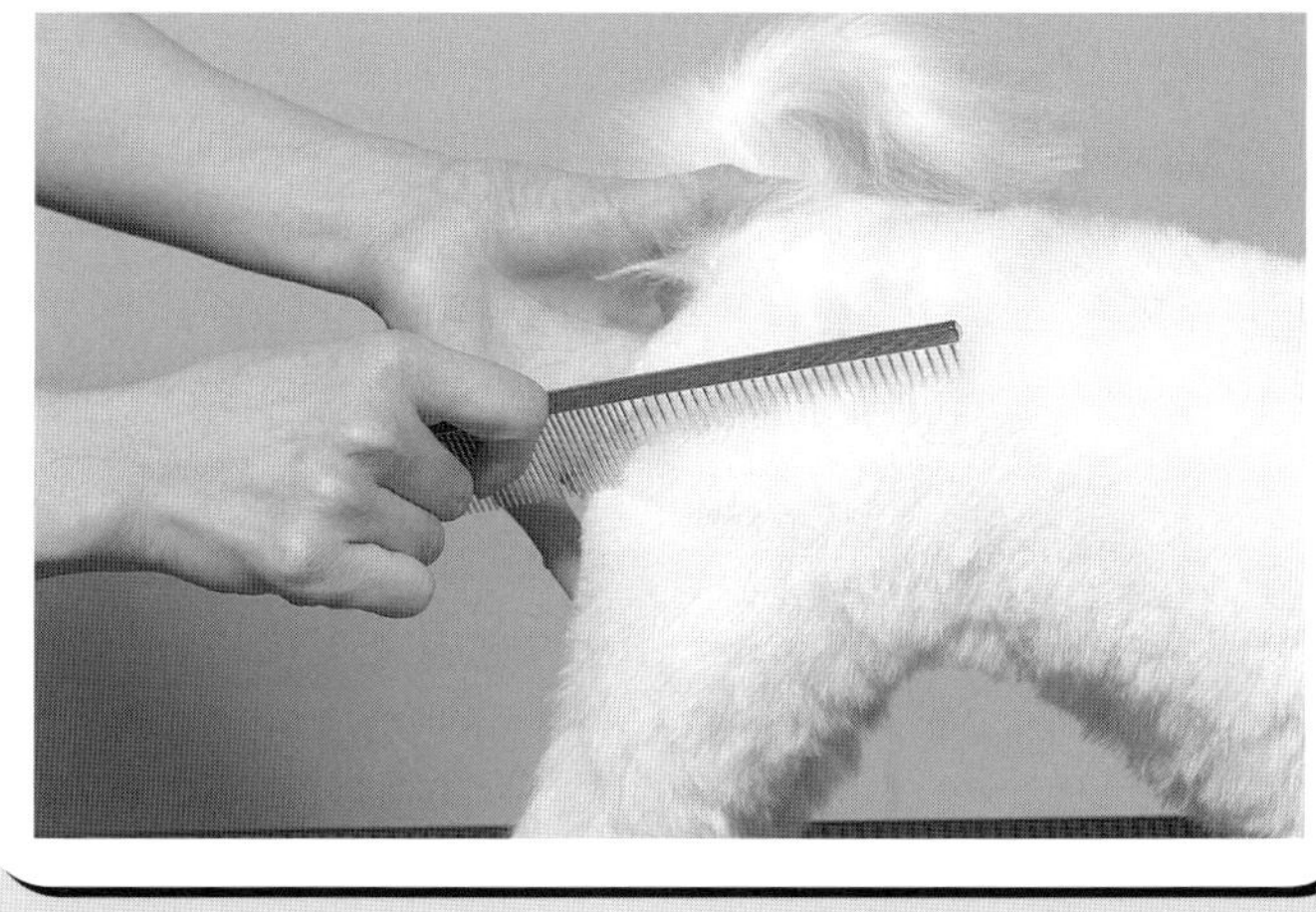

12. カットの基本

カットの進め方と注意点

具体的なカットの手順はスタイルによって違いますが、カットを進める際に気をつけなければならないことは共通しています。お客さまのオーダーに合ったスタイルを作ること、犬の体に負担をかけないこと、事故やケガを防ぐこと……。どれも基本的な注意事項ばかりですが、おろそかにすると思わぬ失敗や事故につながります。一つひとつ確認しながら、確実に仕事を進めるようにしましょう。

1 カルテを確認

カットを始める前には必ずカルテを見直し、オーダー内容を確認します。できればカット中もカルテを近くに置いておき、作業を進めながらこまめに確認するようにしましょう。

2 手を添える位置にも注意

スタイルを確認するために犬を保定する際は、顎の下や口先の毛と、尾の付け根や内股などに手を添え、頭を真っ直ぐに上げて立たせます。ＮＧ例の写真は、頭が下がりすぎ。さらに、せっかくシャンプーとドライングで整えた毛を左手でつぶしてしまっています。

3 無理な姿勢をとらせない

トリミング中、四肢を持ち上げる場合は、動かす向きに注意します。肢の関節は前後に動くようにできているので、ＮＧ例の写真のように、横方向に持ち上げてはいけません。また、前後に動かす場合も、高く持ち上げすぎないように注意します。

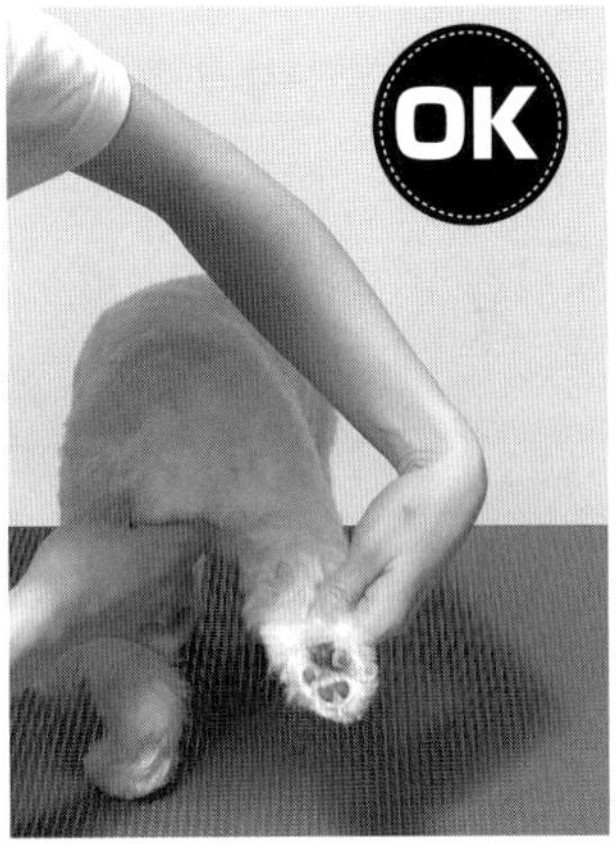

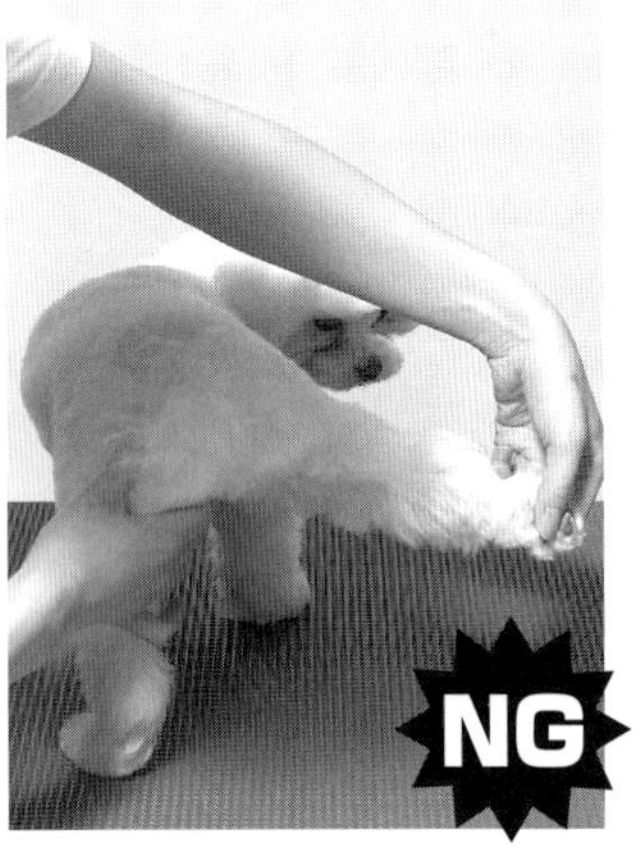

4 道具の扱い方の注意①

犬の安全のためにも、カット中トリミング・テーブルの上にものを置かないのが決まりです。コームやハサミなどは、使い終わるたびにテーブルの下やポケットなどに、きちんとしまうようにします。

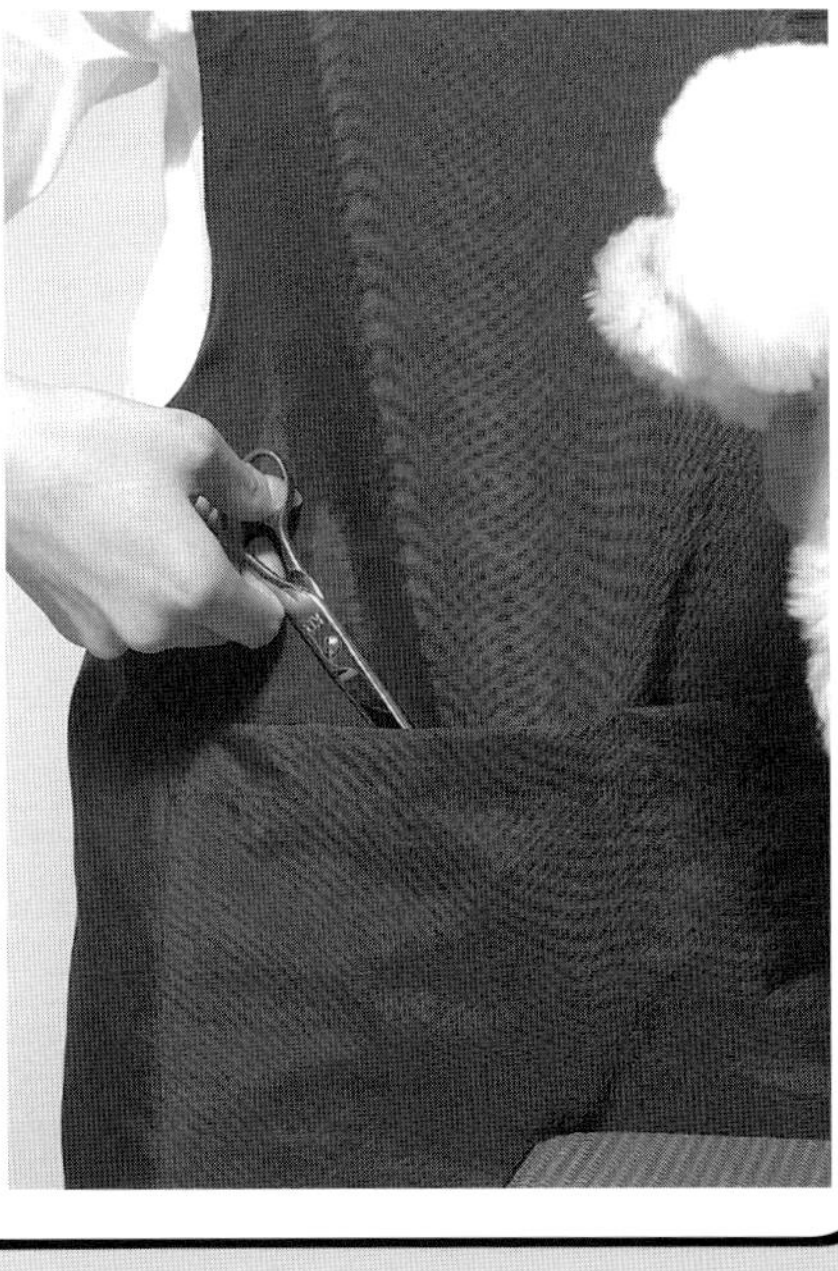

5 道具の扱い方の注意②

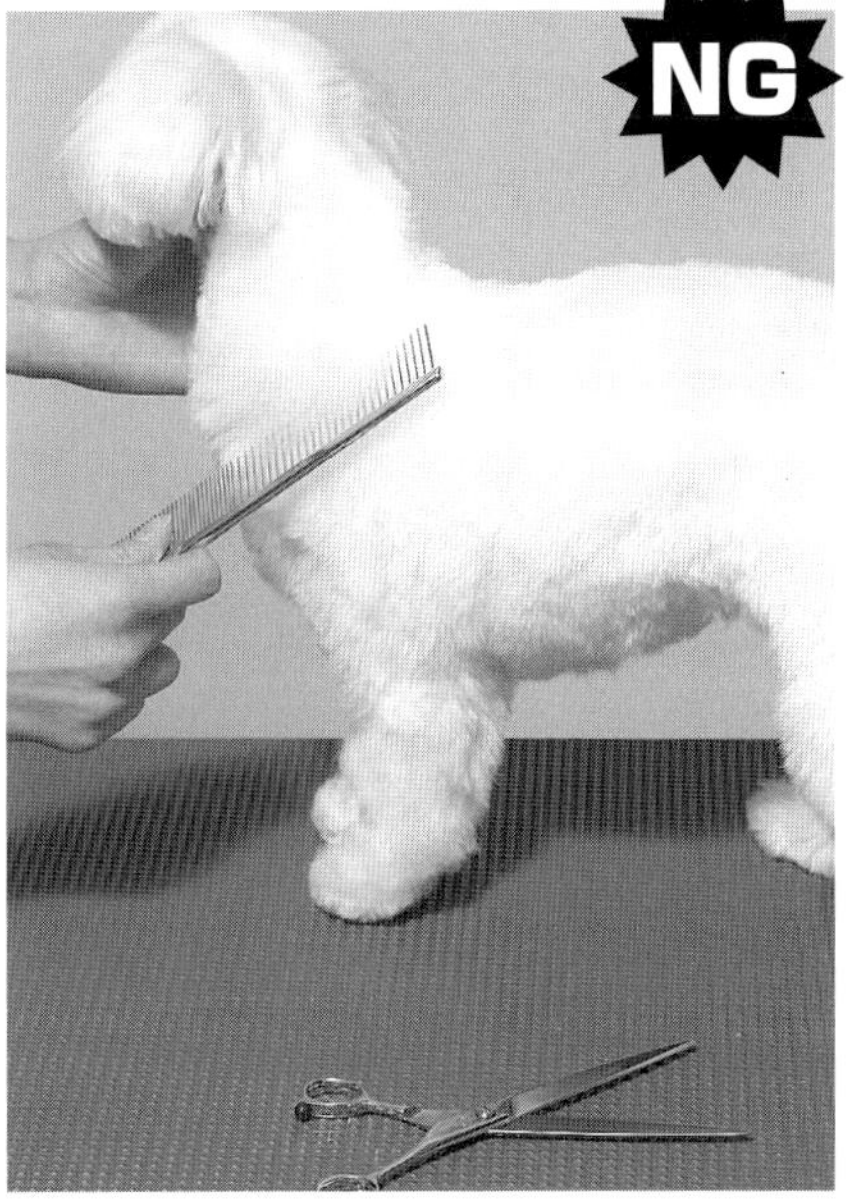

カット中、トリミング・テーブルの上にハサミを置いてはいけません。とくに、刃が開いたままの状態で置くのは厳禁。犬が動いたとき体にふれると、ケガをさせてしまう可能性があります。

6 犬から手を離さない

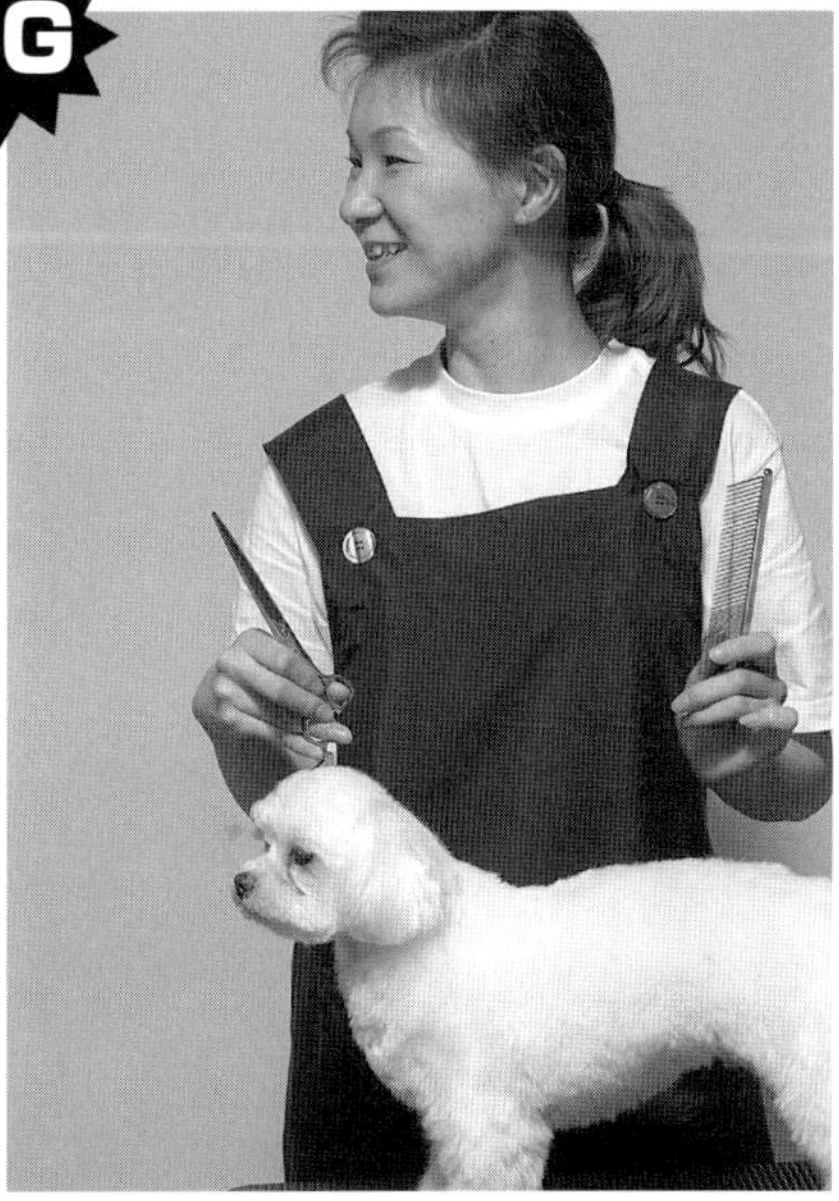

飛び降りなどの事故を防ぐため、カット中はつねに犬の体にふれていること。両手を犬から離す、よそ見をする、作業しているテーブルの前を離れる、などはすべてNG。写真のように両手に道具を持つのも、犬から両手を離すことになるので、良くありません。

7 毛クズを飛ばす

カットが終わったら、全身にドライヤーの冷風を軽く当て、体についた毛クズを飛ばしておきます。細かい毛クズが付いたままにしておくと、お客さまに嫌がられることもあります。

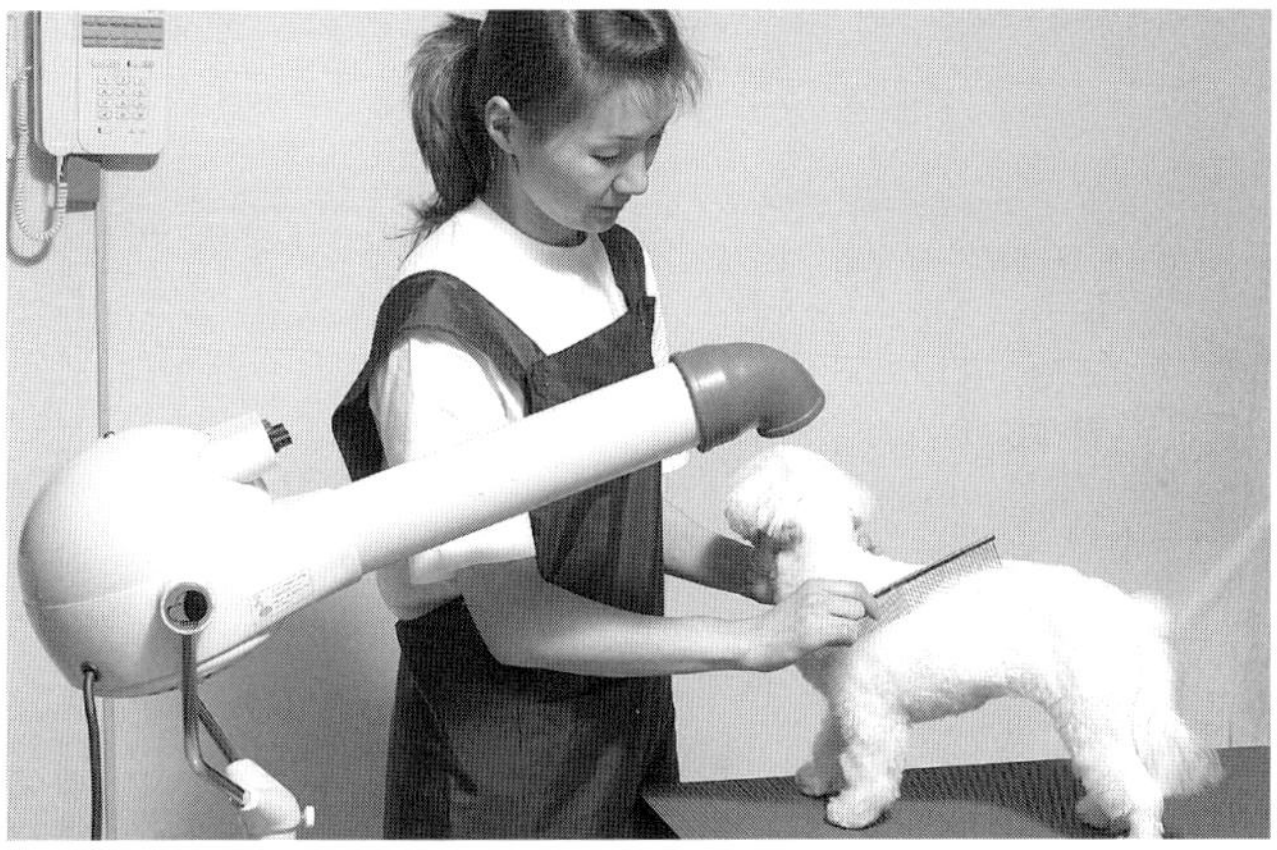

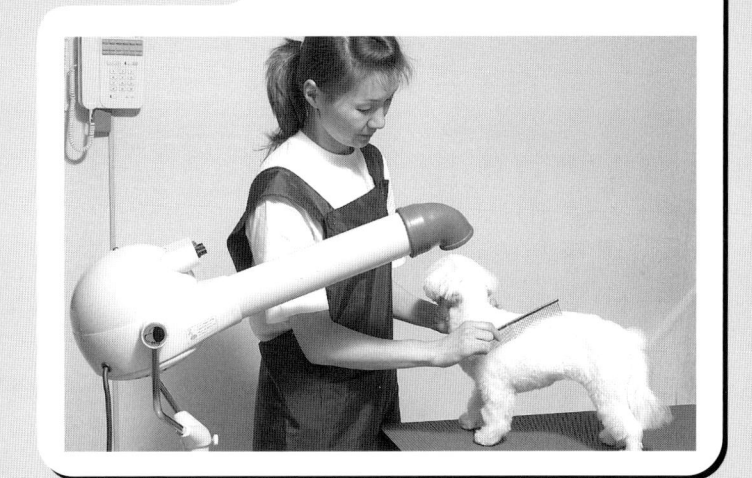

8 健康面のチェック

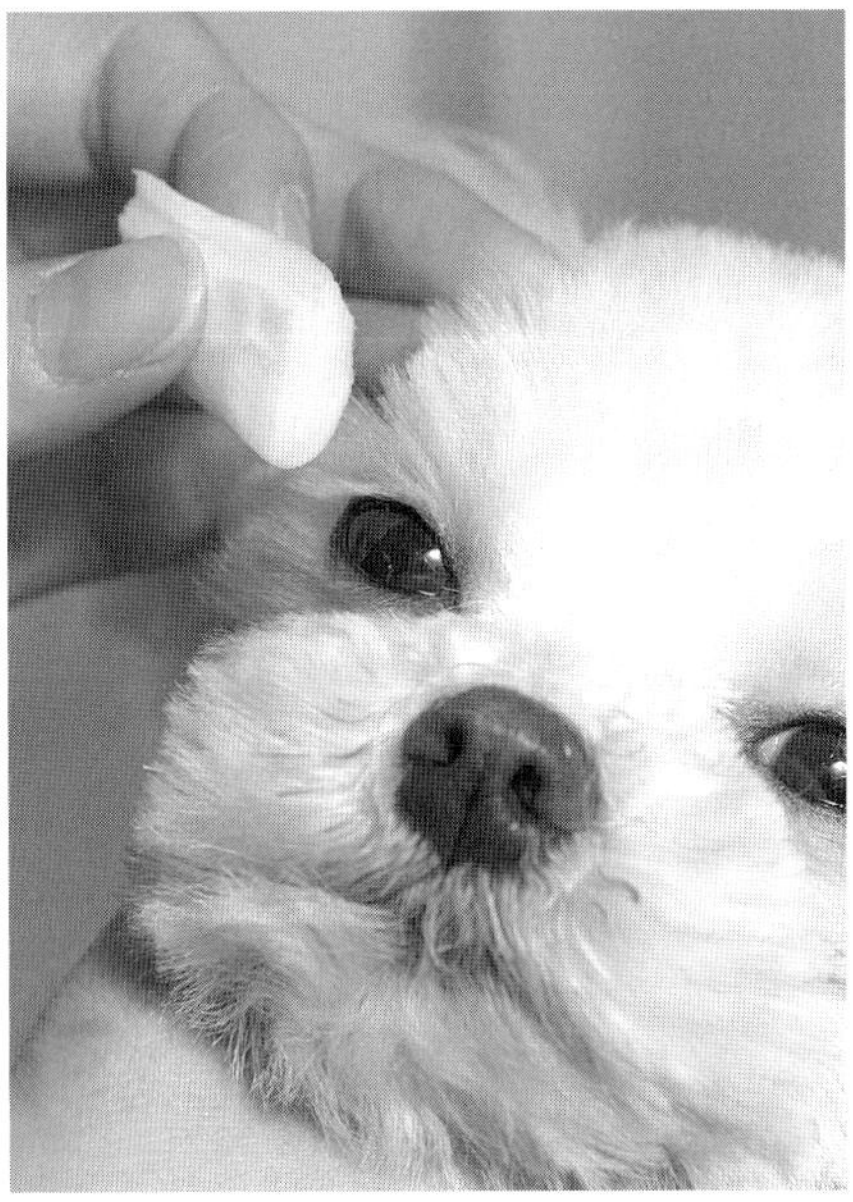

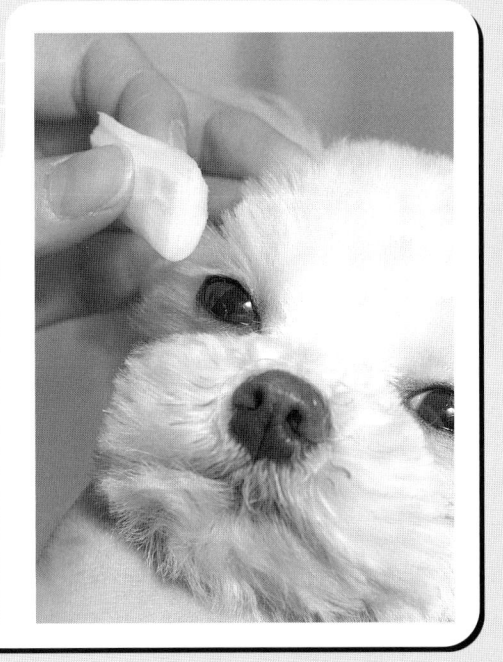

目に毛が入っていないか、皮膚に異常がないか、などを確認します。目に入った毛は、濡らしたコットンで目の縁をそっと拭くようにして取りのぞきます。また、時間が経ってからシャンプーの影響が現れることもあるので、皮膚の状態も確認しておきます。

9 仕上がりのチェック

犬を正しく立たせて、カットの仕上がりを確認します。自分で確認した後、先輩スタッフなどのチェックを受けます。必要な部分は手直しをし、最終的なスタイルを仕上げます。

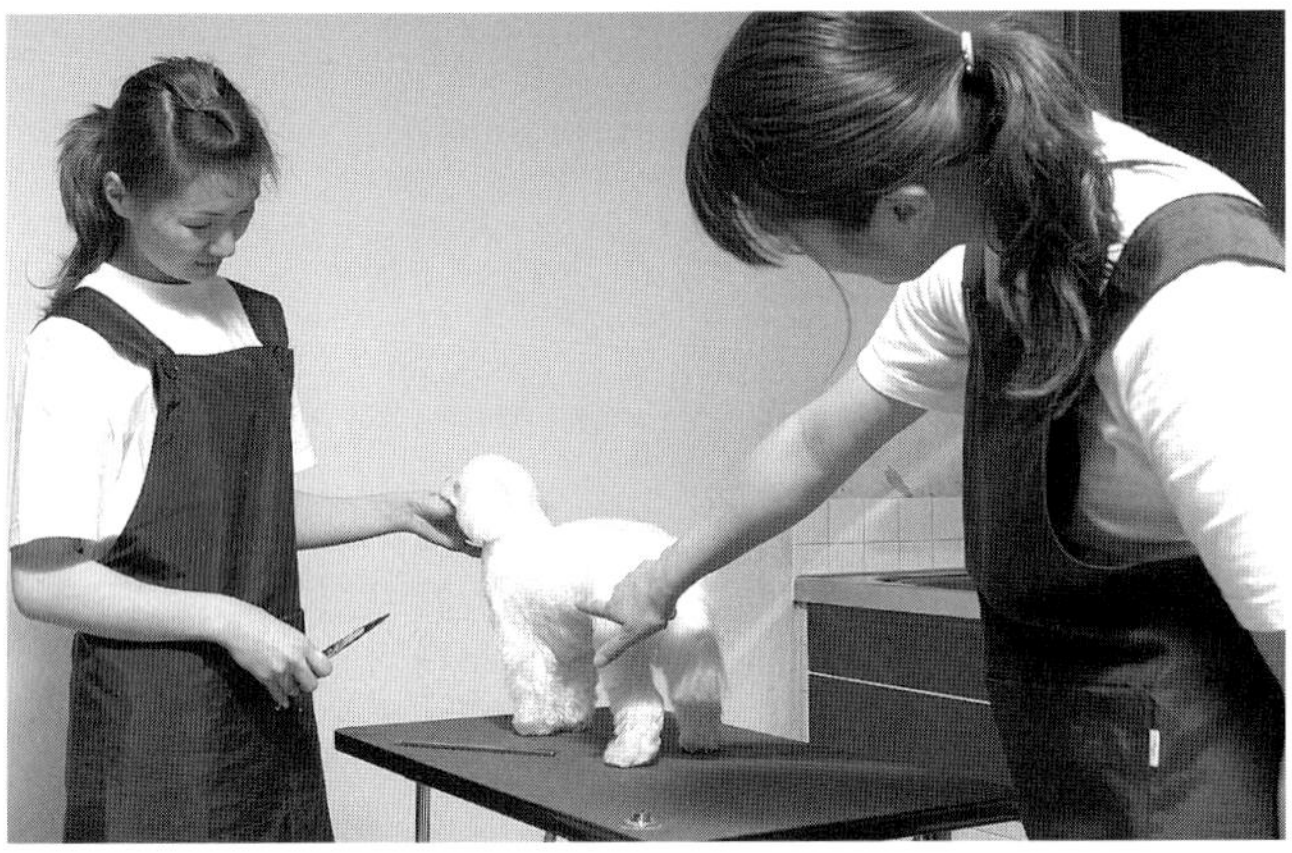

10 犬をケージへ

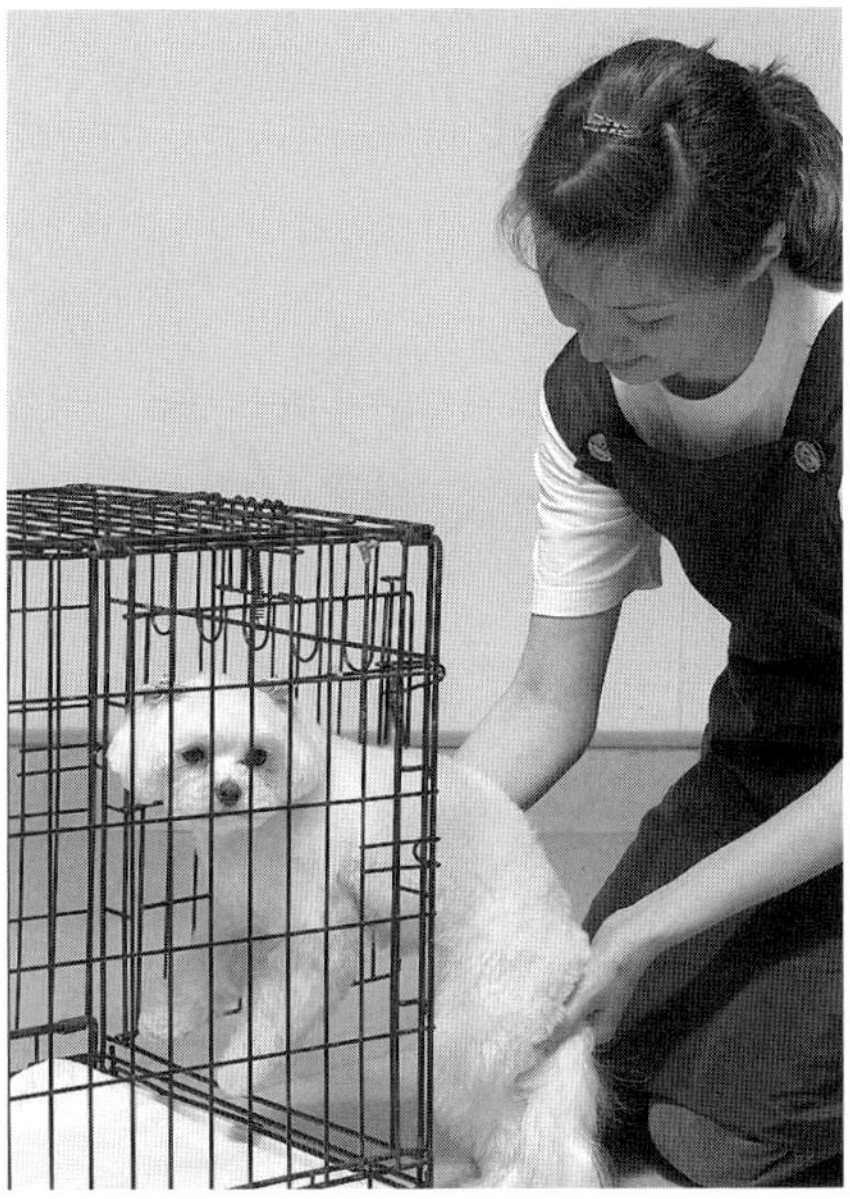

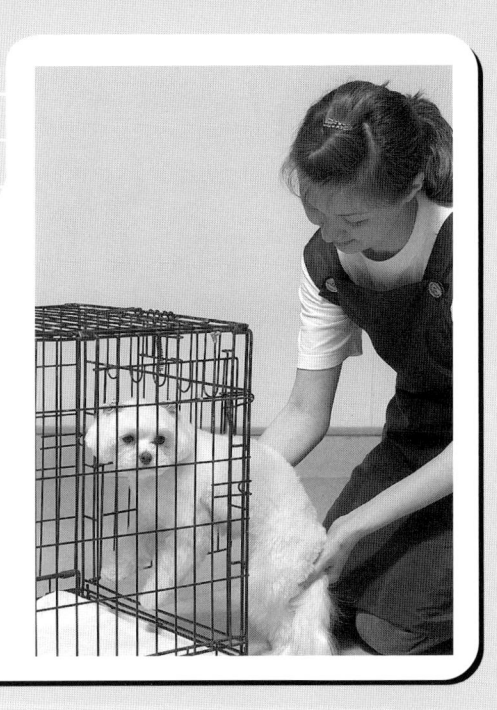

カットが終わったら、送迎を待つあいだ、犬はケージへ入れておきます。抱き上げるときは、スタイルをくずさないように注意。できれば、ケージに入れる前に排泄させておくようにすると良いでしょう。

13. カット後にしておくこと

犬の送迎の待ち時間の注意ポイント

カットが終わったら犬をケージに入れ、簡単な片付けとお客さまへの連絡を行います。ただし、作業中もケージ内の犬から長い時間目を離してはいけません。もしケージ内で排泄してしまった場合は、体が汚れないようすぐに外に出し、ケージ内を清掃します。トリミング終了後は、犬がせっかくのスタイルをくずしたり、体を汚したりすることのないよう、十分に注意しましょう。

1 ハサミの手入れ

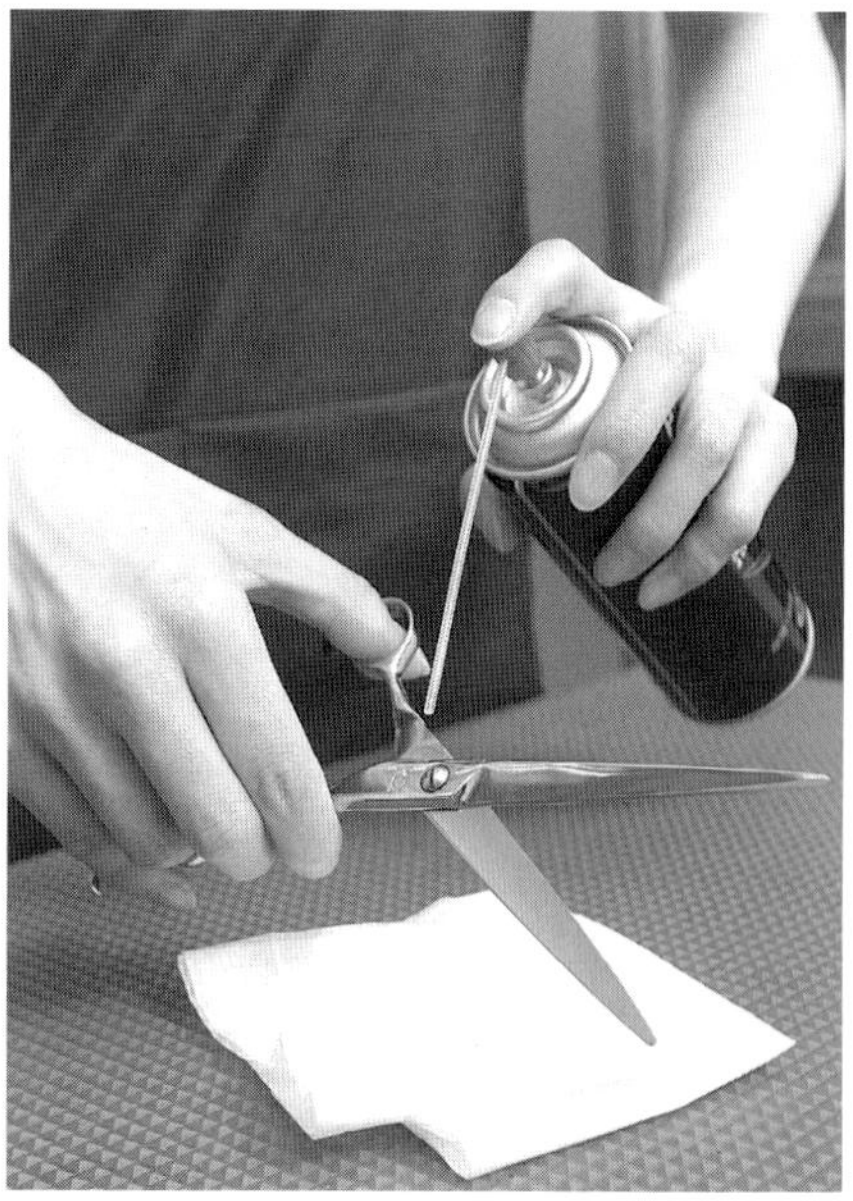

カットが終わったら、ハサミにシザーオイルを吹きかけ、ティッシュや布で毛クズや汚れを拭き取ります。シザーオイルには、刃のあいだなどに詰まった毛をスプレーの風圧で飛ばし、サビを防ぐ作用があります。

2 テーブルを拭く

トリミング・テーブルの上の毛クズを払い、消毒液をスプレーして、きれいに拭きます。次の人が気持ち良く使えるよう、自分の作業が終わったらすぐにテーブルをきれいにする習慣をつけましょう。

3 床を掃除する

トリミング・テーブルの周りに落ちた毛を片付けます。周りで作業している人の邪魔にならないよう、ホウキとチリトリなどを使って、手早く掃き集めます。床に毛が落ちたままになっていると、見た目が悪いだけでなく、滑りやすくなって危険です。

4 ケージの中をチェック

トリミング後の犬が入っているケージは、こまめに様子を見ます。とくに気をつけたいのは、排泄していないかということ。ケージ内の排泄物をそのままにしておくと、体が汚れてしまうからです。

5 排泄した場合

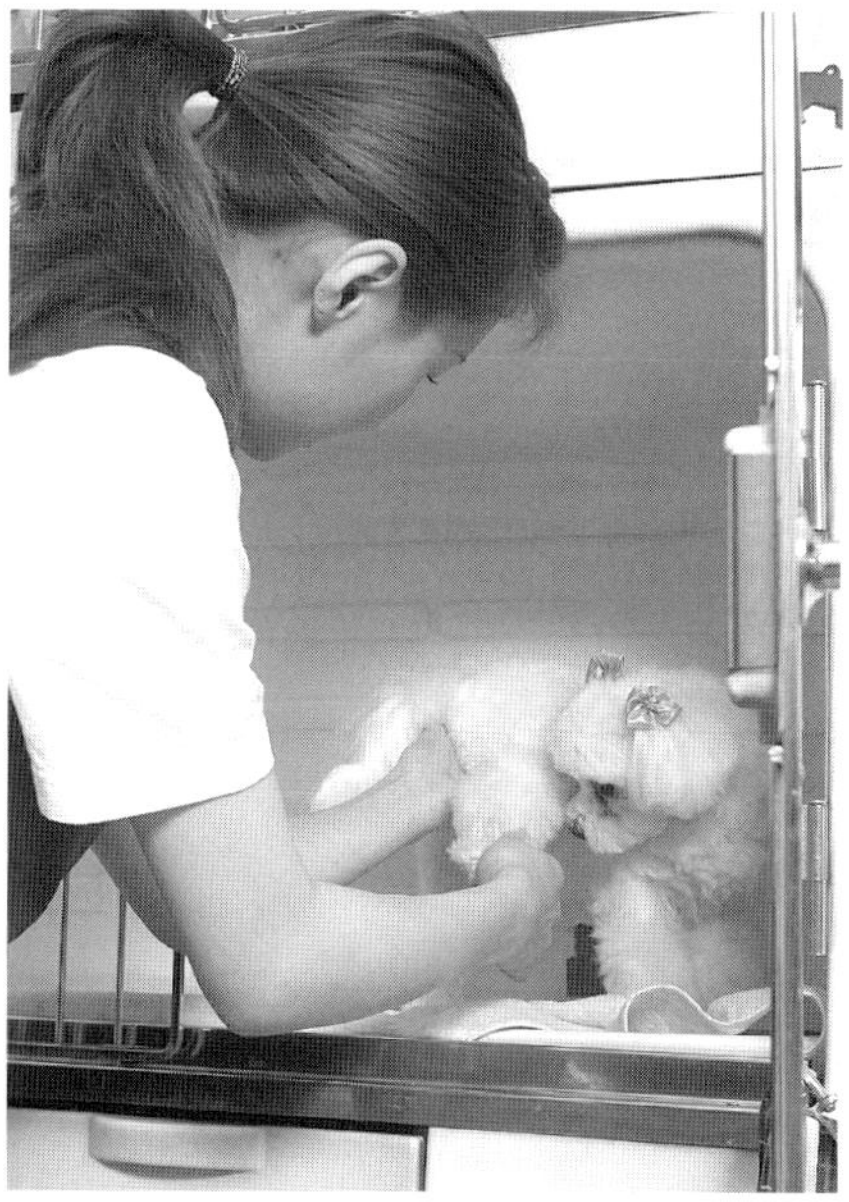

ケージ内で排泄しているのに気づいたら、犬をすぐ外に出し、汚れた部分がないかどうか確認します。足裏、足先、お尻、内股などはとくに汚れやすいので、念入りにチェックしましょう。もし体が汚れていたら、部分的に洗って乾かすなどの対応を。

6 排泄物はすぐに処理

犬の体が汚れていない場合は、排泄物と汚れた敷きものをすぐに取りのぞき、ケージ内に消毒液をスプレーして拭き掃除します。その後、清潔な敷きものを敷いて、犬を中へ戻します。掃除をしているあいだは、犬を別のケージに移すか、自分で抱いているようにします。

7 水を与える際の注意

ケージ内で水を飲ませるときも、容器を入れっ放しにしてはいけません。犬がケージ内で水の容器をひっくり返したりしないよう、犬が飲み終わったらすぐに容器を取り出します。犬の口の周りも、清潔なタオルで拭いておきます。

8 犬が騒ぐときの対応

ケージ内で犬が騒ぐときは、まず異常がないかどうか確認します。とくに異常がないのに興奮しているようなら、タオルなどでケージに目隠しをしてみます。ただし、目隠しをした後も、こまめにケージ内をチェックするのを忘れずに。

9 お客さまに電話で連絡

連絡が必要な場合は、お客さまに電話をし、終了の報告や送迎時間の確認をします。だいたいの終了時刻や、電話連絡が必要かどうかなどは、犬を預かる際にひと通り確認しておきましょう。

10 首輪などを付けておく

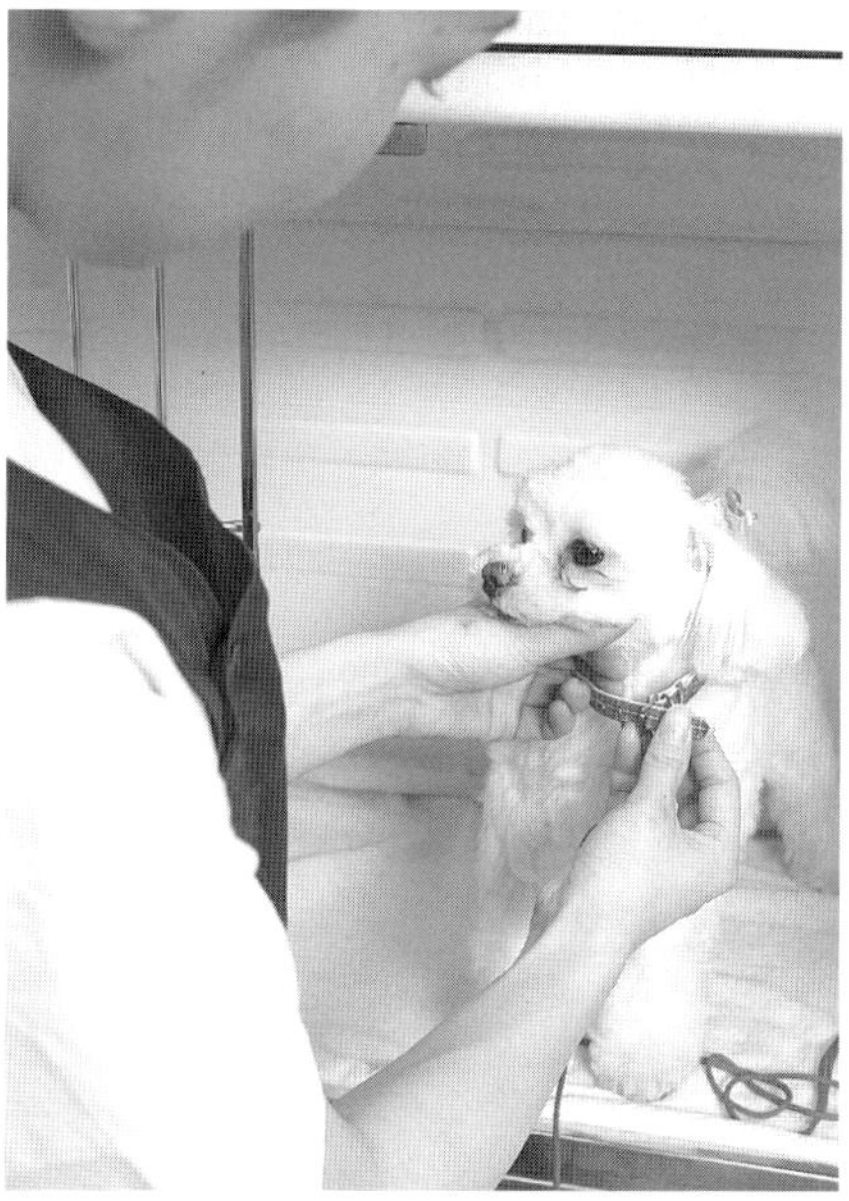

犬が来店時に身に着けていた首輪やアクセサリーなどを、すべて付け直します。ただし、洋服を着せるとスタイルがくずれてしまうため、お客さまがカットの仕上がりを確認するまで、洋服は着せないのが一般的です。

14. 使用後の用具の手入れ

清潔で使いやすい状態を保つために

トリミングに使用する用具は、毎日こまめに手入れをし、清潔で使いやすい状態にしておきましょう。用具は不特定多数の犬や猫の体にふれるものです。不衛生な状態にしておくと感染症などを媒介してしまう可能性もあるので、日ごろから十分な注意が必要です。また、切れ味の悪いハサミやクリッパーは、トリマーが使いにくいだけでなく、犬や猫に痛い思いをさせる原因にもなります。

1 ハサミの手入れ①

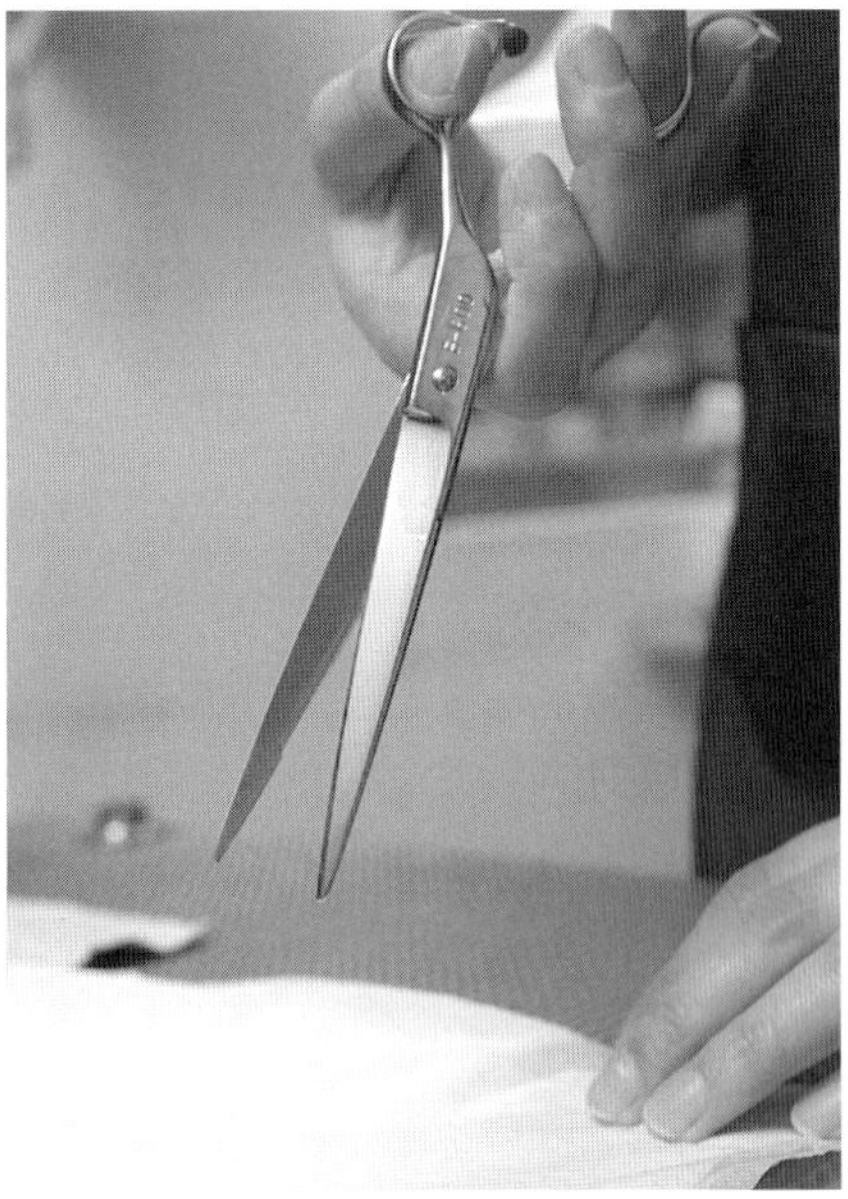

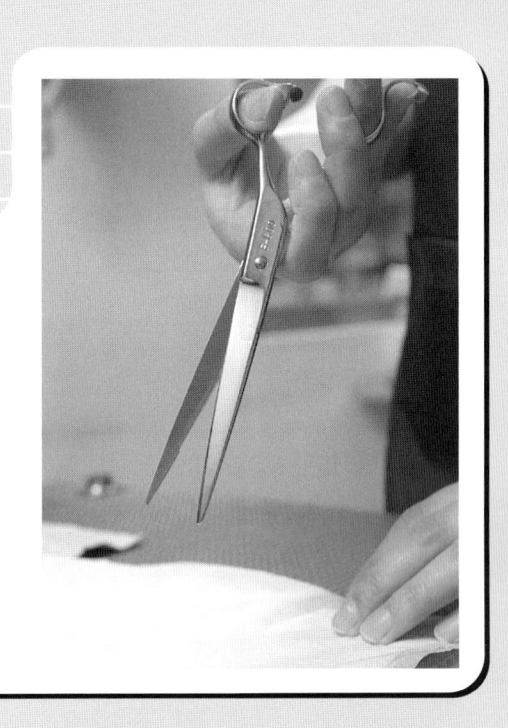

カットが終わったら、ティッシュや専用の布でハサミを軽く拭き取り、刃についた毛クズなどを取りのぞきます。刃先だけでなく、毛クズの詰まりやすい根元まできれいにしておきます。

2 ハサミの手入れ②

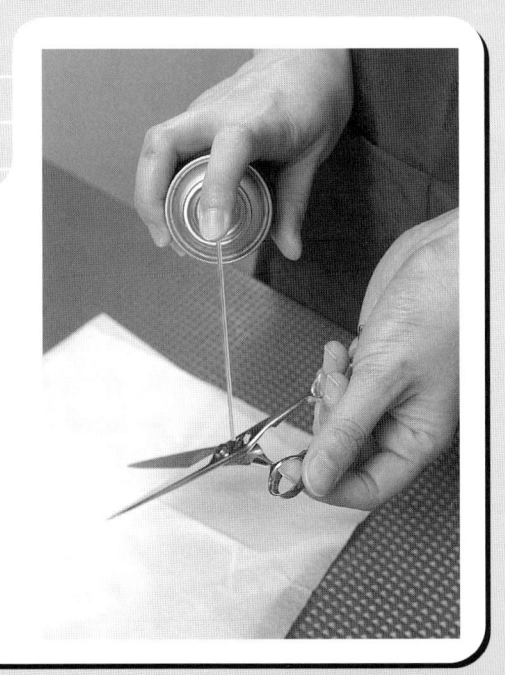

刃の部分にシザーオイルを吹きかけます。シザーオイルには、刃のあいだなどに詰まった細かい毛クズをスプレーの風圧で飛ばし、表面に被膜を作ってサビを防ぐ作用があります。

3 ハサミの手入れ③

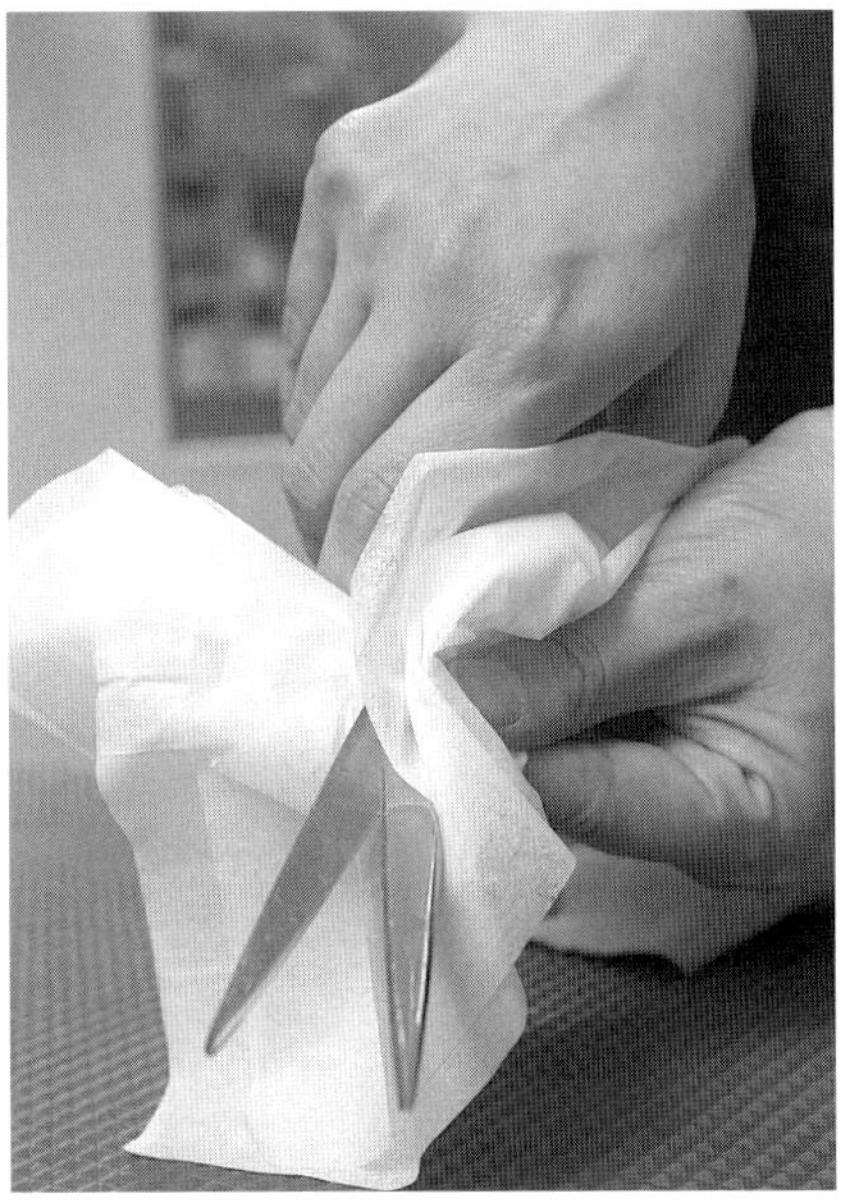

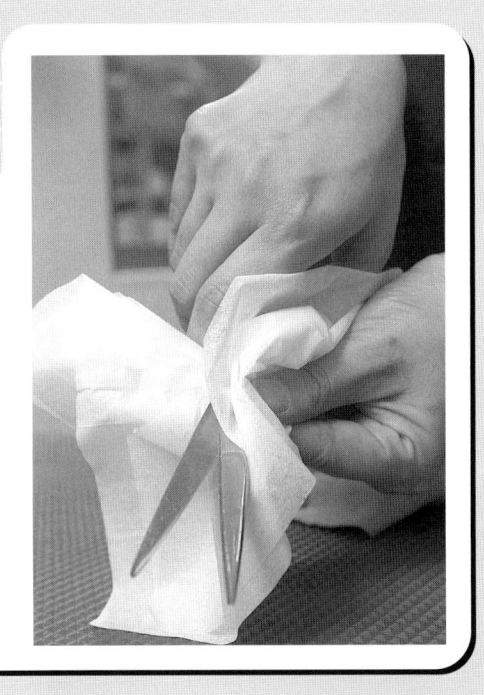

ティッシュや専用の布で、刃についたシザーオイルを拭き取ります。ティッシュや布は、必ず刃の向きに沿って動かすこと。逆向きに動かすと刃を傷めてしまいます。ナイフの手入れ法もハサミと同様です。

4 クリッパーの手入れ①

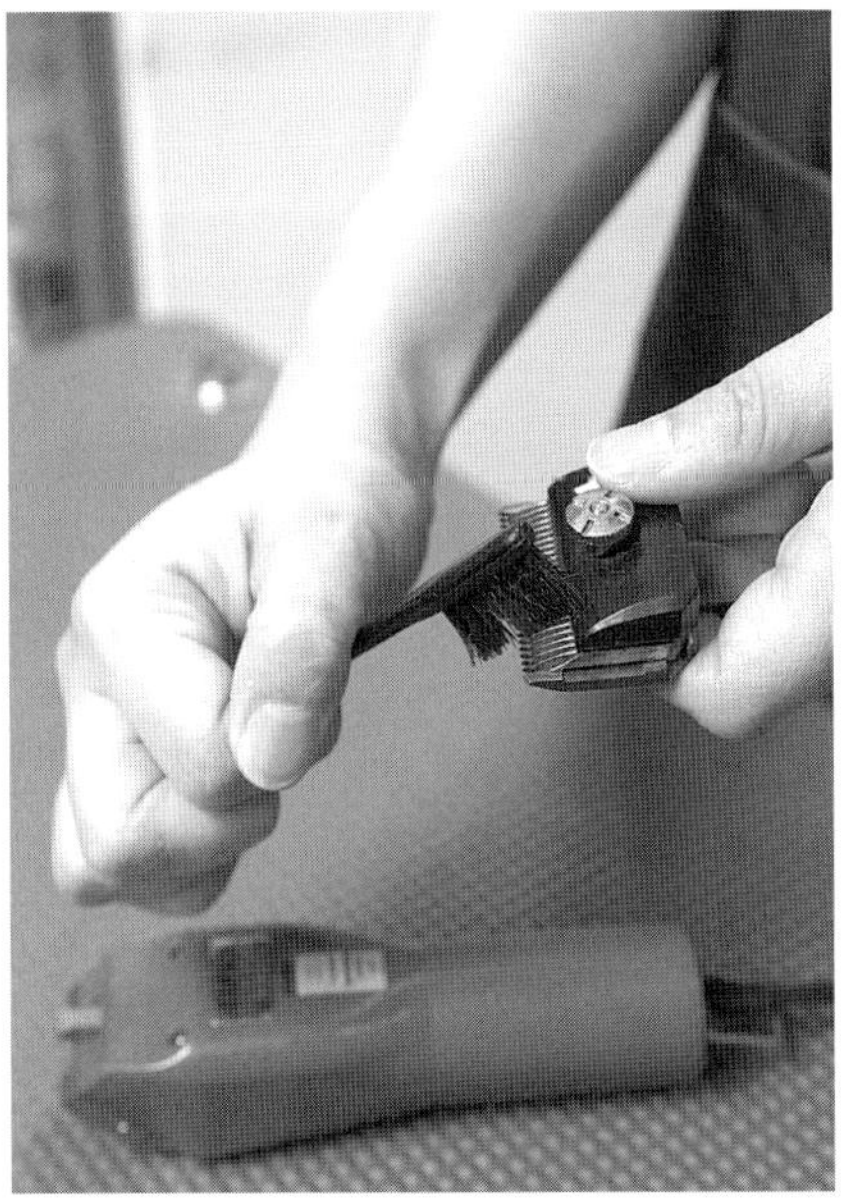

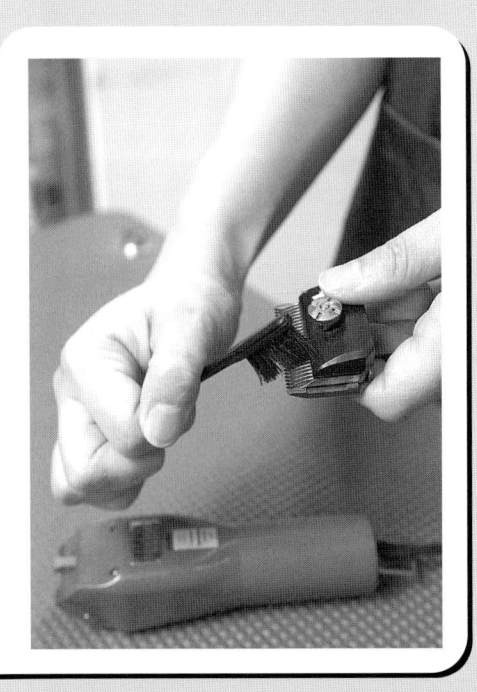

クリッパーの刃を本体から外し（メーカーによっては分解できないものもある）、刃のあいだに詰まった毛クズを獣毛ブラシで払います。ブラシは、必ず刃の向きに沿って動かすこと。

5 クリッパーの手入れ②

刃にクリッパー用のスプレーオイルをかけ、ティッシュや専用の布で拭き取ります。シザーオイルと同様、細かい毛クズを風圧で飛ばし、刃のサビを防ぐ効果があります。

6 ブラシの手入れ①

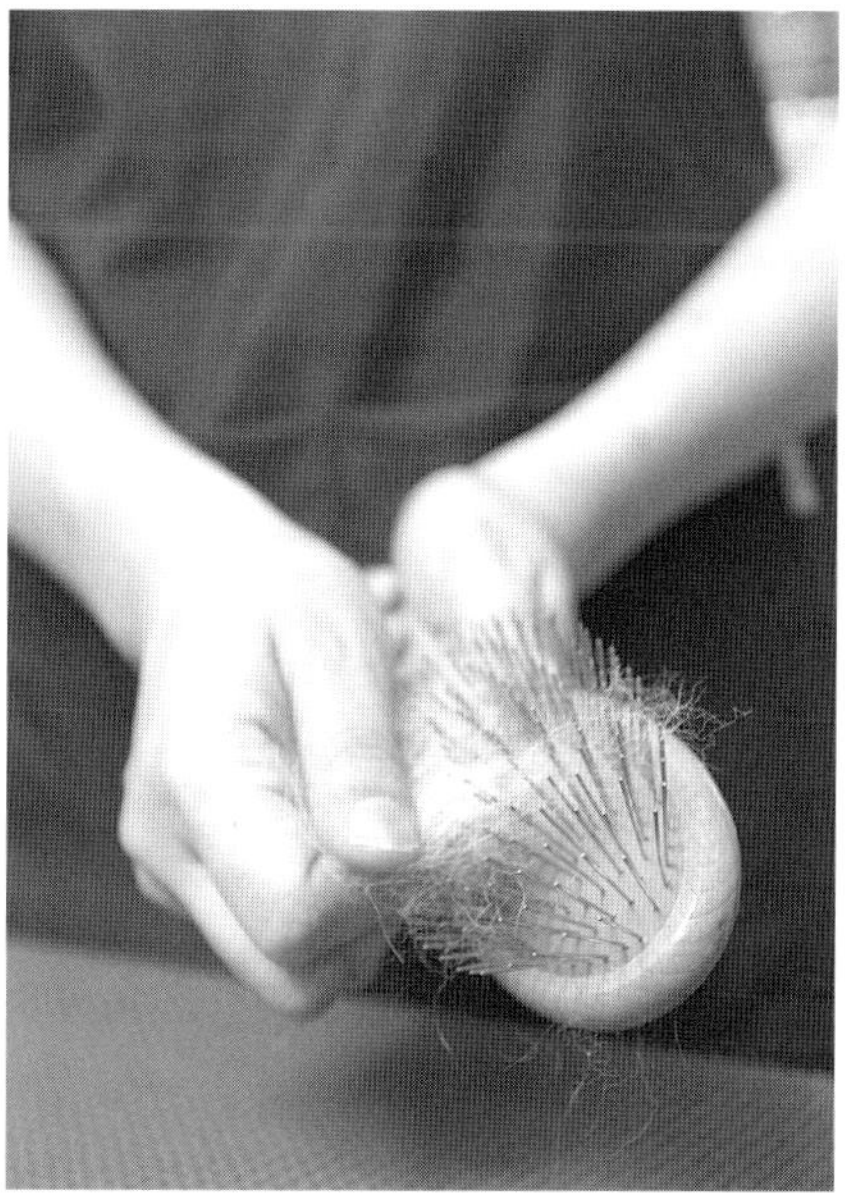

ピンブラシに絡んだ毛は、手で取りのぞきます。ピンを傷めないよう、力加減に注意しながらていねいに行います。取り残しがあると不衛生なので、ピンの根元まできれいにします。皮膚病の犬や猫に使ったものには消毒液をスプレーしておきます。

7 ブラシの手入れ②

スリッカーに絡んだ毛は、コームを使って取ります。スリッカーのピンは細くて曲がりやすいため、ピンブラシに比べて毛が強く絡んでいることが多いからです。皮膚病の犬や猫に使ったものには消毒液をスプレーしておきます。

8 鉗子の手入れ①

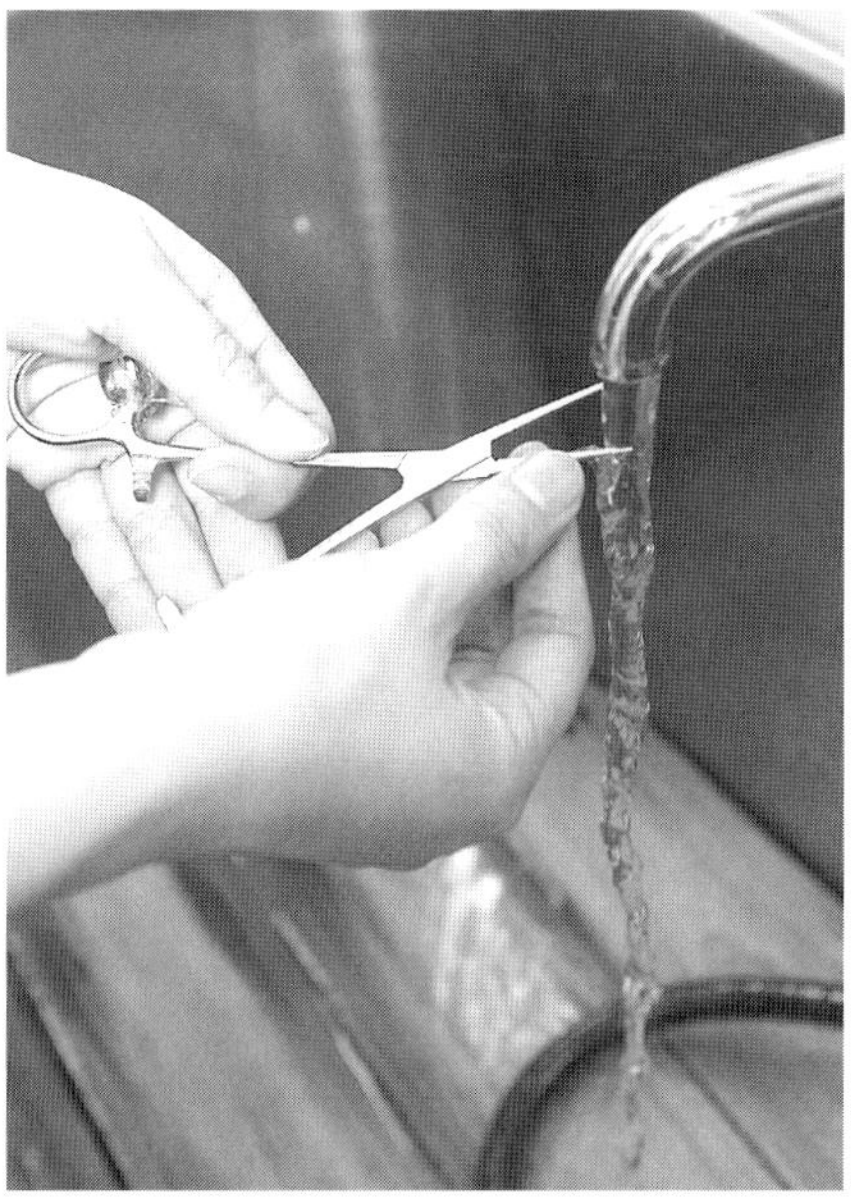

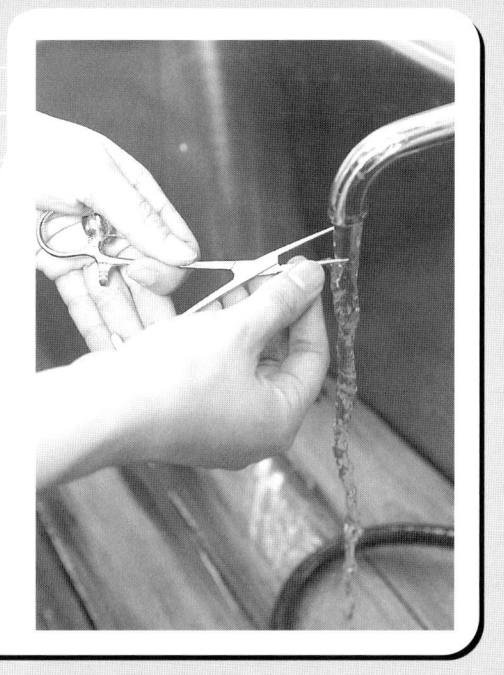

鉗子の先端を、流水で十分にすすぎ洗いします。ギザギザになっている部分は、とくにていねいに洗っておきましょう。歯ブラシなどを使って、軽くこすり洗いするのも良い方法です。

9 鉗子の手入れ②

小さめの容器に消毒液を注ぎ、鉗子の先端の部分を浸して、そのまましばらく放置します。ギザギザになっている部分がきちんと消毒されるよう、開いた状態で浸すと良いでしょう。

10 鉗子の手入れ③

流水で消毒液を十分にすすぎ、清潔なタオルなどで水気を拭き取ります。犬や猫の耳の病気はうつりやすいので、鉗子は1回使うごとに必ず洗って消毒しておく必要があります。

15. お迎えに来たお客さまへの応対

トリミング後、お客さまがお迎えに来る場合

ペットのお迎えのお客さまが来店したら、「いらっしゃいませ」とあいさつし、すぐに犬を連れてきて手渡します。カットの仕上がりを確認してもらい、希望があればその場ですぐに修正しましょう。

会計の際は、金額の間違いや勘違いによるトラブルを起こさないよう、落ち着いて処理を。お金の受け渡しもていねいに行うようにしましょう。

1 来店のあいさつ

お客さまが店内に入ってきたら、すぐに「いらっしゃいませ」などのあいさつをします。お客さまの来店に備えて、カルテやお返しする小物などは事前にそろえておくと良いでしょう。

2 犬を連れてくる

犬をケージから出してお客さまに手渡し、「いかがですか？」などと声をかけて仕上がりをチェックしてもらいます。抱いた状態でわかりにくい部分は、犬をカウンターの上などに立たせて確認してもらうようにしましょう。

3 カットなどの修正

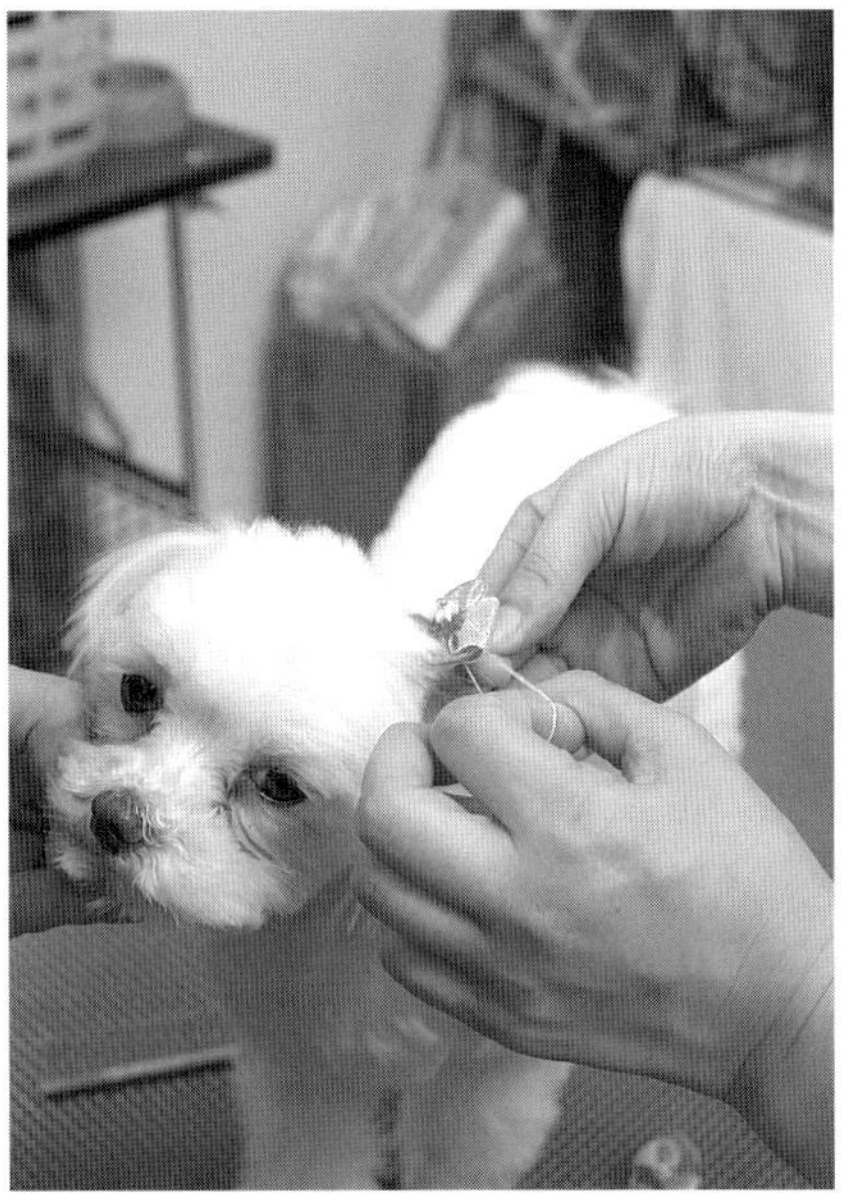

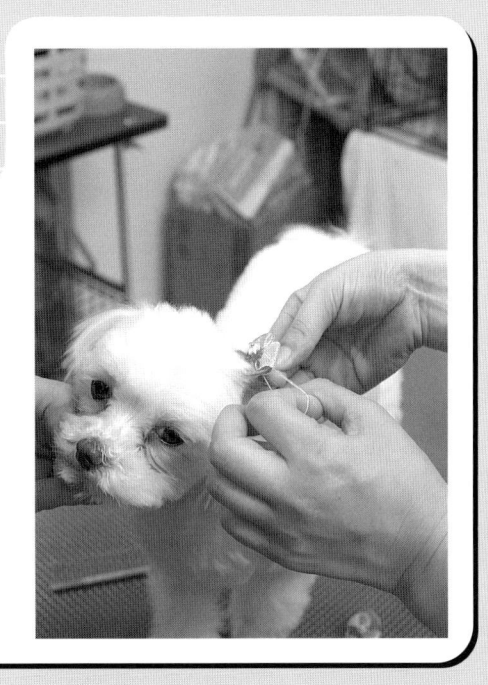

仕上がりをチェックした際、お客さまが気になる部分があった場合は、その場で手直しをします。どこをどのようにするのかを具体的に聞き、お客さまに見てもらいながら仕上げます。

4 健康状態を報告

犬の健康状態などについて、トリミング中に気づいたことがあれば、お客さまに報告します。カルテを確認し、「いつもより耳が汚れていました」など、正確に、具体的に伝えましょう。

5 洋服などを返却

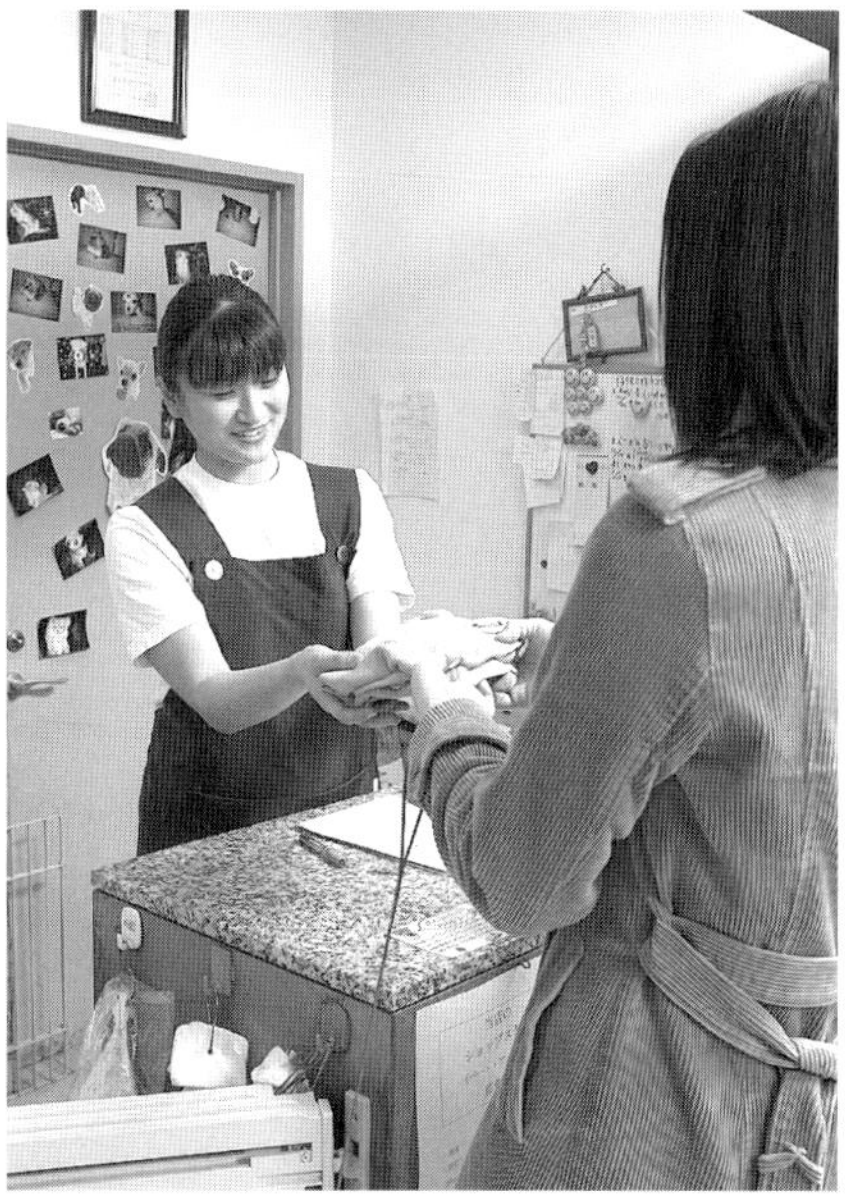

首輪やアクセサリーなどは犬に付けておきますが、洋服はお客さまのチェックが済むまで着せないのが基本です。きちんとたたんで保管しておき、忘れずにお客さまに手渡しします。

6 お会計

カルテを確認し、会計をします。お金は専用の受け皿または両手で受け取ります。その際、必ず「5,000円お預かりします」のように声に出して預かり金額を確認します。

7 おつりの渡し方

おつりは正確に数え、「300円のお返しです」のように金額を確認しながら過不足のないように渡します。専用の受け皿に入れ、手を添えて渡すと良いでしょう。預かったお金は、お客さまがおつりを確認するまで、見えるところに置いておきます。

8 領収書の書き方

必要な場合は、領収書を書いて渡します。金額を正確に書き込んで、「○○さま宛でよろしいですか？」「但し書きは“トリミング代”でよろしいですか？」など、宛名、但し書きの内容を確認し、捺印して渡します。店の控えも確認しておきましょう。

9 お客さまのお見送り

軽く頭を下げて「ありがとうございました」、「またよろしくお願いします」などのあいさつをし、お客さまをお見送りします。ドアを出る直前や、出た直後に振り返ってあいさつをする人もいるので、お客さまが店の外に出て歩き出すまで、きちんと見送ること。

10 カルテなどを片付ける

使った後のカルテなどを片づけます。カルテや予約ノートなどはスタッフ全員で使うものなので、いつ、誰が見てもどこにあるかわかるよう、店で決められた位置にきちんと戻すようにします。

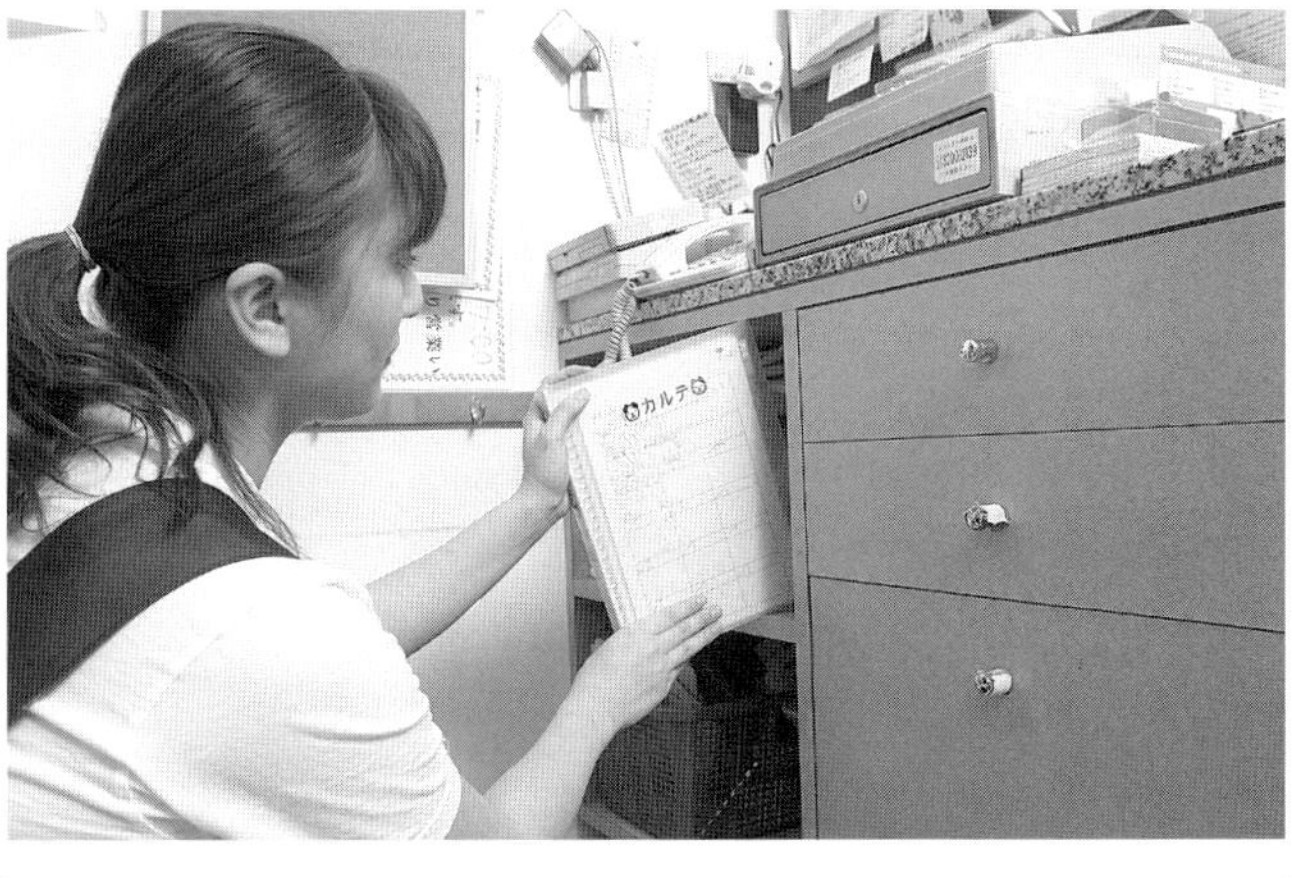

16. 送り方の手順

お客さまの家にペットを送っていく場合

お客さまが店にお迎えに来る場合と違うのは、おつりなど必要なものを店から用意していかなければならないことと、その場でカットの修正ができないことです。店を出る前に持ちものをきちんと確認し、忘れものがないようにしましょう。また、お客さまの要望や質問にどう答えてよいかわからない場合は、メモをして店に持ち帰り、確認してからお客さまに連絡するなどの工夫をしましょう。

1 カルテを確認

カルテを確認し、トリミングの内容、健康状態で気になったことなど、お客さまに伝えることを確認します。大切なことを伝え忘れないよう、簡単なメモにまとめておくと良いでしょう。必要な場合は、お客さまに電話で到着時刻を連絡しておきます。

2 返却物を確認する

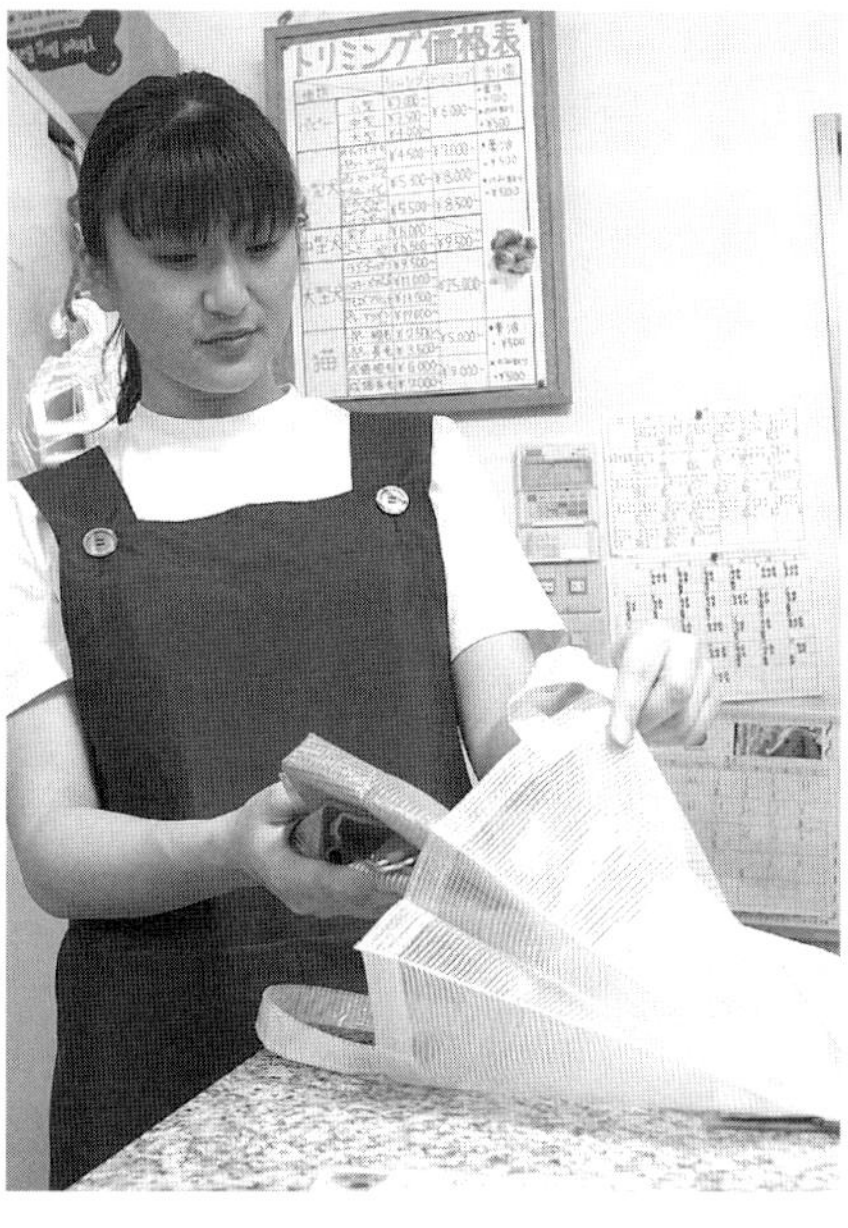

首輪やアクセサリーなどは犬に付けておきますが、洋服はお客さまのチェックが済むまで着せないのが基本。洋服はきちんとたたんで返却します。小型犬の場合、お客さまからケージを預かっているかどうかも確認しましょう。

3 おつりを用意する

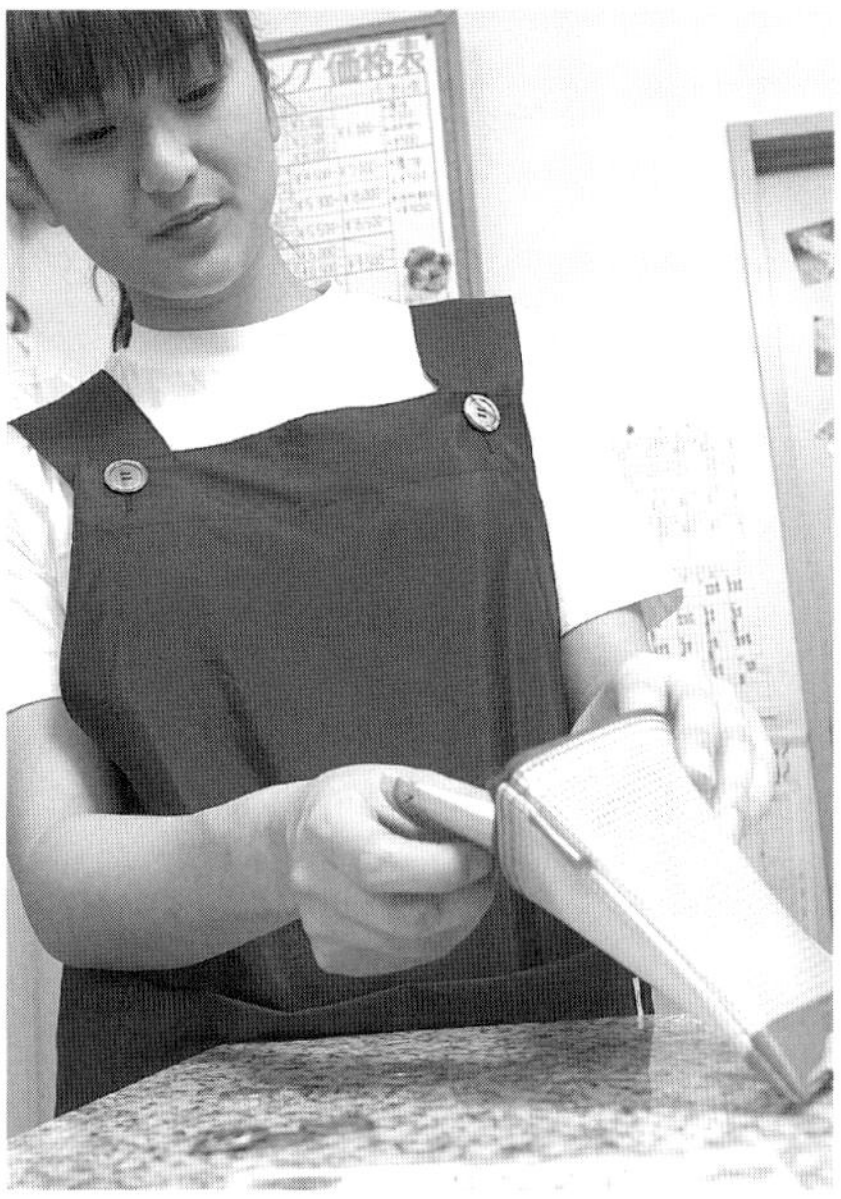

カルテを見てトリミング料金を確認し、おつりを用意します。1万円札で支払われてもおつりが不足がしないよう、金額に合わせて小銭も十分に用意しておきます。

4 領収書を準備する

領収書が必要かどうかは、受付時や送迎の連絡時に電話で確認しておくと良いでしょう。必要な場合は、宛名、金額、但し書きを正しく書き込み、捺印しておきます。領収書は不要と言われた場合も、念のため白紙のものを持参しましょう。

5 ケージを清掃

犬を入れて運ぶケージに消毒液をスプレーし、拭き掃除をします。店のケージを使う場合だけでなく、お客さまから預かったケージの場合も、犬を入れる前には同様に消毒するようにします。

6 持ちものを確認する

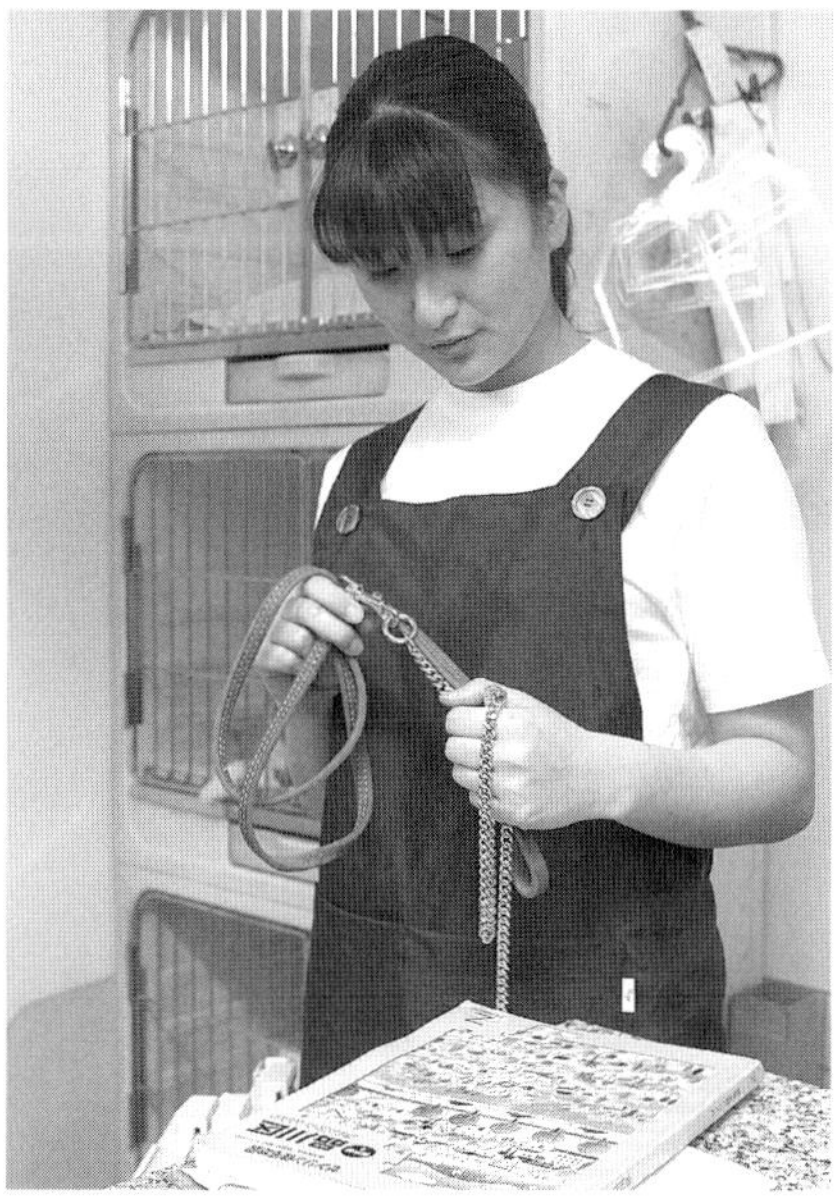

持ちものを確認します。お客さまに返却する洋服、ケージなどのほか、おつり、領収書、メモと筆記用具、タオル、新聞紙、予備のリード、排泄物処理袋、道路地図なども忘れずに。また、お渡しする前にスタイルを整えられるよう、コームも持っていくと便利です。

7 ケージに入れ車へ

犬を軽くコーミングし、ケージに入れます。ケージに入れる際は犬にリードを付け、リードの端はケージのフレームなどに巻き付けておきましょう。車に積み込む際は、ケージが車内で動かないように注意します。

8 車から家へ運ぶ①

お客さまの家についたら、ケージに入れたまま玄関へ運びます。ケージの持ち運びは慎重に。小さなケージでも必ず両手で持ち、揺さぶったり、乱暴に地面に下ろしたりしないようにします。

9 車から家へ運ぶ②

なかには、犬をケージに入れるのを嫌う飼い主さんもいます。その場合は、車内でケージから出してリードを付け、玄関まで抱いて運ぶようにします。逃げ出しを防ぐため、リードの輪の部分に、必ず腕を通しておきましょう。

10 犬にリードを付ける

大型犬の場合

お客さまから預かったリードを付け、逃げ出しを防ぐため、さらに予備のカラーとリードを付けます。リードは、輪の部分に手を通し、2本まとめて短く持ちます。車の中では、決められた場所にしっかりとリードを結び付けておきます。

11 インターフォンであいさつ

お客さまの家に着いたら、門の外や玄関などのチャイムを鳴らします。相手が出たら、「こんにちは、ペットサロン○○の□□です」のように店名と自分の名前を名乗ってあいさつをします。

12 玄関で犬を渡す

玄関で改めてあいさつをし、お客さまに犬を渡します。お客さまから預かったケージなら室内の床、店から持参したケージなら玄関のタタキにそっと置き、しゃがんで犬を抱き上げ、お客さまに手渡します。

13 玄関で犬を渡す

大型犬の場合

玄関で改めてあいさつをし、2本ついているリードのうち、お客さまから預かったほうを手渡します。お客さまがしっかりリードを握ったことを確認してから、予備のカラーやリードを外します。

14 返却物を手渡す

洋服など、お客さまから預かっていたものを手渡します。お客さまがトリミングの仕上がりを確認するまで洋服は着せないのが基本ですが、お客さまの希望があれば、服を着せておくこともあります。

15 仕上がりのチェック

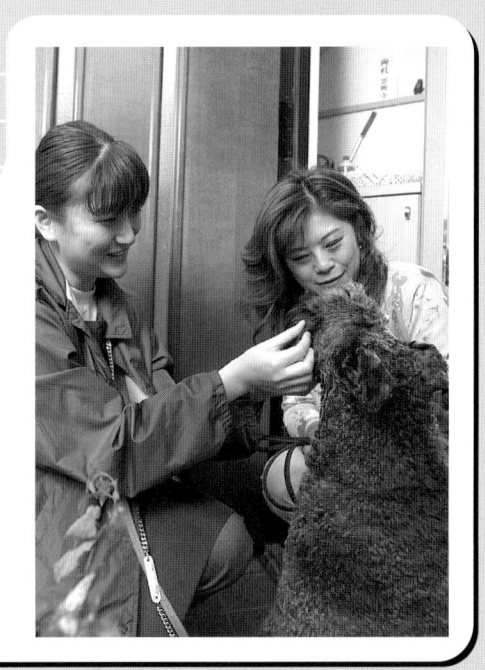

「いかがですか？」などと声をかけ、トリミングの仕上がりをチェックしてもらいます。抱いた状態でわかりにくい部分は、犬を床に立たせて確認してもらうようにしましょう。

16 問題点があればメモを

送迎の場合、その場でカットを修正することができません。お客さまが気になるところがある場合は内容を具体的に聞いておきます。要点はできればメモをとり、店へ戻ってから必要事項をカルテなどに書き写しておきます。

17 健康状態を報告

犬の健康状態などについて、トリミング中に気づいたことがあれば、お客さまに報告します。持参したメモを確認し、「いつもより耳が汚れていました」など、正確に、具体的に伝えましょう。

18 お会計

金額を伝え、会計をします。お金は両手で受け取り、必ず声に出して預かり金額を確認します。店で会計する場合は、おつりを渡すまで預かり金を見えるところに置いておきますが、送迎の場合は、金額を確認した後、しまってからおつりを渡してかまいません。

19 おつりを渡す

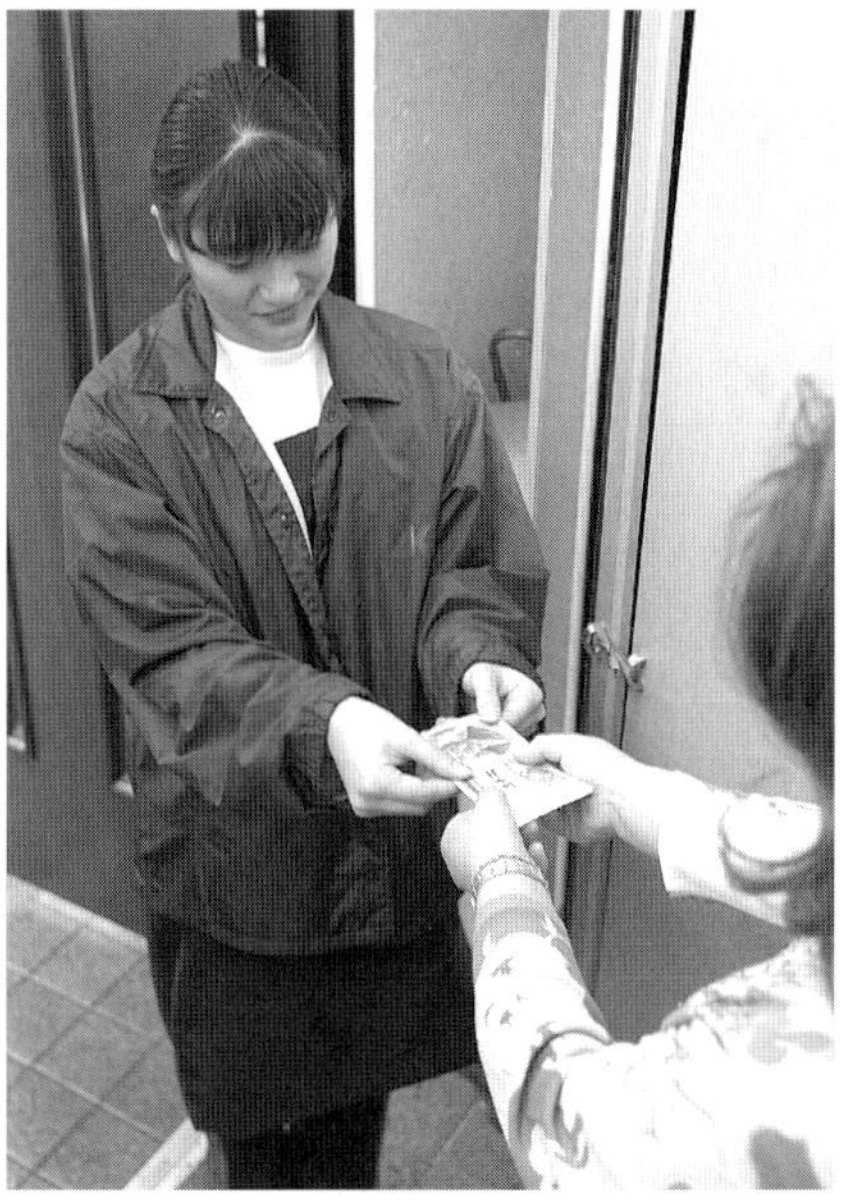

おつりは正確に数え、「３００円のお返しです」のように金額を確認しながら渡します。小銭を渡すときはお金が下に落ちないよう、お客さまの手の下に片方の手を添えるようにしましょう。領収書が必要な場合は、おつりと一緒に渡します。

20 あいさつをして退去

会計が済んだら、「ありがとうございました」「またお電話お待ちしております」などとあいさつをして退去します。ドアを開けて外に出たら、体の向きを変えてお客さまの方を向き、「失礼します」などとあいさつしてからそっとドアを閉めます。

21 車内の整頓

店に戻ったら車内を元通りに整とんし、簡単に掃除をしておきます。毛クズやゴミはホウキなどで掃き集め、ゴミ袋に入れて捨て、その後、床や壁などに消毒液をスプレーして拭き掃除しましょう。

22 報告とカルテの記入

店内に戻ったら先輩スタッフや責任者に送迎が終わったことを報告します。その際、メモを確認して、お客さまから要望があったことなども伝えておきましょう。報告が済んだら、カルテに必要事項を記入し、決められた位置に戻しておきます。

ケース スタディ 2

接客トラブル回避術

こんなとき、どうする？

ショップにはいろいろなお客さまが来店します。なかには「ちょっと困ったお客さま」もいるでしょう。実際の仕事の場面では、マニュアル通りの接客だけでは対応しきれない場合もあります。お客さまに満足していただき、さらにショップの仕事をスムーズに進めるためには、臨機応変に対応することが大切です。

ケース3 話好きのお客さまが帰らない

トリミング後のお迎えに来た常連のお客さまが、長話を始めてしまって、会計が済んでもなかなか帰ってくれません。どうすればいい？

対処法

A：ほかの用事があるふりをする

用件の済んだお客さまがいつまでもスタッフと話していると、ほかのお客さまに迷惑がかかることがあります。話がどうしても終わりそうにない場合は、「申しわけありませんが、●時からトリミングの予約が入っておりますので」などと言って、その場を外しましょう。それをきっかけにお客さまが帰る場合は、ていねいにお見送りをします。

B：先輩スタッフがフォローを入れる

長話のお客さまにつかまっている状況に気づいた先輩スタッフや責任者が、「いつもありがとうございます」などと話に加わってくれることがあります。その場合は、お客さまが先輩スタッフなどと話を始めたところで「失礼します」とあいさつし、場を外しましょう。

ケース4 お客さまの希望がわからない

トリミングのお客さまに、「適当にお願いします」と言われました。「適当」と言われても、後でクレームをつけられたら困るし……。

対処法 **具体的な方法を提案する**

「適当に」と言われたからといって、自分だけの判断で勝手に進めてはいけません。「適当」とは言っても、お客さまには、必ずそれなりのイメージがあるはず。仕上がりがお客さまの想像していたものと違うと、後から「イメージと違う」と苦情を言われる可能性もあります。

まずは十分に話し合い、お客さまの漠然としたイメージを具体的なものに変えていく必要があります。たとえば、「かわいらしい感じがお好みなら、口ひげは短かめが良いと思います」や、「肢を太めにすると、子犬のような感じになります」など、具体的な提案をし、最終的な判断はお客さまにしてもらいましょう。写真入りのスタイル集や雑誌などがあれば、似ているものを見せながら説明すると良いでしょう。

17. トラブル発生時の対処法

作業中に事故などを起こしたら

どんなに気をつけていても、トリミング中に事故が起こる可能性はつねにあります。お客さまのペットにケガをさせるなどの事故を起こした場合、大切なのは、事実を報告して誠実に謝罪すること。「たいしたケガではない」などと勝手に判断し、隠したりごまかしたりしてはいけません。まずは責任者や先輩スタッフに報告し、その後は指示に従って、落ち着いて対処しましょう。

1 事故はすぐに報告

トリミング中にペットの皮膚を切ってしまった、などの事故があった場合、作業を中断してすぐに責任者や先輩スタッフに報告します。どんなに小さなことでも、「このぐらい大丈夫」などと勝手に判断してはいけません。

2 指示に従って事故処理

報告した後は、責任者や先輩スタッフの指示に従って事故を処理します。ケガをさせた場合は、傷口の応急手当てなどをするほか、ケガの程度によっては病院へ連れていくこともあります。

3 お客さまに連絡する

すぐにしなければならない処理をすべて済ませ、お客さまに状況説明ができるようになったら電話連絡をします。どのような状況であっても事実を正確に報告し、きちんと謝罪します。

4 謝罪と事後処理

ちょっとした事故の場合は、送迎のときなどにお客さまに報告します。その時点で犬に異常がなくても、事故を隠さないこと。誠意を持ってお客さまに謝罪し、責任者の指示に従って対処するようにしましょう。

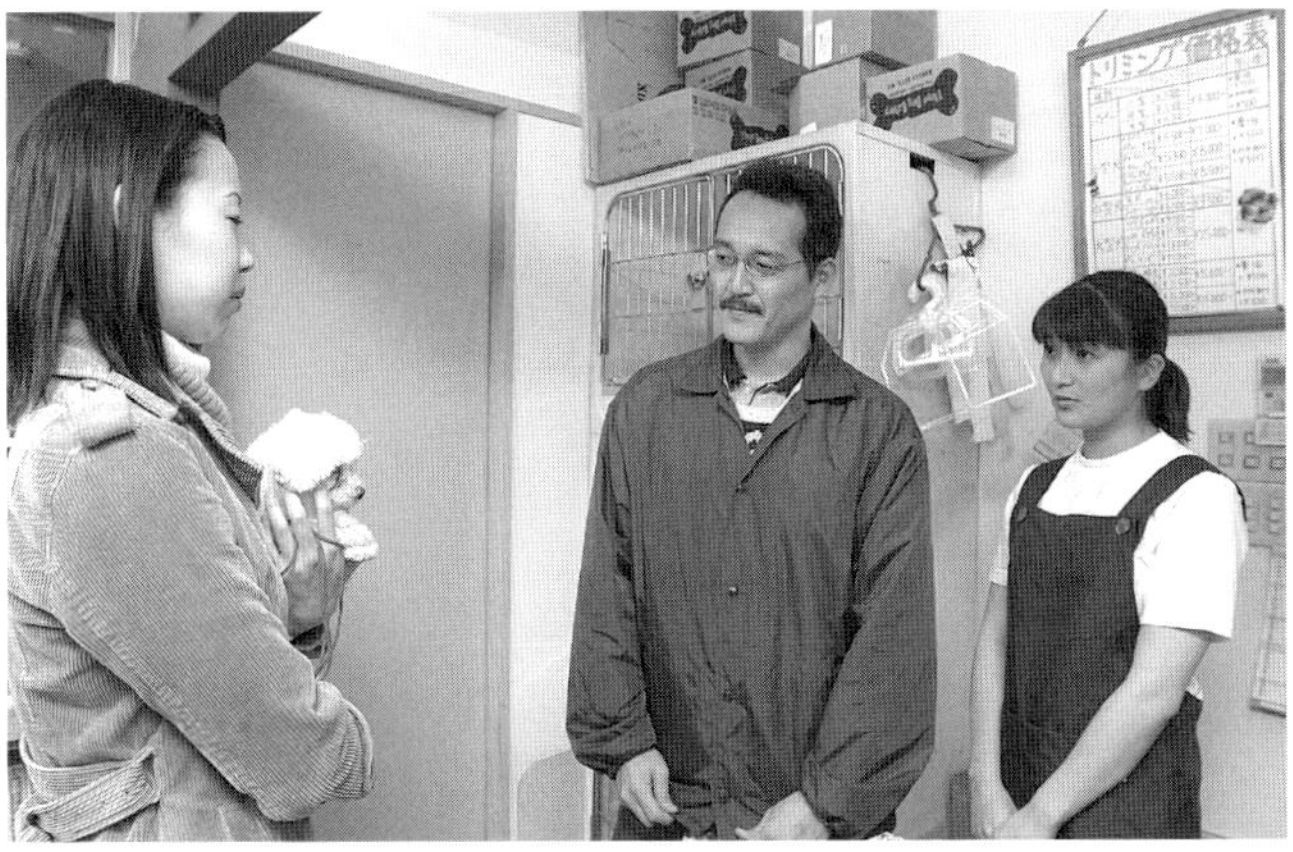

18. クレームや質問への対応

お客さまからの苦情・質問への答え方

お客さまからの苦情や質問に対応する際、最も大切なのは、お客さまの要求をきちんと聞き、相手に納得してもらえる処理をすることです。お客さまが機嫌を損ねているからとむやみに謝ったり、その場を収めるためにいい加減な返答をしたりするのは良くありません。ショップ全体のイメージや信用に関わってくることも多いので、苦情の場合はひとりで対応せず、責任者に取りつぎましょう。

1 用件をきちんと聞く

お客さまの話は、途中でさえぎったりせず最後まで聞くこと。お客さまが知りたいことは何か、クレームの場合、何に対して苦情を述べているのかを正しく理解することが大切です。必要なら、話を聞きながら要点をメモしておいても良いでしょう。

2 答える前に確認を

お客さまの質問には、正確に答えます。たとえば特定の商品の入荷予定日などを聞かれた場合、「近いうちに入る予定です」とあいまいに答えてはダメ。入荷日を確認してから、「〇日の午後にはご用意できます」などと具体的に答えるようにします。

3 担当者などに取りつぐ

自分だけで対処できない質問やクレームは、「担当者を呼んでまいりますので、少しお待ちください」などと断り、担当者に取りつぎます。クレームの場合は、責任者にも取りつぐのが基本です。

4 クレーム内容を伝える

担当者や責任者には、お客さまのクレームの内容を手短に、正確に伝えておきます。このときの会話は人に聞こえないように注意。「少しよろしいですか」などと声をかけ、ほかのお客さまの目の届かないところへ移動して話をしましょう。

5 責任者とともに説明

自分がクレームの当事者だった場合、責任者とともにお客さまの対応に当たることもあります。対応は、基本的に責任者に任せますが、事情説明などを求められたらきちんと答えましょう。

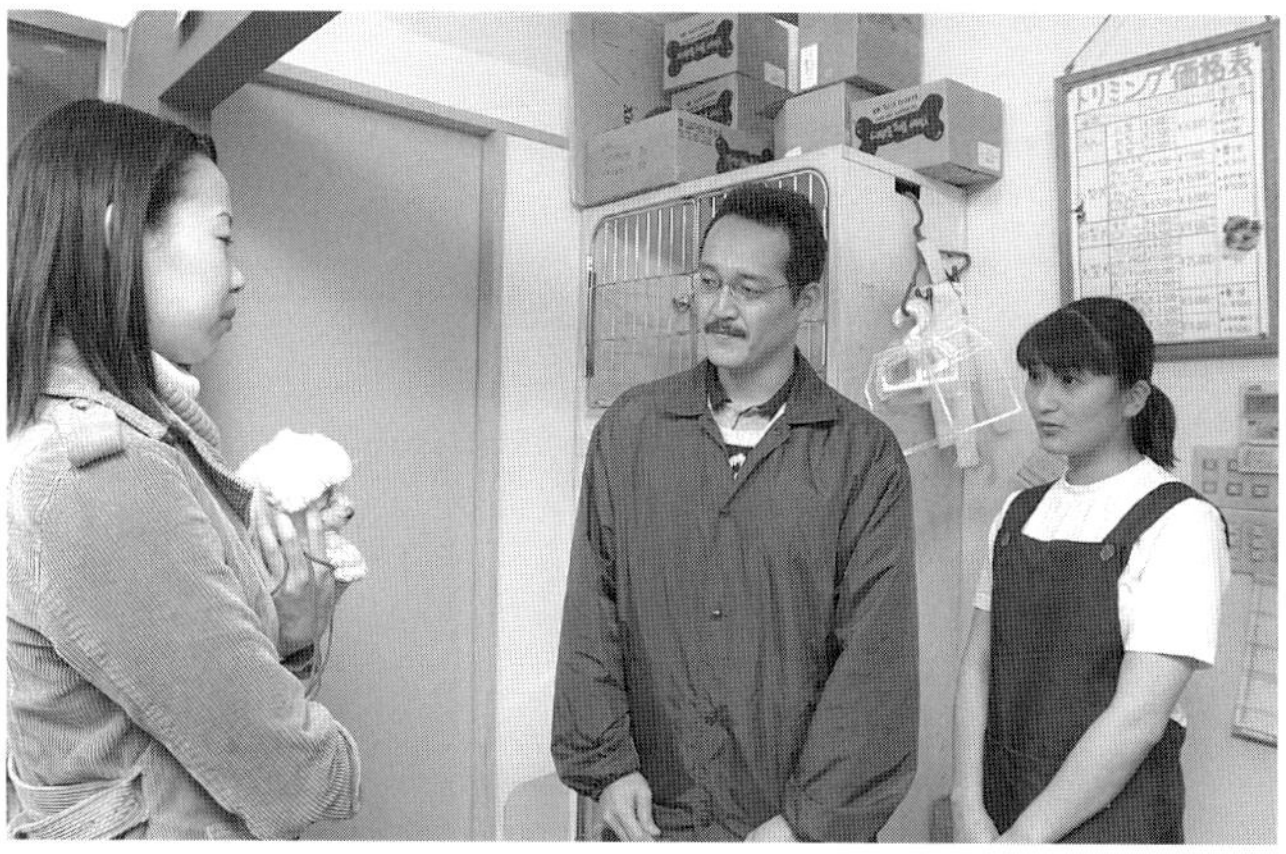

6 説明は具体的に

たとえば「カットの仕上がりがイメージと違う」などのクレームの場合、「元の毛が短かったため、このようなスタイルになりました」など、落ち着いて具体的に説明しましょう。

7 必要な処理とお詫び

犬にケガをさせたなど、店側に責任がある場合はていねいにお詫びをします。ただし、お客さまの言い分が理不尽な場合、むやみに謝ってはいけません。のちのち、さらに大きなトラブルを招かないためにも、責任者を通して、適切に処理することが大切です。

8 お見送り

クレームをつけてきたお客さまの場合、話し合いがどのような形で終わっても最後までていねいにお見送りをします。責任者の指示があれば、必要に応じて後日電話などでアフターフォローをしましょう。

ワンポイントコラム

お客さまに不快感を与える言葉づかいや態度

自分では何気なく使っている言葉や、ちょっとした仕種などが、お客さまに不快感を与えていることがあります。自分の言葉づかいや接客の際の態度を、改めてチェックしてみましょう。

●注意したい言葉づかい

①**否定的な表現**
「できません」、「ありません」など
②**いい加減な印象を与える表現**
「一応」、「たぶん」、「とりあえず」など
③**あいまいな表現**
「後日」、「そのうち」など
④**押し付けがましい表現**
「～はおわかりですよね？」など
⑤**若者言葉**（→の右が正しい表現）
「よろしかったでしょうか？」→「よろしいでしょうか」

「本店のほうに確認します」→「本店に確認します」
⑥**専門用語の多用**
お客さまとの会話では、「後肢のアンギュレーション」→「後ろ肢の角度」など、一般の人にもわかる言葉に言い換える　など

●注意したいしぐさや態度

①やたらと髪をさわる
②爪をかむ
③舌打ちをする
④上目づかいや横目でにらむように見る
⑤キョロキョロする
⑥「ハイハイ」など、2度繰り返して返事をする
⑦いい加減に謝って済ませようとする
など

19. 閉店から退社まで

閉店後にしておくべきこと

閉店後に行う作業は、基本的に開店前の作業と同じです。店内の清掃や犬、猫の世話などを手分けして効率良く進めましょう。また、ミーティングは、スタッフ間の連絡や仕事内容の確認などを行うためのもの。ダラダラと長引かないよう、質問や意見は事前に要点をまとめておき、手短に述べるようにしましょう。退社時には「お先に失礼します」、「お疲れさまでした」のあいさつを忘れずに。

1 清掃と生体の世話

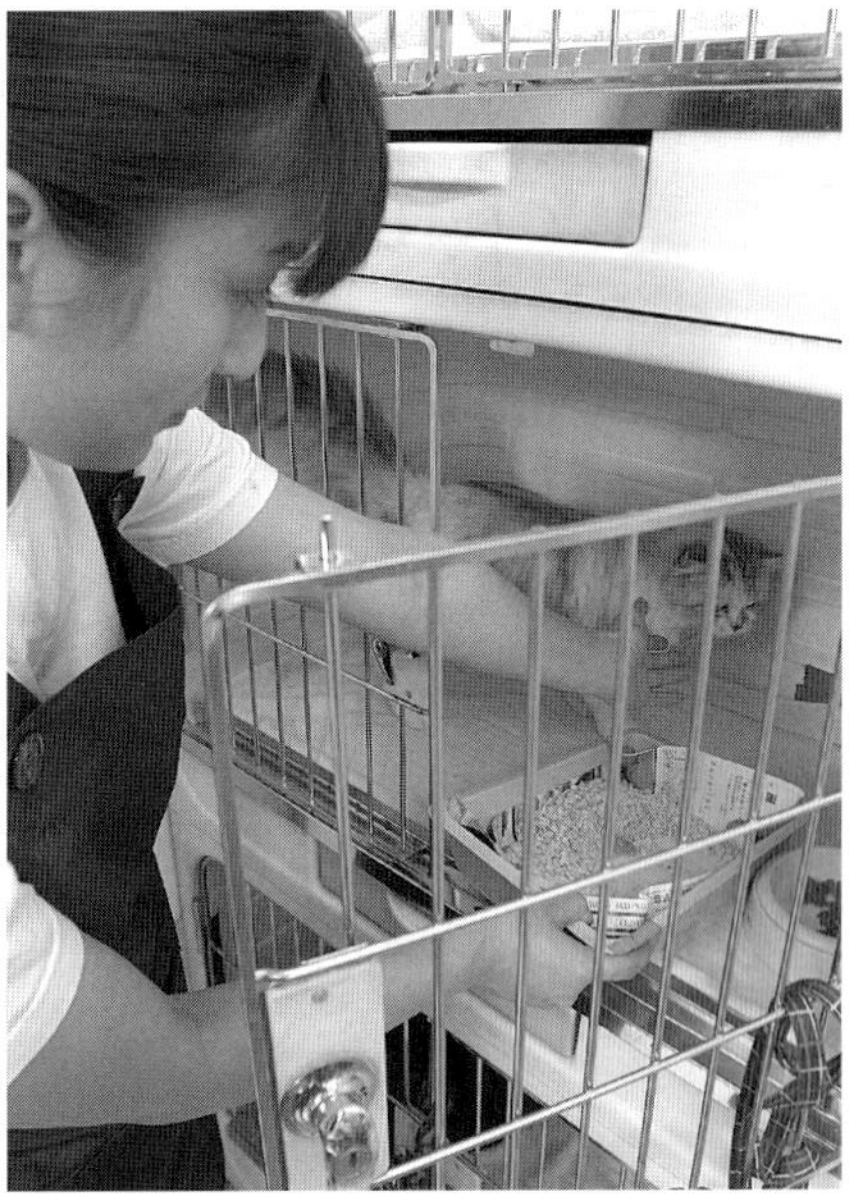

開店前と同じ手順でケージを清掃します。犬には運動をさせ、その後、食事と水を与えます。その際も、1頭ずつ様子をよく見ておき、気になることがあったら先輩スタッフなどに報告します。

2 店内の清掃

開店前と同じ手順で店内を清掃します。翌日の開店前の作業を手早く済ますことができるよう、ていねいに掃除しておきます。同時に、窓や扉などの戸締まりも確認しておくと良いでしょう。

3 ミーティング

その日の仕事の内容や流れをスタッフ全員で確認します。短時間で効率良く済ませるため、ミーティングで報告することや質問したいことは事前に要点をまとめておきます。仕事のポイントやほかのスタッフの意見など、必要なことはメモをとっておきましょう。

4 退社

仕事がすべて終わったら、タイムカードを押して退社します。まだ店内に残っているスタッフには「お先に失礼します」とあいさつを。自分より先に帰るスタッフから「お先に失礼します」とあいさつされたら、「お疲れさまでした」と答えましょう。

5 報告は指示者に

指示された仕事が終わったら、「トリミング・ルームの清掃が終わりました」のように、完了の報告をします。報告は、必ずその指示を出した人に直接行うこと。どんな小さな仕事でも、やり終えたら必ず報告する習慣をつけましょう。

6 中間報告も大切

作業中にトラブルがあった場合、思ったより時間がかかりそうな場合などには、仕事が完了する前に中間報告をすると良いでしょう。中間報告をする場合は、その時点での状況や、なぜそうなっているかという理由などを具体的に説明します。

7 連絡はすばやく

スタッフ間で必要な連絡は、すばやく確実に行うことが大切です。スタッフ全員に伝える必要がある場合には、書面にして掲示、回覧すると確実。接客中に緊急の連絡が必要な場合などには、メモを活用しましょう。

8 外出先からも連絡を

外出が長時間に及ぶ場合には、外出先から店に連絡を入れるようにしましょう。また、何らかの事情で帰社時刻が予定より遅くなりそうな場合も、できるだけ早く連絡を入れましょう。

9 わからないことは相談

仕事中、わからないことがあったら、手が空いている先輩スタッフなどに相談します。知らないことを勝手に判断したり、ひとりで解決しようと無理をしたりすると、周りに迷惑をかけてしまうこともあります。

10 自分の考えをまとめる

誰かに相談する場合は、まず自分の考えを整理しておくことが大切。わからない点、判断に迷う点などをメモにまとめておき、必要なことを具体的に話し合うようにしましょう。

2. 手が空いているときは

仕事の空き時間を有効に活用する

新人のうちは、指示された仕事が終わると、次に何をしたら良いかわからなくなることがあります。そのような空き時間には、自分から仕事を見つけて積極的に動くことが大切。掃除や備品の補充、先輩の手伝いなど、できることはいろいろあります。ただし、こうした作業は優先順位が比較的低いもの。お客さまが来店したり、先輩スタッフから別の指示があったりした場合は、そちらを優先します。

1 先輩の仕事を見る

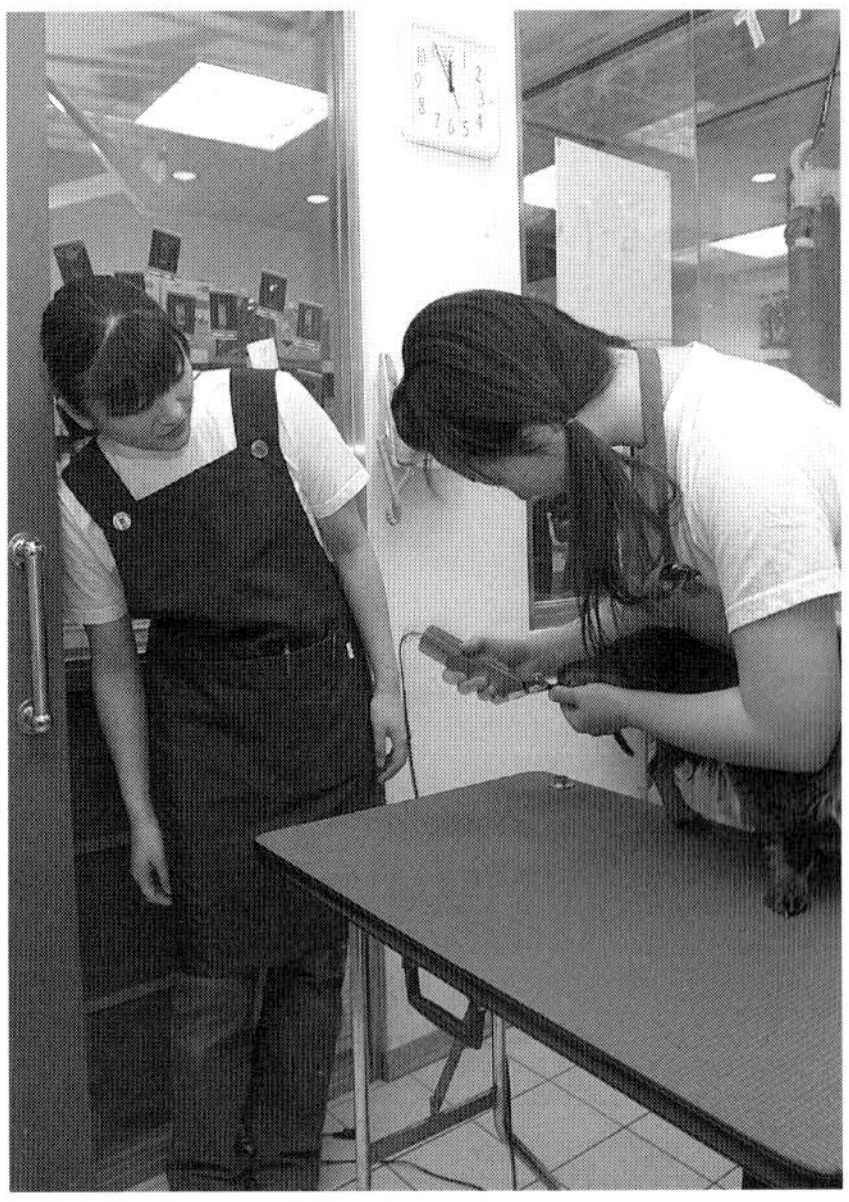

技術を身につける第一歩は、先輩スタッフの仕事をよく見ること。いろいろな先輩の犬への接し方、用具の扱い方、仕事の進め方などを観察し、学ぶべきことをできるだけ吸収しましょう。

2 進んで手伝いをする

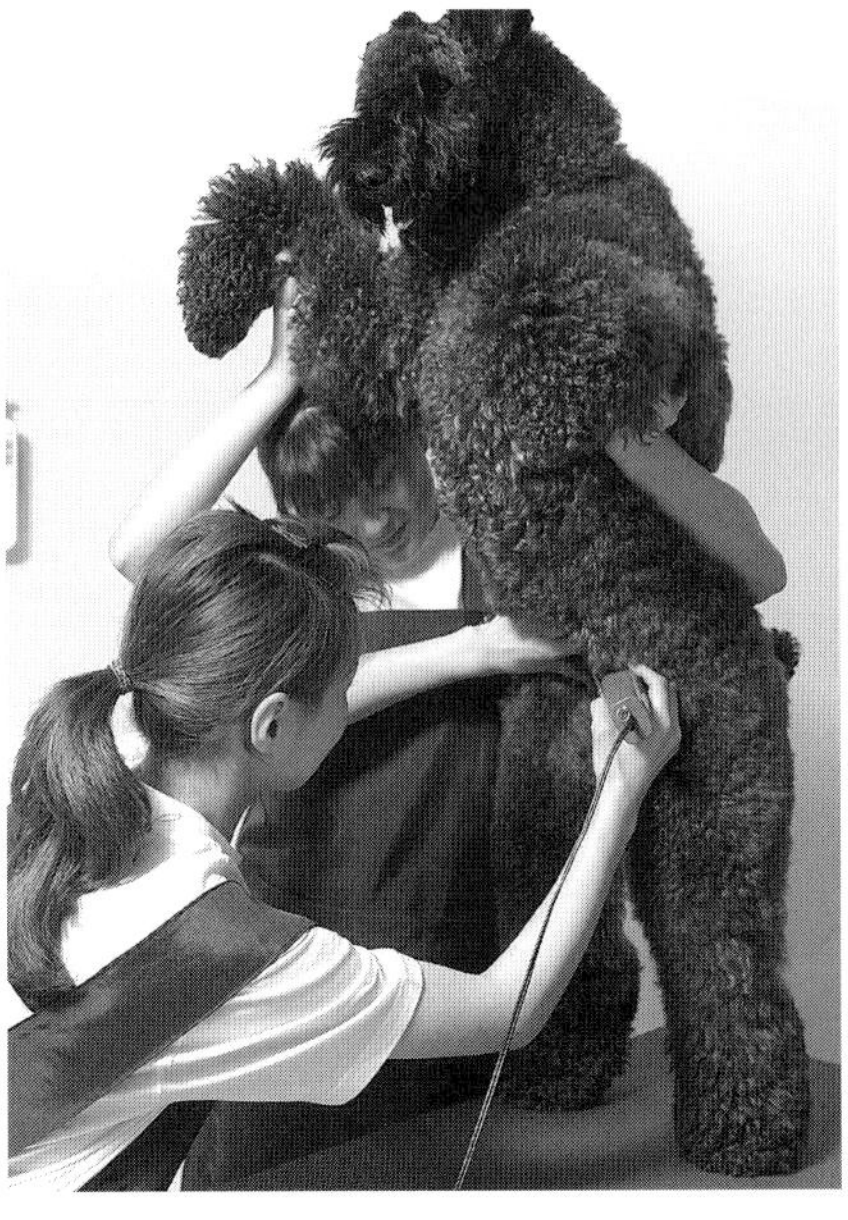

先輩スタッフが保定の補助などを必要としているときは、「お手伝いしましょうか?」と自分から声をかけます。作業の指示を待つだけでなく、できそうなことを見つけて積極的に取り組むようにしましょう。

3 状況に応じて質問する

先輩スタッフの仕事を見ているとき、質問したいことがあったらメモをしておきます。作業の区切りがついたときなどを見計らって「少しよろしいですか？」などと声をかけ、質問してみましょう。

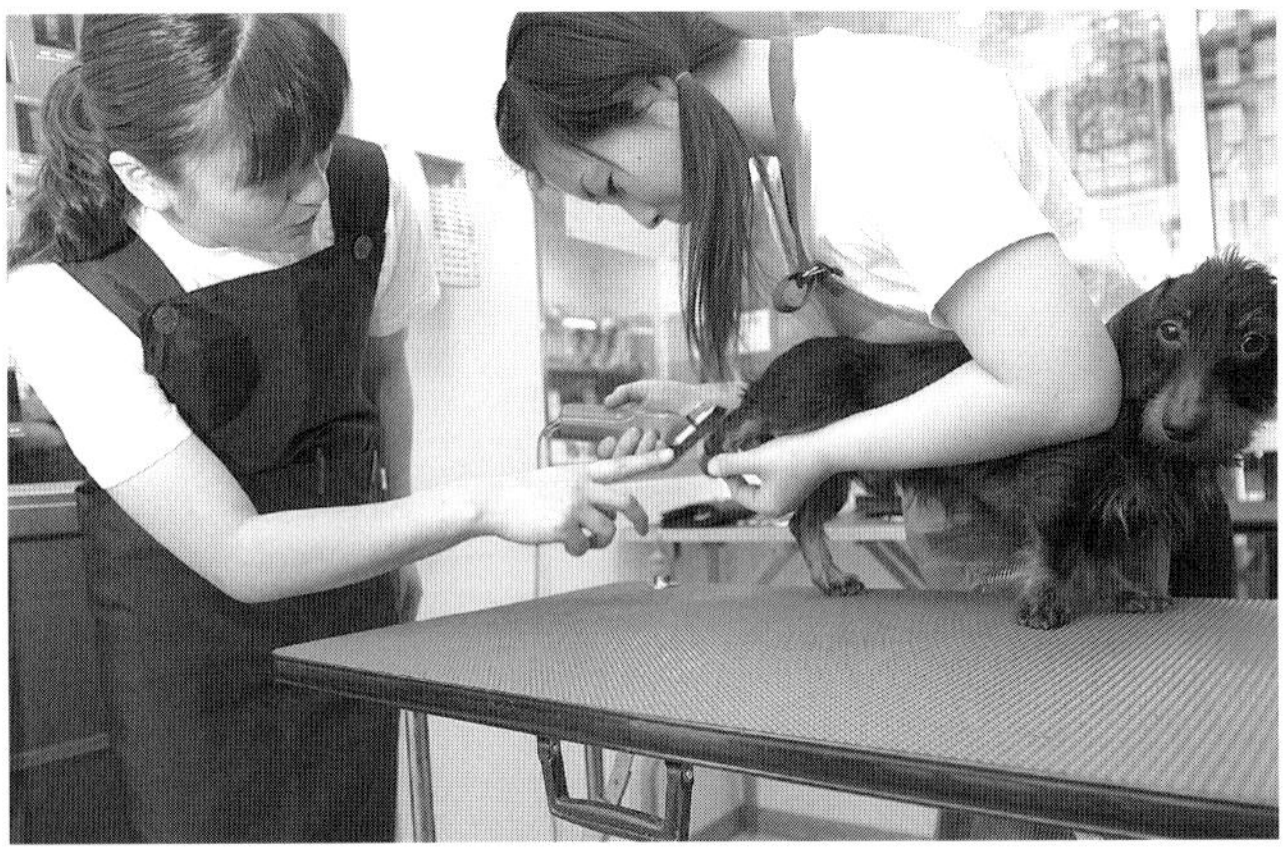

4 聞いたことはメモを

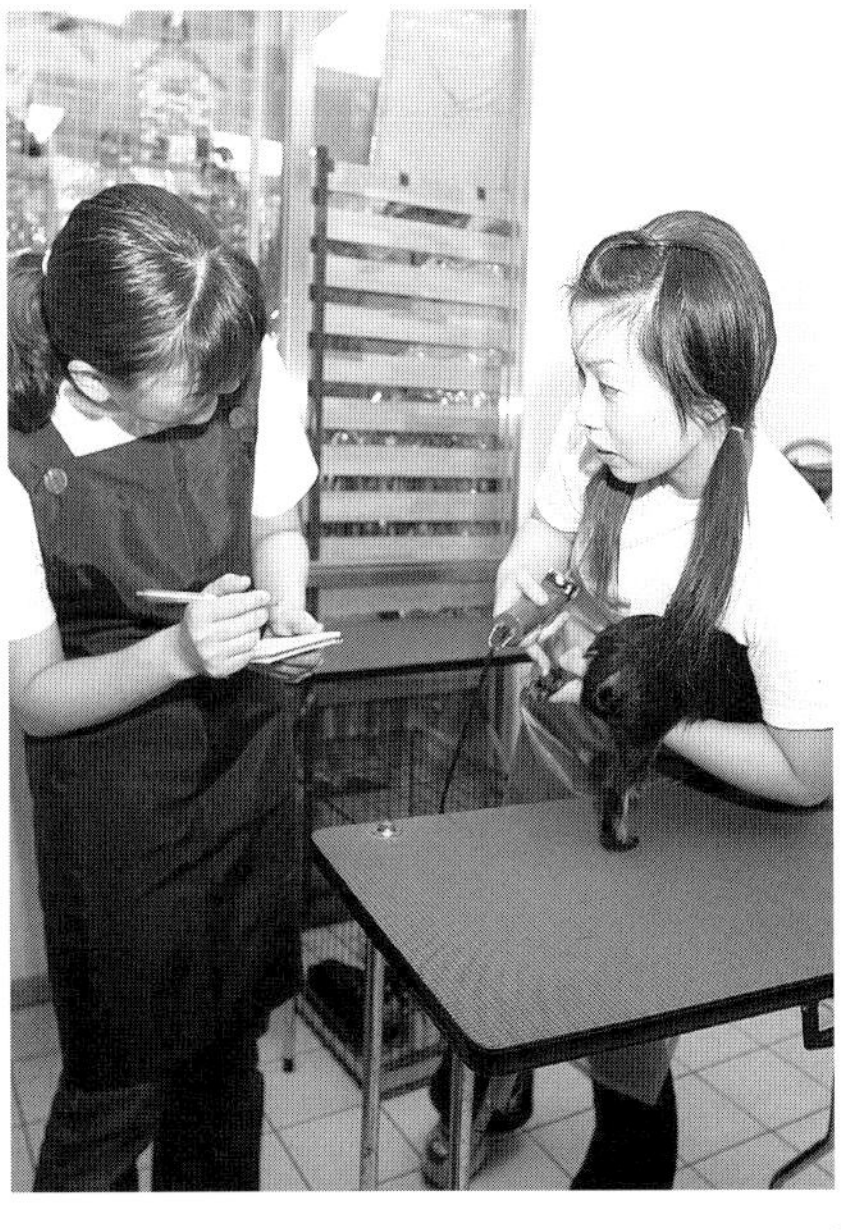

先輩スタッフに教えてもらったことは、できるだけその場でメモをとります。聞いただけでは忘れてしまうことも書くことで記憶に残り、さらに書いたものを見て後で復習することもできます。

5 床掃除はこまめに

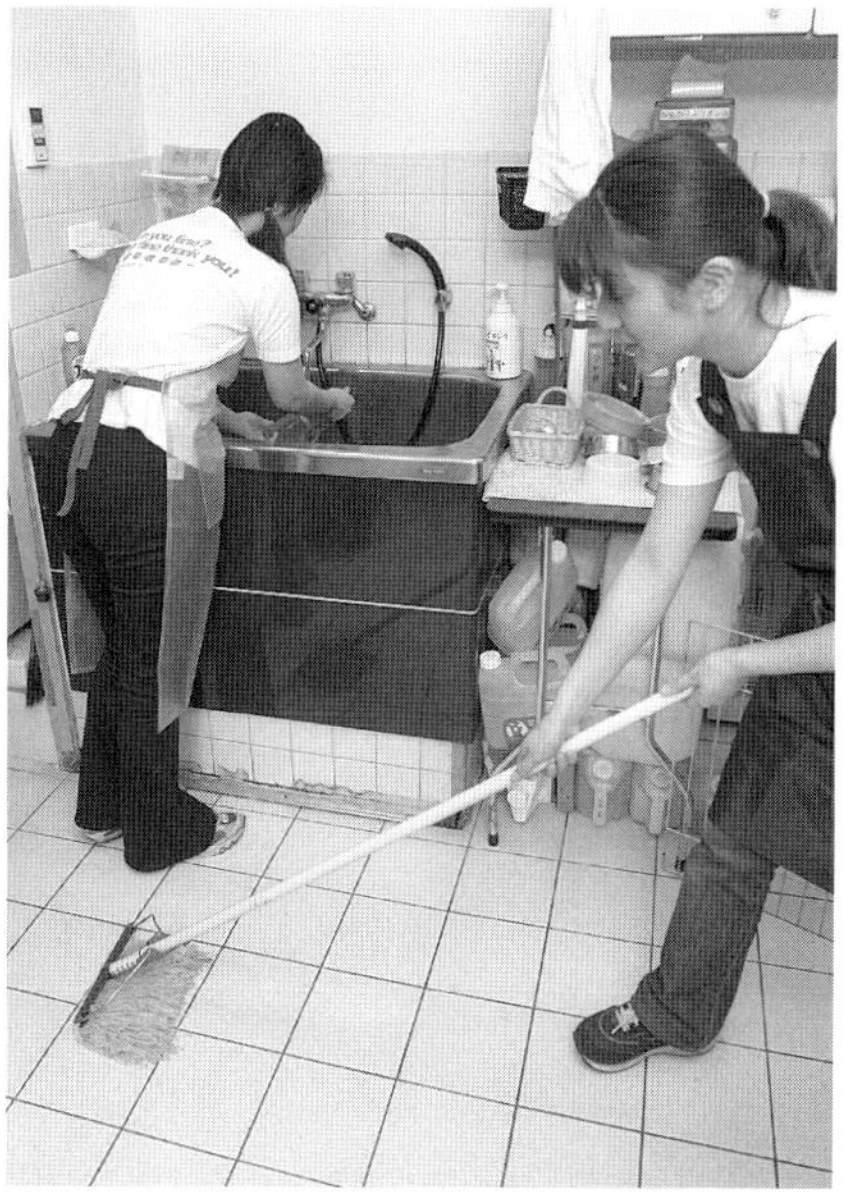

床に毛クズが落ちたり水がこぼれたりしていると、見た目が不衛生なだけでなく、滑りやすくなって危険です。手が空いているときは、こまめに床掃除をしましょう。ただし、掃除をするときは作業している人の邪魔にならないように注意します。

6 備品の補充

タオルやペットシーツ、シャンプー類などの消耗品は、ふだんからこまめにチェックする習慣をつけます。汚れたタオルが溜まっていたら洗濯し、不足している備品は気づいたときにきちんと補充しておきましょう。

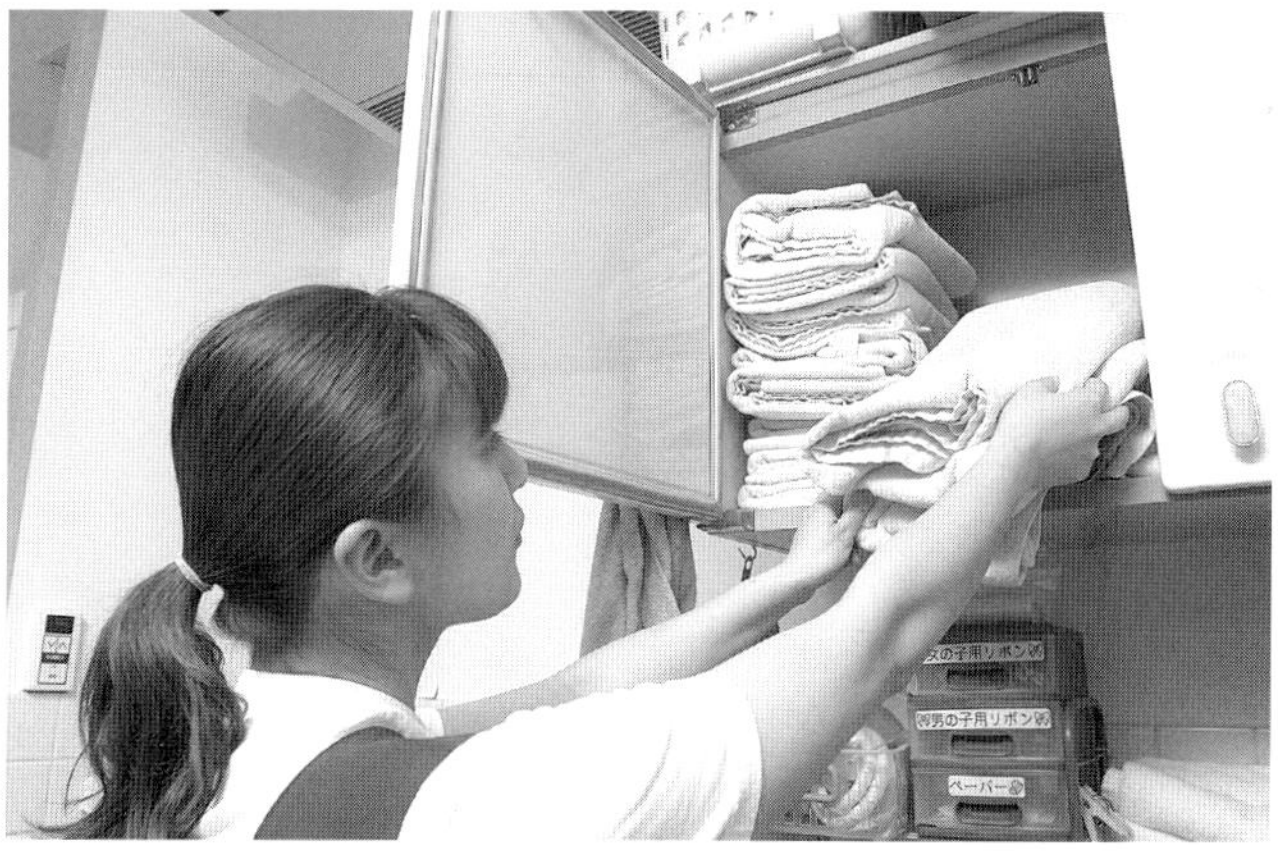

7 店内の整頓

商品をきちんと並べる、ゴミを拾うなど、店内の整頓もこまめに行います。ただし、店内にお客さまがいるときにはむやみに商品を並べ換えたりしないこと。落ち着かない雰囲気になり、お客さまが買いものをしにくくなってしまうからです。

8 犬や猫の様子をチェック

店内のケージに入っている犬や猫の様子もこまめに確認し、排泄物などに気づいたらすぐに清掃・消毒をします。とくにトリミングが終わった犬や猫は、体を汚さないように注意します。

9 リボン作り

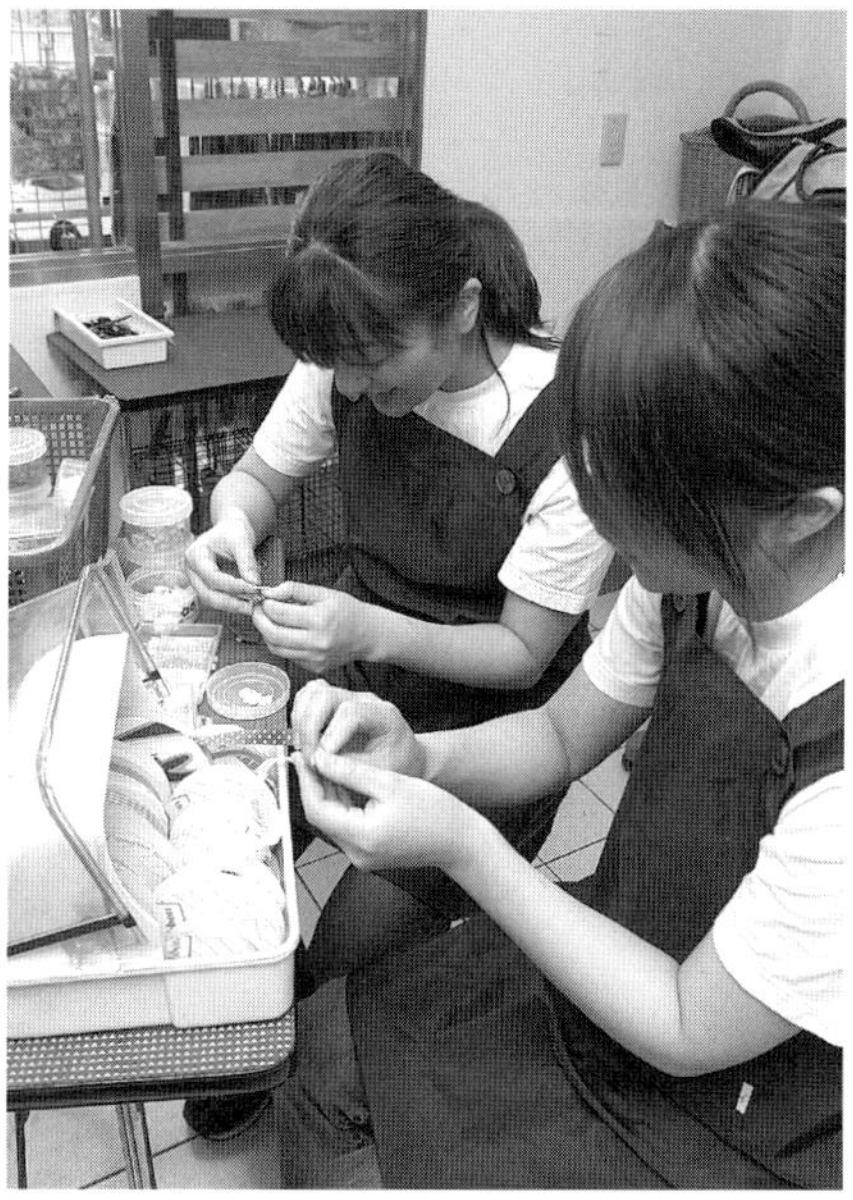

トリミングの仕上げにリボンを付けたりする場合、空き時間を利用してリボンのストックを準備します。ほかのスタッフと一緒に作業する場合も、むだなおしゃべりなどはしないように気をつけます。

10 先輩の指示を仰ぐ

指示された仕事が終わり、次に何をしたらよいかわからないときは、先輩に「何かお手伝いできることはありませんか？」などと声をかけてみます。何も言われないからとボーッとしていることのないようにしましょう。

3. 店の内外での振るまい方

つねにショップの一員としての自覚を

たくさんのお客さまが出入りするショップのスタッフである以上、仕事中は、つねにお客さまの目と耳を意識している必要があります。誰も見ていないから、聞いていないから、という油断は禁物。つねに緊張感を持ち、きちんとした態度と言葉づかいを心がけましょう。いつ、どこで顔見知りのお客さまに見られているかわからないので、店外での振るまいにも十分に気をつけましょう。

1 店内では敬語で話す

店内での会話は、たとえ親しいスタッフ同士であっても敬語を使うのが基本です。いつお客さまが来店するかわからない店内では、スタッフ同士の会話がお客さまに聞こえる可能性があることを忘れてはいけません。

2 店内での態度に注意

NG

お客さまがいつ来店するかわからず、また、店内にお客さまがいなくても、店の外から中の様子が見えることもあります。仕事中はつねに緊張感を持ち、だらしない態度や人に不快感を与える振るまいをしないように注意します。

3 犬を叱る言葉にも注意

NG

言うことを聞かない犬や猫を叱る場合、思わず強い言葉が出てしまいそうになることもあります。ただし、店内の会話はお客さまにも聞こえる可能性があるので、乱暴な言葉などを使わないように気をつけましょう。

4 犬の扱いはやさしく

犬や猫は、つねにやさしく扱います。言うことを聞かなくても、叩いたりしてはいけません。ショップ内の様子は、つねにお客さまに見られています。たとえ軽く叩いたとしても、誤解からトラブルに発展する恐れがあります。

5 こまめに手洗いを

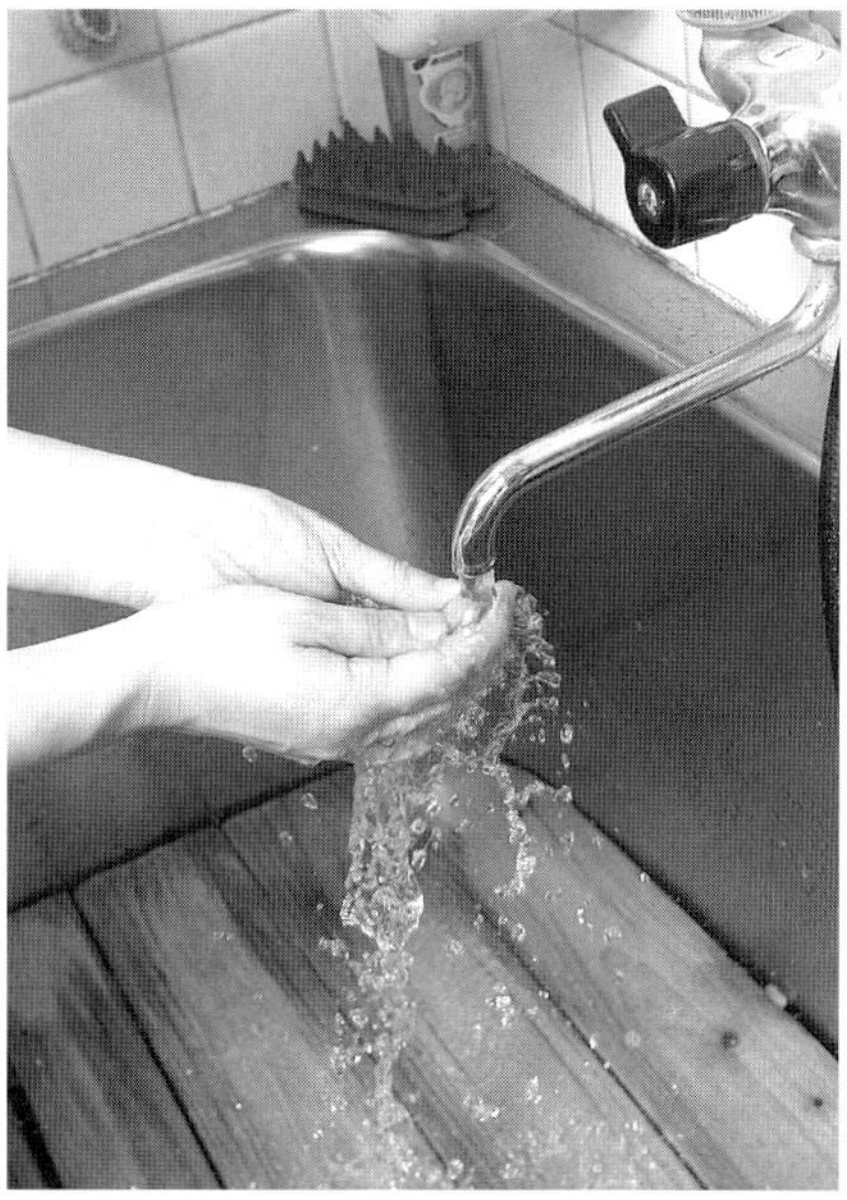

動物対動物、動物対人の感染症などを防ぐため、衛生面には十分に気を配りましょう。作業がひと段落したときや、複数の生体にふれる合間には、必ずハンドソープで爪のあいだまで念入りに洗います。皮膚病の犬や猫をさわった後には、消毒も行います。

6 ヒソヒソ話はしない

NG

スタッフ間でヒソヒソ話をしているのは、感じの良いものではありません。お客さまがいるときに業務連絡などが必要な場合は、口頭で伝えるのではなく、メモを渡すようにしましょう。

7 お客さまには公平に

店内に複数のお客さまがいるときは、すべての方に公平に接するように心がけます。常連の方だからと優先したり、なれなれしく話しかけたりすると、ほかのお客さまに不快感を与えます。

NG

8 休憩は譲り合って

食事や休憩は、スケジュール通りに取れるとは限りません。お互いに空き時間を調整し、譲り合って臨機応変に対応しましょう。休憩に入るときや戻るときは、必ずほかのスタッフに「休憩に入ります」などと声をかけます。

9 共有スペースを整頓

お客さまには見えない部分ですが、休憩室や更衣室など、スタッフのためのスペースも整理整頓が大切。全員が気持ち良く使えるよう、つねにきちんとした状態を保つようにしましょう。

10 店外でも自覚を持つ

ショップの制服を着ている場合などはとくに、周囲の人からショップのスタッフとして見られていることを忘れてはいけません。休憩中、店外いるときなどでも、態度や言葉づかいに気をつけましょう。

Ⓥ 猫のグルーミング

1. シャンプー前の手入れ

爪切り、耳掃除、ブラッシング

　トリミング・ショップのなかには、猫のグルーミングも行うところがあります。猫は体が柔らかく、動きも敏捷。犬のように保定することができず、高いところも怖がらないため、トリミング・テーブルに乗せてからも、逃げ出さないよう細心の注意を払う必要があります。グルーミング嫌いな猫の場合、爪切りなどは膝の上で行い、テーブルに乗せたらリードを付けるようにすると良いでしょう。

爪切り

1 爪を出す

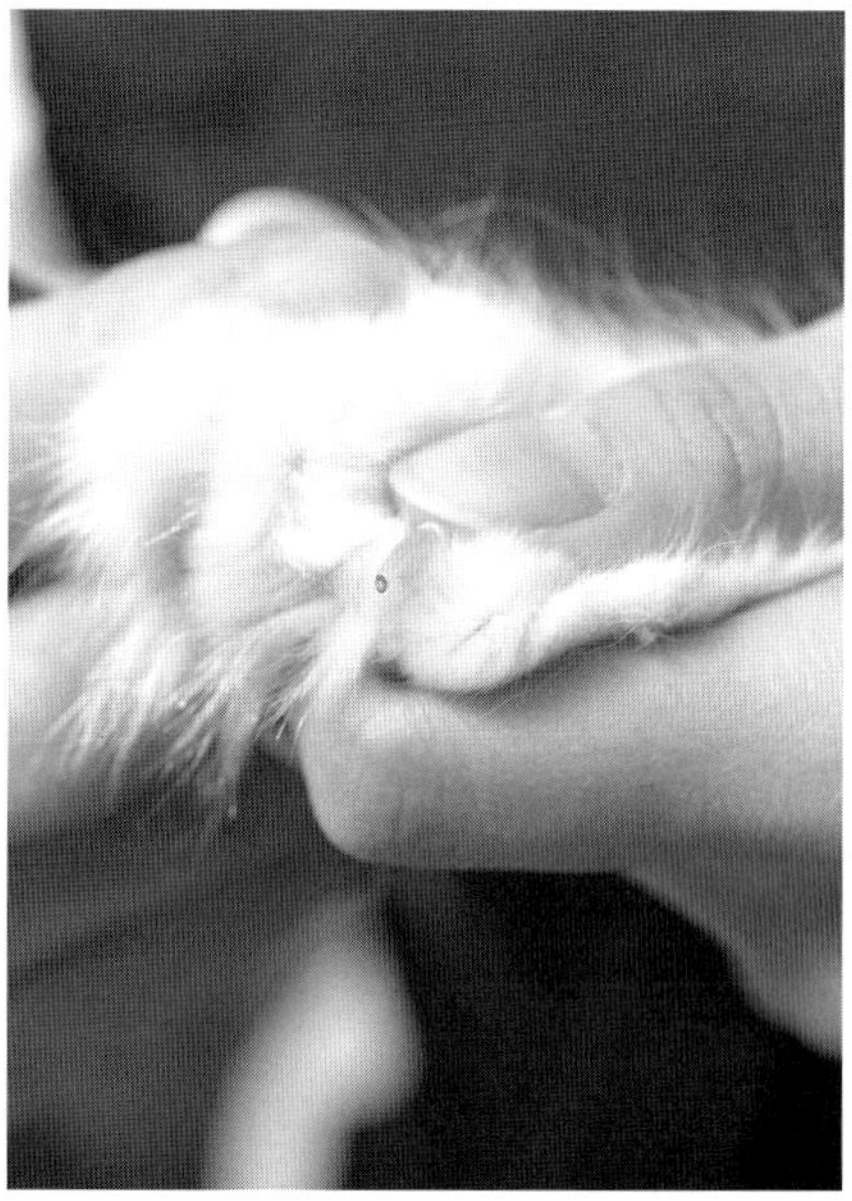

猫の場合、引っかき防止のため、爪切りは必ず前肢から行います。まず、爪の付け根のパッドを、上下から指ではさむように押し、爪を出します。猫は犬のように保定することができないので、膝の上で行うと良いでしょう。

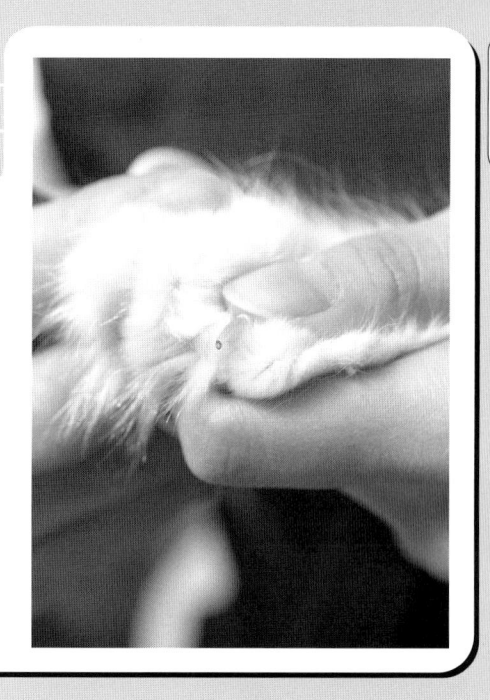

2 爪を切る

猫用のペンチ式の爪切りで、血管の少し手前までカットします。爪切りは、爪に対して直角に当てること。爪切り後、ヤスリをかける必要はありません。ペンチ式の爪切りを使うのは、ギロチン式で切った場合に比べ、爪が伸びたときに裂けることが少ないためです。

耳掃除

3 鉗子にコットンを巻く

薄くはがしたコットンの端を、鉗子の先ではさみます。はさんだ部分を指先でしっかり押さえ、鉗子をクルクルと回して、先端にコットンを巻き付けます。鉗子にコットンを巻いたもののほうが市販の綿棒より先端が柔らかいため、痛い思いをさせにくくなります。

4 ローションを付ける

鉗子に巻いたコットンにイヤーローションを付けます。イヤーローションは耳の中の汚れを取りやすくするために使いますが、耳に炎症などの異常がある場合は使用を避けたほうが良いでしょう。

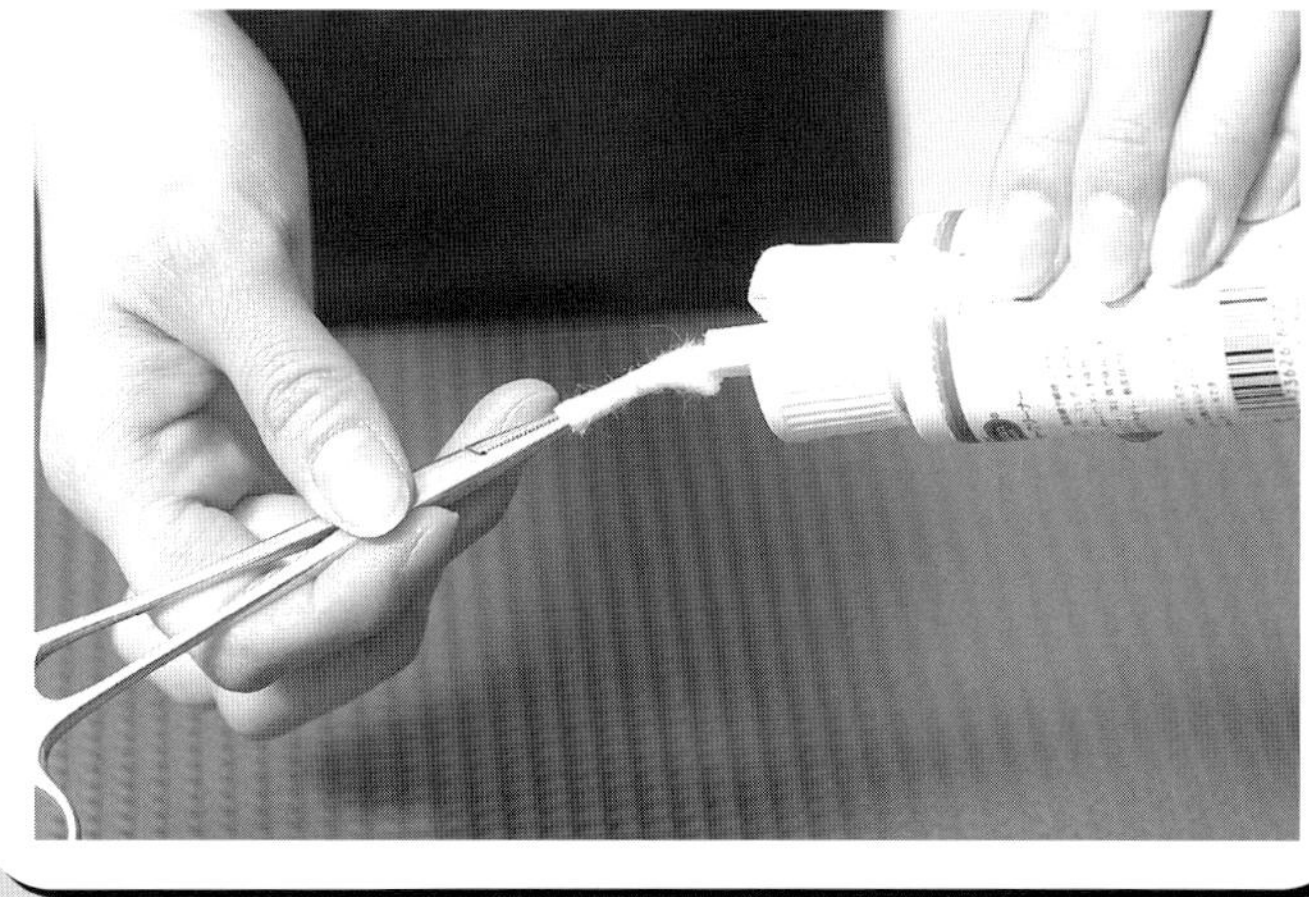

5 耳の中を拭く

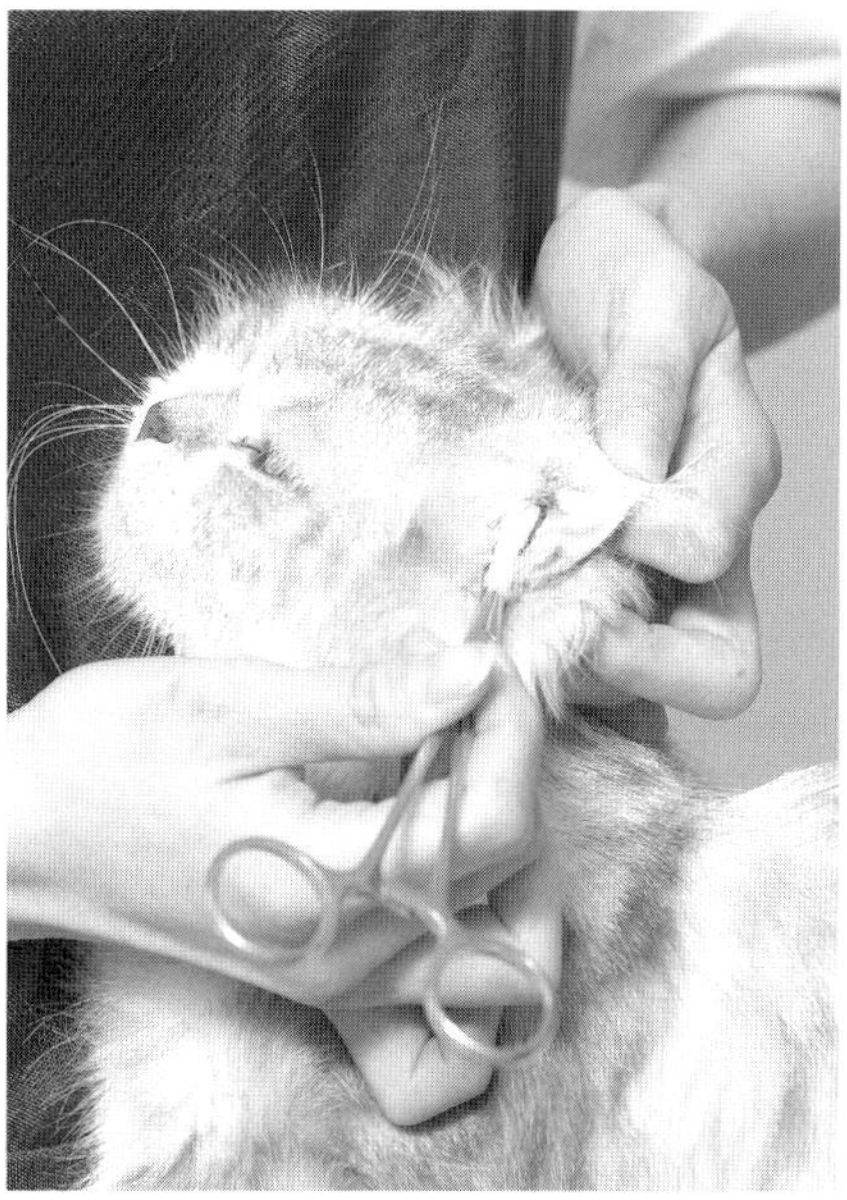

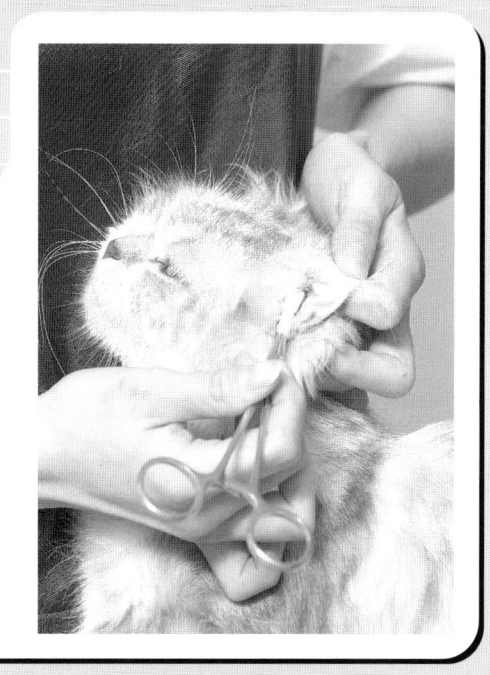

4のコットンで、耳の汚れを拭き取ります。耳の奥のほうまできれいにしますが、力を入れてこすってしまうと皮膚を傷つけてしまうことがあります。猫の様子を見ながら、力加減に注意して作業を進めます。

6 暴れるときの対処

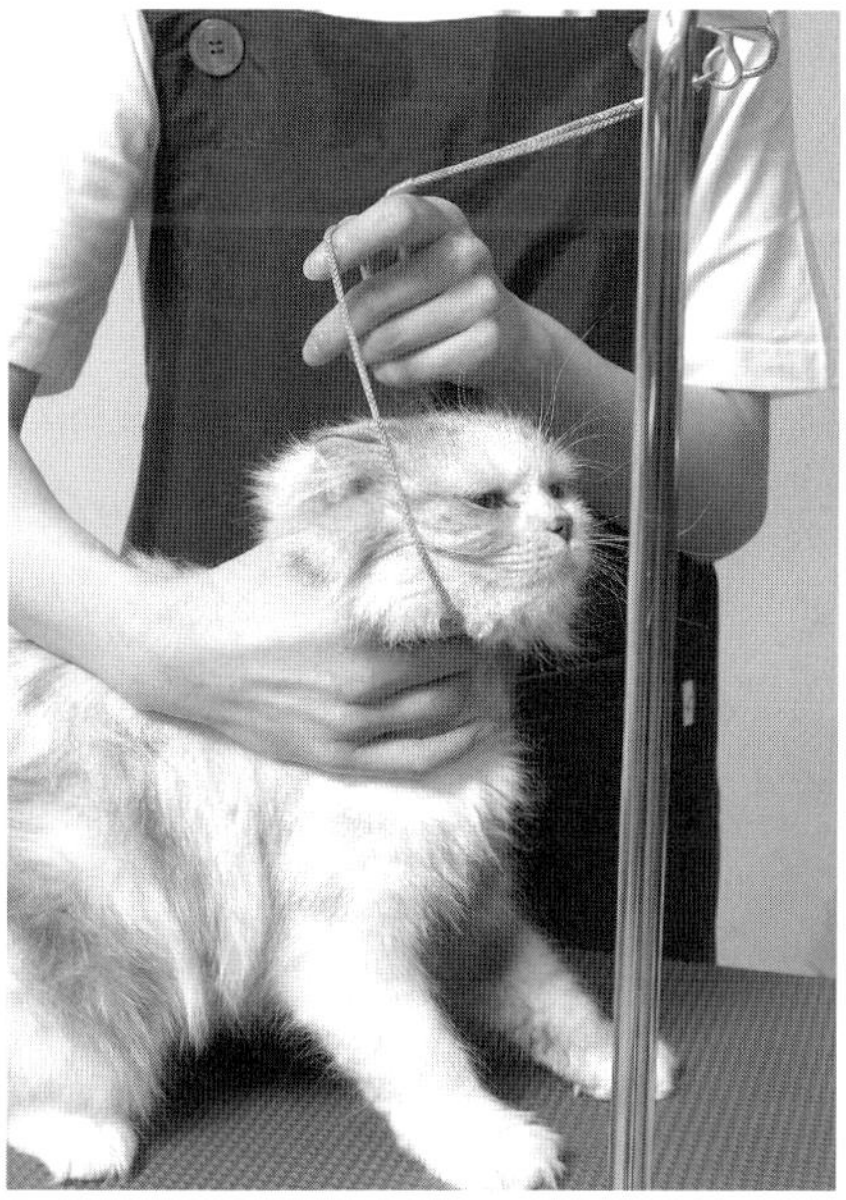

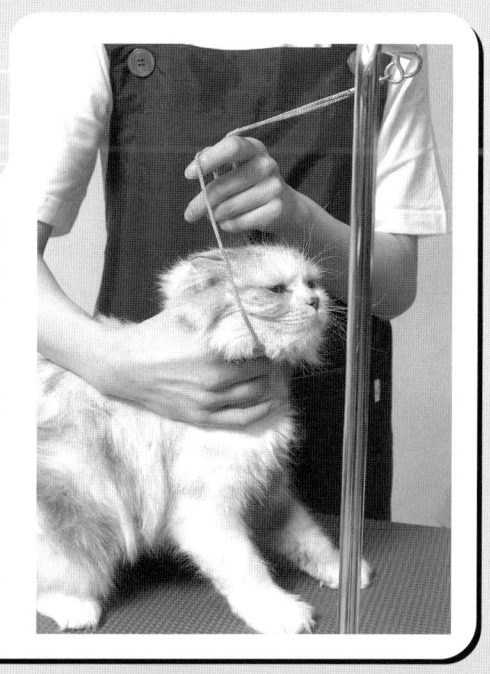

猫が暴れるときは、トリミング・テーブルのアングルを使います。猫の首にリードを付け、端をアングルにつないでおけば逃げ出しを防ぐことができます。ただし、飛び降りには十分に注意し、猫の体から手を離さないようにしましょう。

7 スリッカーでとかす

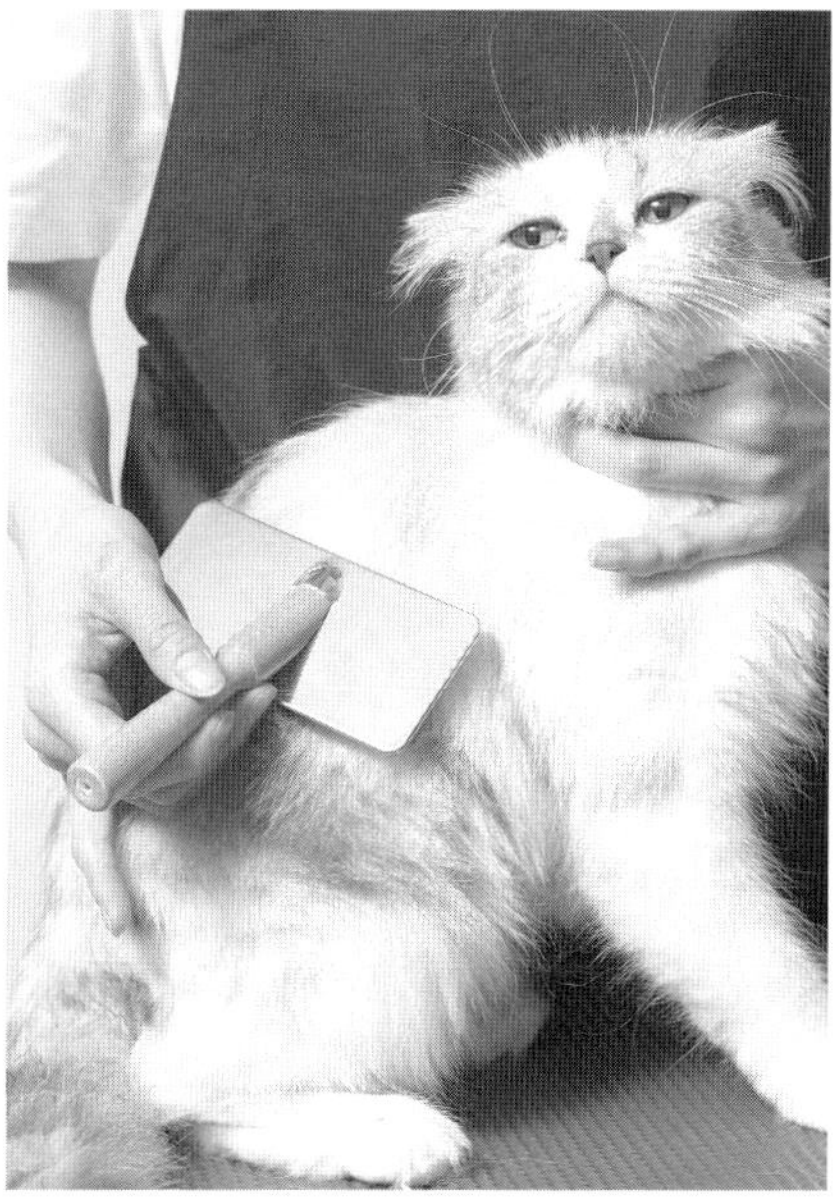

スリッカーで、毛流に沿ってブラッシングします。スリッカーの持ち方や動かし方は犬の場合と同じですが、猫は犬より皮膚が弱いので、力を入れすぎないように気をつけます。長毛種の場合はピンブラシを使うこともあります。

8 全身のコーミング

スリッカーでブラッシングをした後、毛流に沿って全身をコーミングします。コームの持ち方や動かし方は犬の場合と同じ。コーム自体の重みを生かして軽く動かし、引っかかるところがあったら、毛玉を取る処理をします。

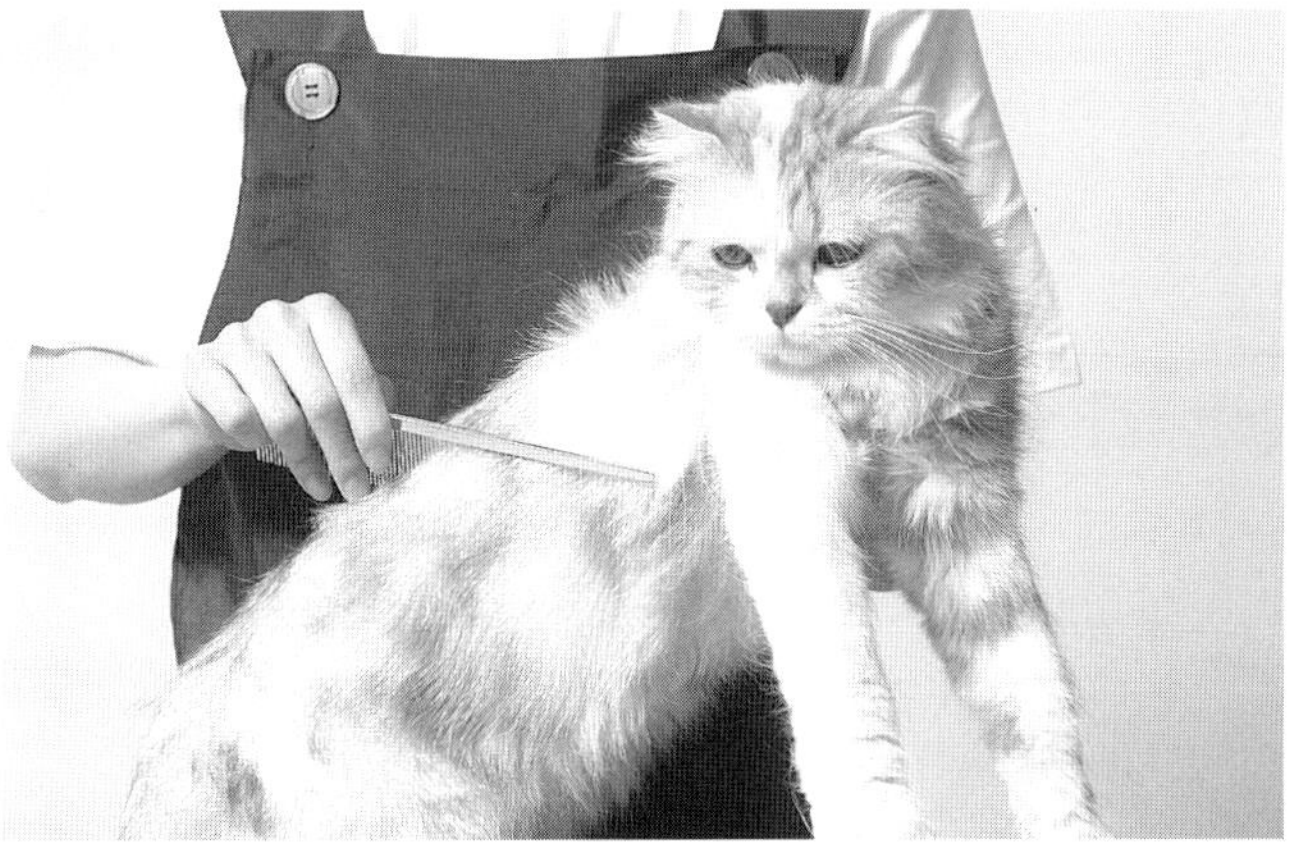

9 顔のコーミング

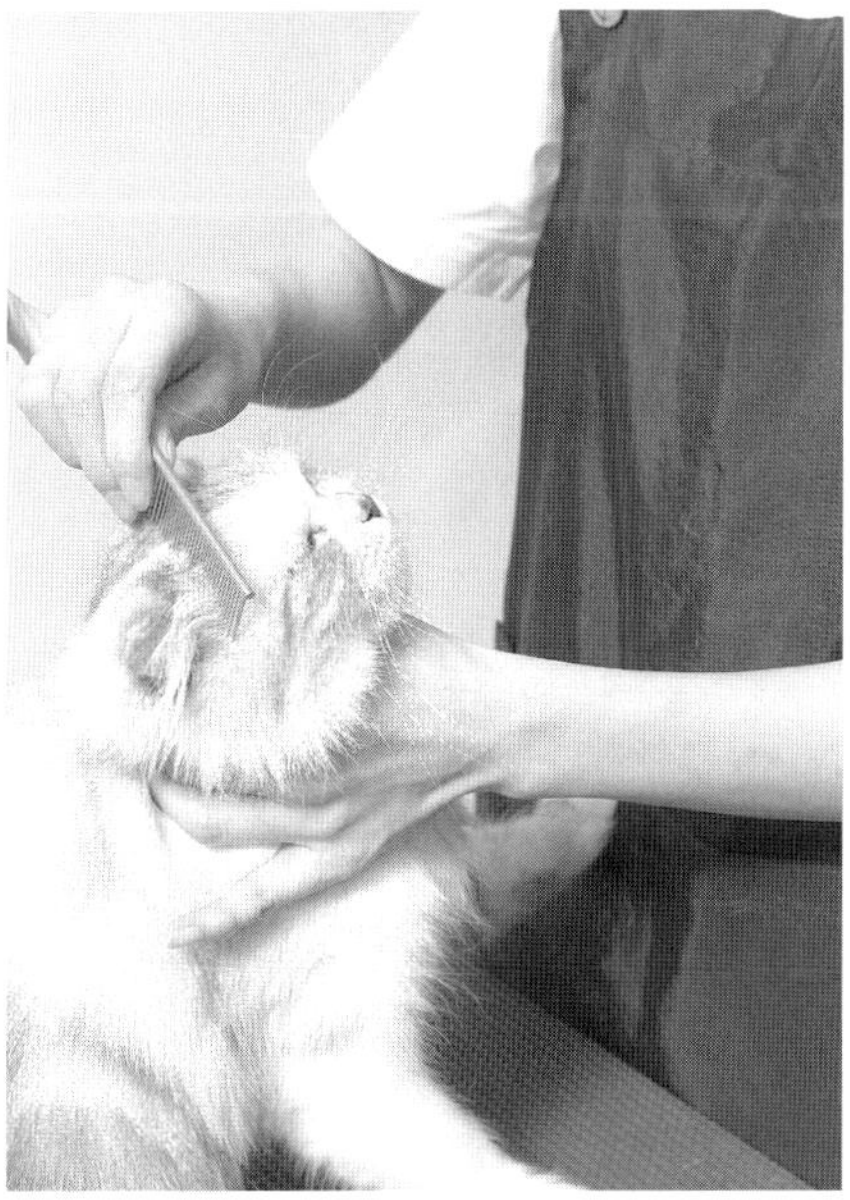

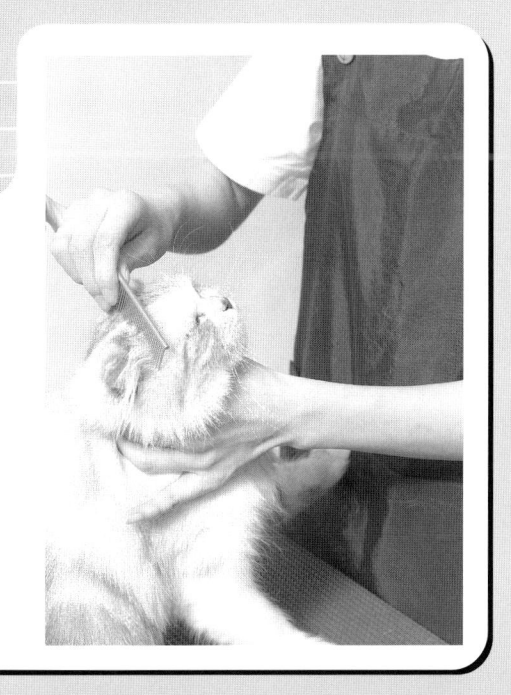

顔など、毛が短い部分には専用のフェイスコームを使っても良いでしょう。フェイスコームは普通のコームより歯がつまっているため、短毛の部分がよりきれいに仕上がります。

10 毛玉をとる

コームが引っかかった部分には毛玉があります。毛玉の位置を確認したら、絡んだ毛を指でていねいにほぐします。指でほぐせない場合は、その部分の毛をクリッパーで刈ります。猫は動きが早いため、ハサミを使うのは危険です。

2. シャンプー＆ドライング

犬との違いと注意したいポイント

猫はシャワーの音などに敏感に反応することが多く、犬に比べてシャンプーを嫌がるコが多いようです。また、猫の場合、犬にはない飛び上がるような動きに注意。この動きを予想できずにいると、シンクからの逃げ出しなどのトラブルにつながる可能性もあります。激しく暴れる場合は、シャンプー中もリードを付け、シャワーではなく、桶やバケツなどに溜めたお湯で洗うようにしましょう。

1 体を濡らす①

体が濡れるのを嫌がらない場合は、犬と同様にシャワーで体を濡らします。シャワーを嫌がるときは、桶などにお湯を溜め、手で体にお湯をかけます。体の後ろのほうから前へ向かって濡らしていきましょう。

2 体を濡らす②

手でお湯をかけられるのも嫌がるときは、バケツなどにお湯を溜め、猫を抱き上げてお湯に浸します。バケツに体を入れるときは、足先から少しずつお湯に入れていくようにしましょう。

3 リードを付ける

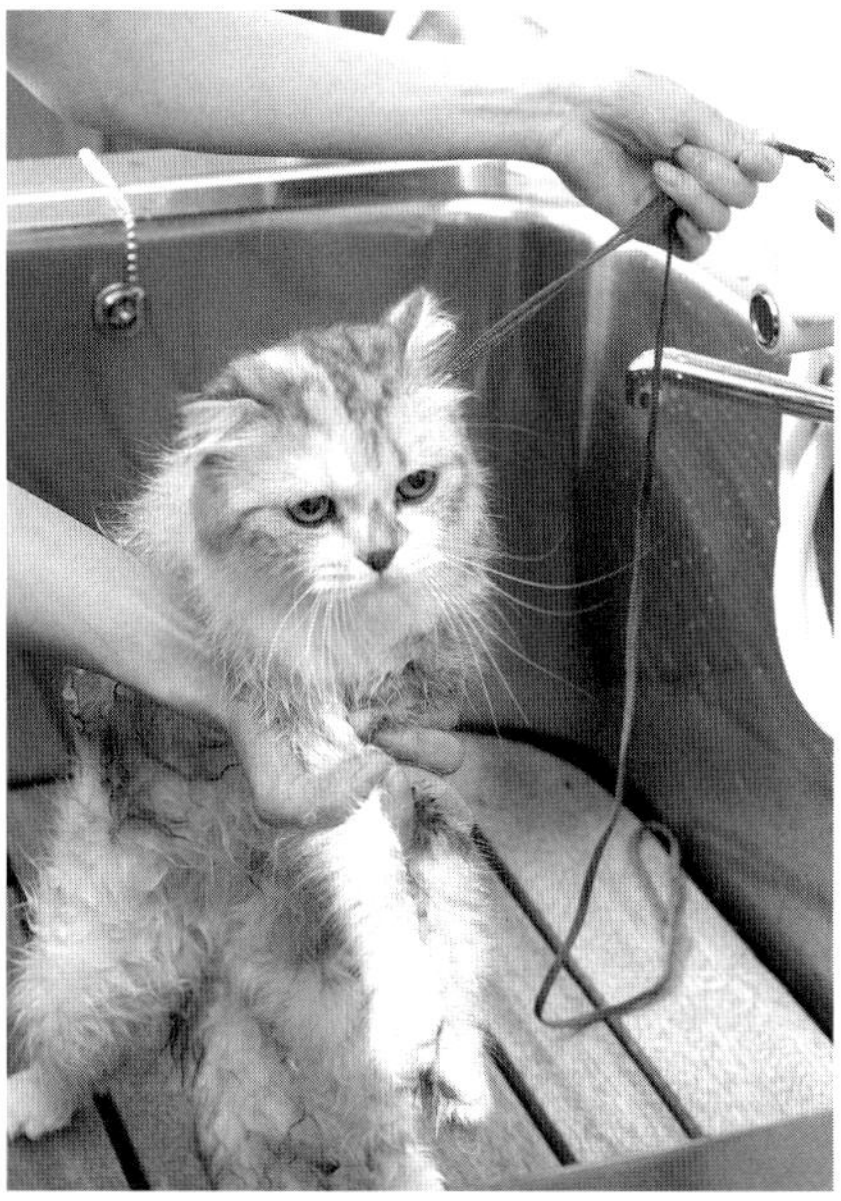

シンクの中で暴れる場合は、逃げ出しを防ぐため、リードを付けた状態でシャンプーをします。猫の体の大きさに合ったリードをつけ、端をシンク付近にしっかりと結び付けておきます。

4 シャンプーをする

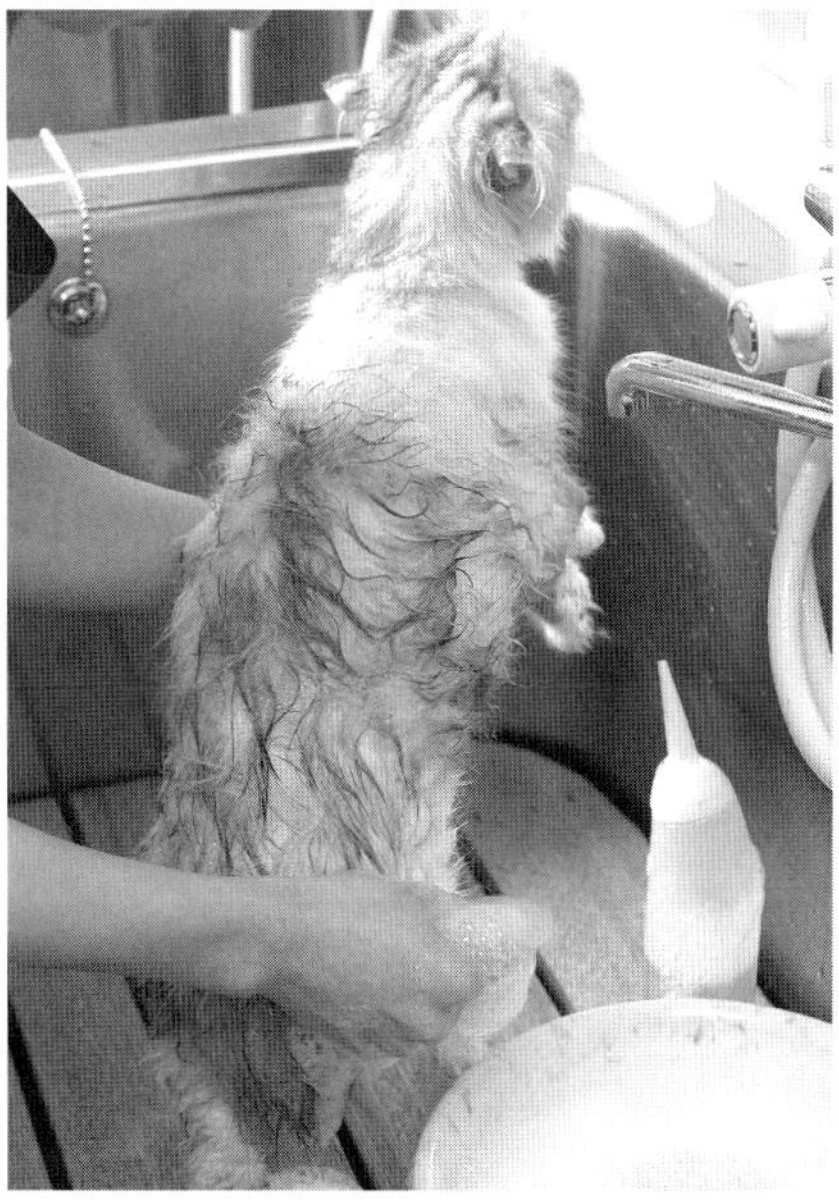

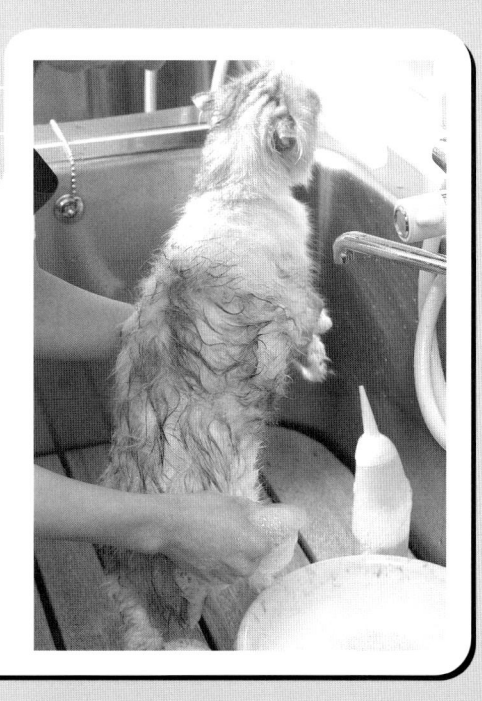

体に猫用のシャンプーをかけ、爪を立てずに指の腹で洗っていきます。毛の根元まで指を入れ、力を入れずに軽く動かすのがポイントです。猫の毛は細いので、洗うときにもつれないように注意します。

5 顔はガーゼで

顔は、濡れるのをとくに嫌がるところ。シャンプー液に浸したガーゼで、やさしくこするように洗います。指でこするより猫が嫌がりにくく、汚れもよく落ちます。顔を濡らすときも、ガーゼを使うようにしても良いでしょう。

6 リンスをしてすすぐ

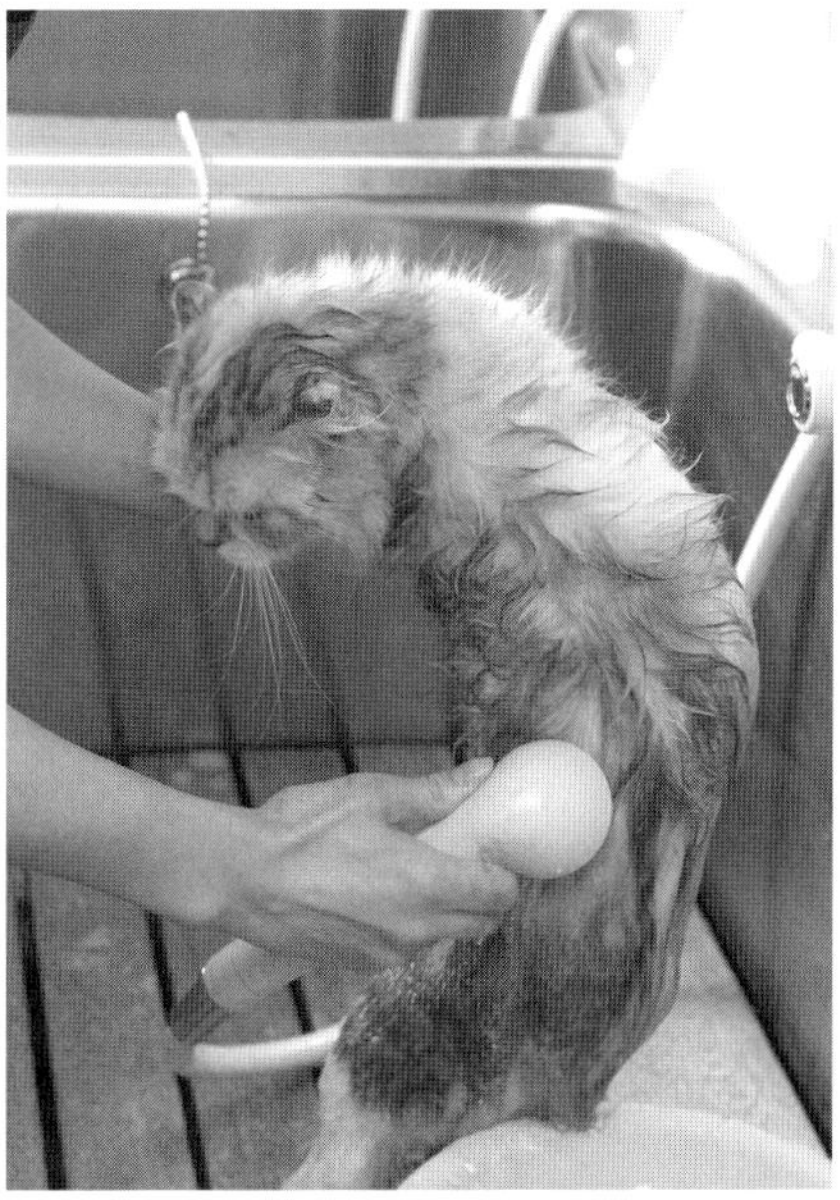

すすぎにはできればシャワーを使い、犬の場合と同様、すすぎ残しのないようにシャンプーやリンスを洗い流します。シャワーですすぐのが無理な場合は桶のお湯をかける、バケツに溜めたお湯につけるなどの方法ですすぎます。

7 タオルで水気を取る

毛の水気を手で軽く絞った後、体をタオルで包んでトリミング・テーブルに移します。タオルの上から手で押さえるようにして、水気を十分に取ります。このとき、毛をもまないように注意します。

8 耳の中の水気を取る

タオルに包んだまま猫を抱き、綿棒で耳の中の水気を取ります。綿棒は、入るところまで耳の奥に入れ、そっと拭き取るように水分を拭き取ります。耳の中を強くこすらないように注意しましょう。

9 ドライヤーで乾かす

体からタオルを取り、スリッカーでとかしながらドライヤーの温風を当て、毛を乾かします。風の温度や風圧は、自分の手でこまめに確認します。長毛種の場合、スリッカーではなくピンブラシを使うこともあります。

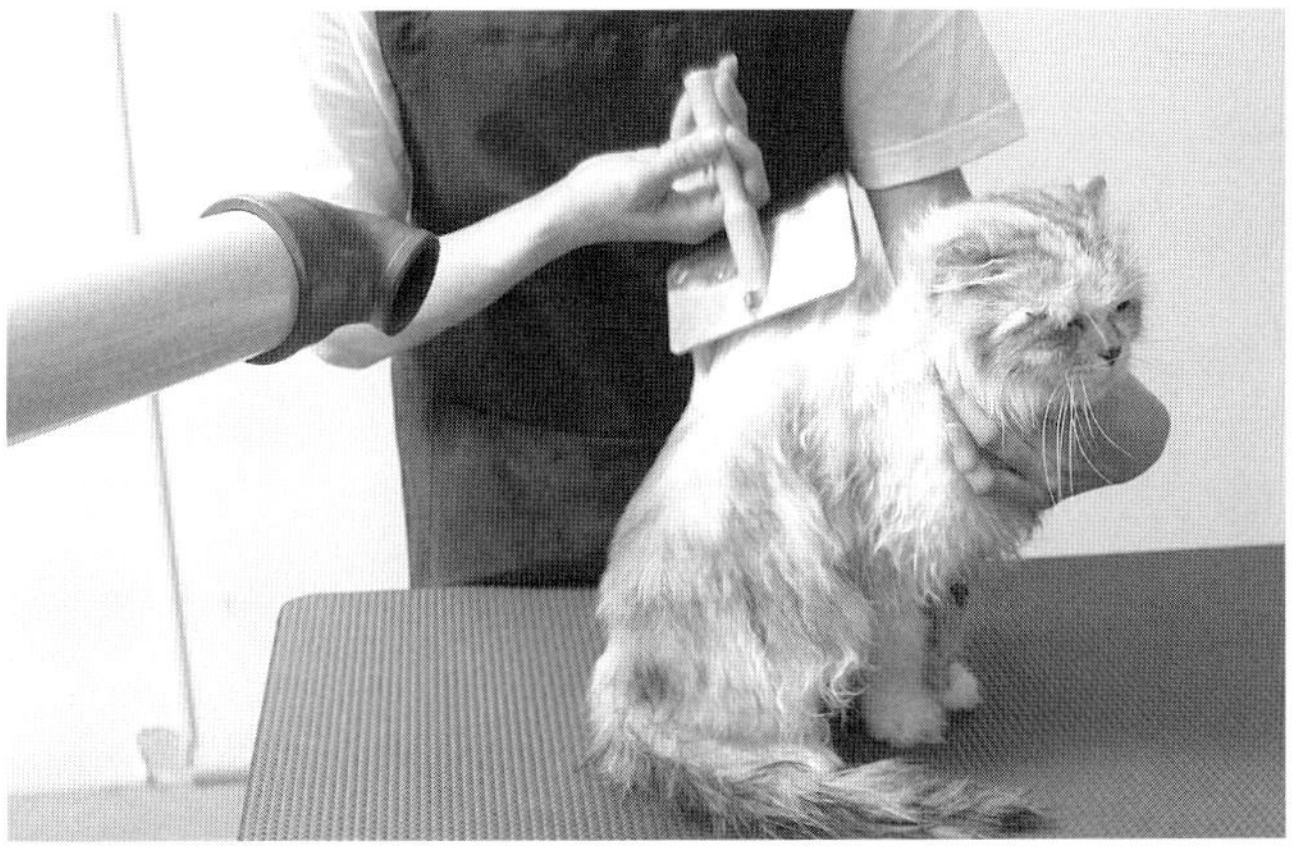

10 コームで仕上げる

コームで軽くとかしながら冷風を当てて毛に残った湿気を飛ばし、完全に乾かします。毛流に沿って全身をコーミングし、毛玉ができていないかどうか確認していきます。

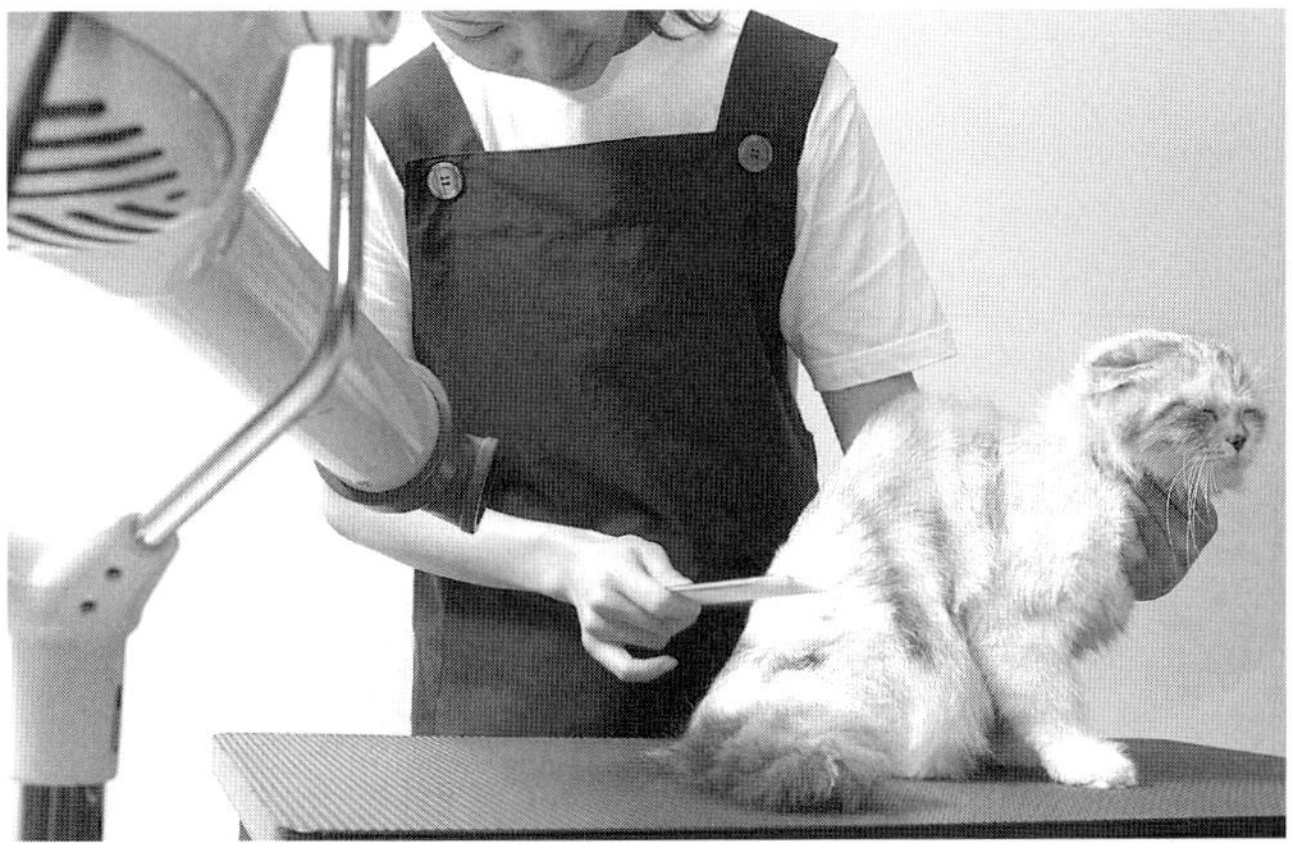

Ⅵ トリマーの基礎知識

必携ツール①

ハサミ

ハサミの各部名称

ハサミは静刃と動刃の組み合わせから成っています。握る部分を鋏柄、留め金の付近を鋏体、そして切る部分を鋏身といいます。

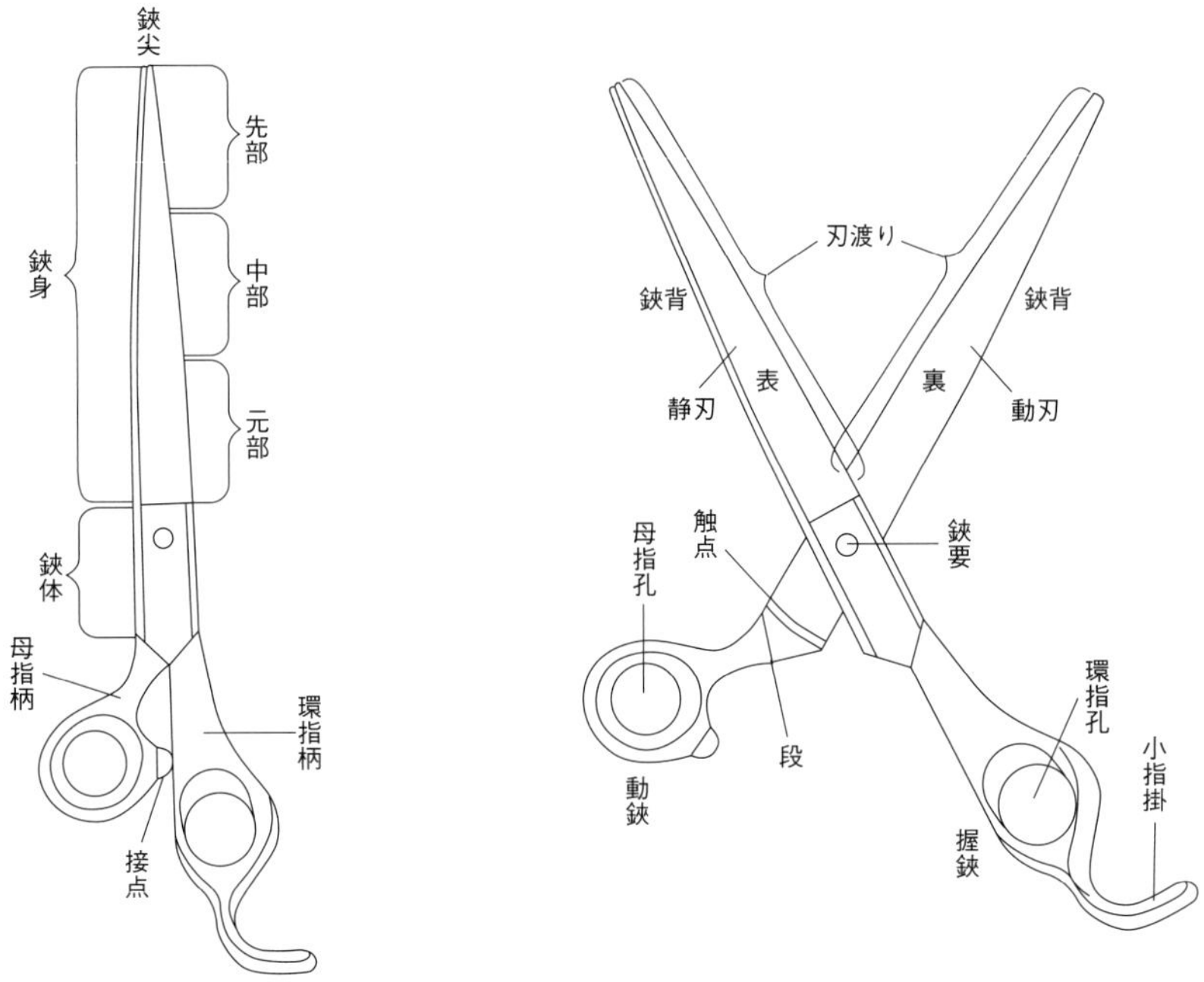

ハサミはトリマーにとって、なくてはならない存在です。「ハサミを見ればトリマーの腕がわかる」とも言いますから、ハサミ選びには慎重になりたいものです。犬種や用途に応じてさまざまなハサミを使いこなすための第一歩として、ハサミについての基礎知識を紹介します。

ハサミの種類

○基礎刈り用・刈り込みバサミ

一度にたくさんの毛をカットするときに使います。切れ味と強さが必要ですので、品質の良いハサミを選びましょう。

○仕上げ用・刈り込みバサミ

犬種によってハサミのサイズを使い分けます。自在に動かして美しく仕上げられるよう、自分の手に合った使いやすいハサミを選ぶことが大切です。

○ボブバサミ（断髪バサミ）

耳先や目元などのカットに使う、直線刈り用のハサミです。細部をカットするため、短めのものが使いやすいでしょう。

○スキバサミ

毛量を調節するためのハサミで、目数によってカット率が異なってきます。ペットのトリミングで最も多く使われるのが、40目、42目のものです。従来は片方の刃だけがスキ刃のものが多かったのですが、ハサミを入れる方向によって仕上がりが変わるため、最近は両刃ともにスキ刃のものも出てきました。初心者には両刃のほうが使いやすいでしょう。

○カーブバサミ（反りバサミ）

足元のカットやプードルのブレスレット作りなど、湾曲したラインをカットする際に使用する、刃がカーブしたハサミです。反りの角度やサイズによってさまざまな種類があります。

素材について

最も一般的なものは、ステンレス系の合金です。鉄にクロムを配合することにより、サビにくいという性質を持ちます。コバルトベースの合金は、さらに耐摩耗性に優れています。最近は、セラミック製のハサミも増えてきました。耐摩耗性に優れるほか、軽さが特長となっています。

ハサミの選び方

自分の手にフィットすることが最も大切です。ハサミを水平に置き、手を自然に下ろしたとき、手指が無理なく各部に納まらなければなりません。また、両刃が安定し、鋏身【きょうしん】が真っ直ぐなものを選びましょう。切れ味の悪いハサミでは、思うようなカットができないばかりか、トリミングに時間がかかって犬にストレスを与えたり、ケガをさせたりすることもあります。ハサミの扱いに慣れてきたら、ある程度高品質のものを使用することも大切です。

ハサミの手入れ

日々の手入れとしては、付着した毛や汚れをブラシで払った後、サビ止めスプレーをかけて柔らかい布で拭きとることが必要です。このとき、刃を傷つけないように、刃の向きに沿ってブラシや布を動かします。また、定期的に研ぎに出し、シャープな切れ味を維持することも重要です。

ハサミの持ち方

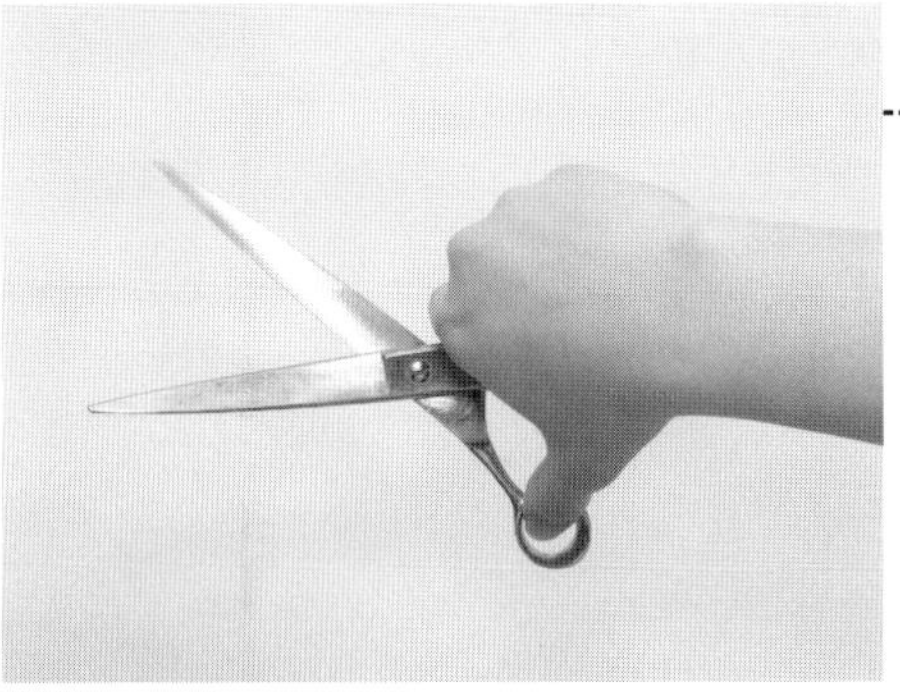

自分から見て表側

ハサミを使うときは、親指だけを動かします。ほかの指は支える感じで。

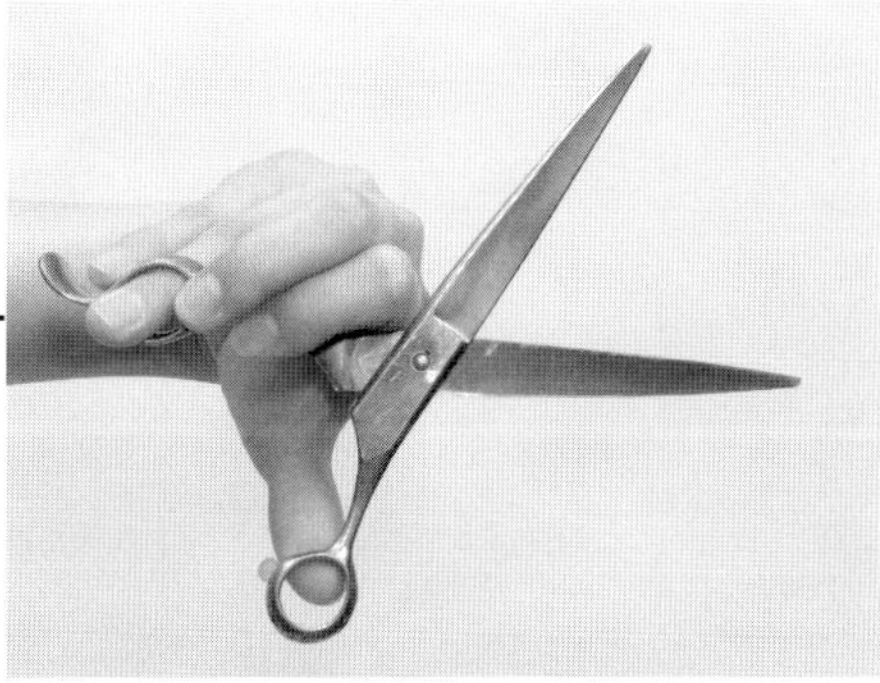

裏　側

親指を母指孔【ぼしこう】に、薬指を環指孔【かんしこう】に入れます。親指は深く入れないようにしましょう。小指は小指掛に掛かります。

用途によるハサミの分類

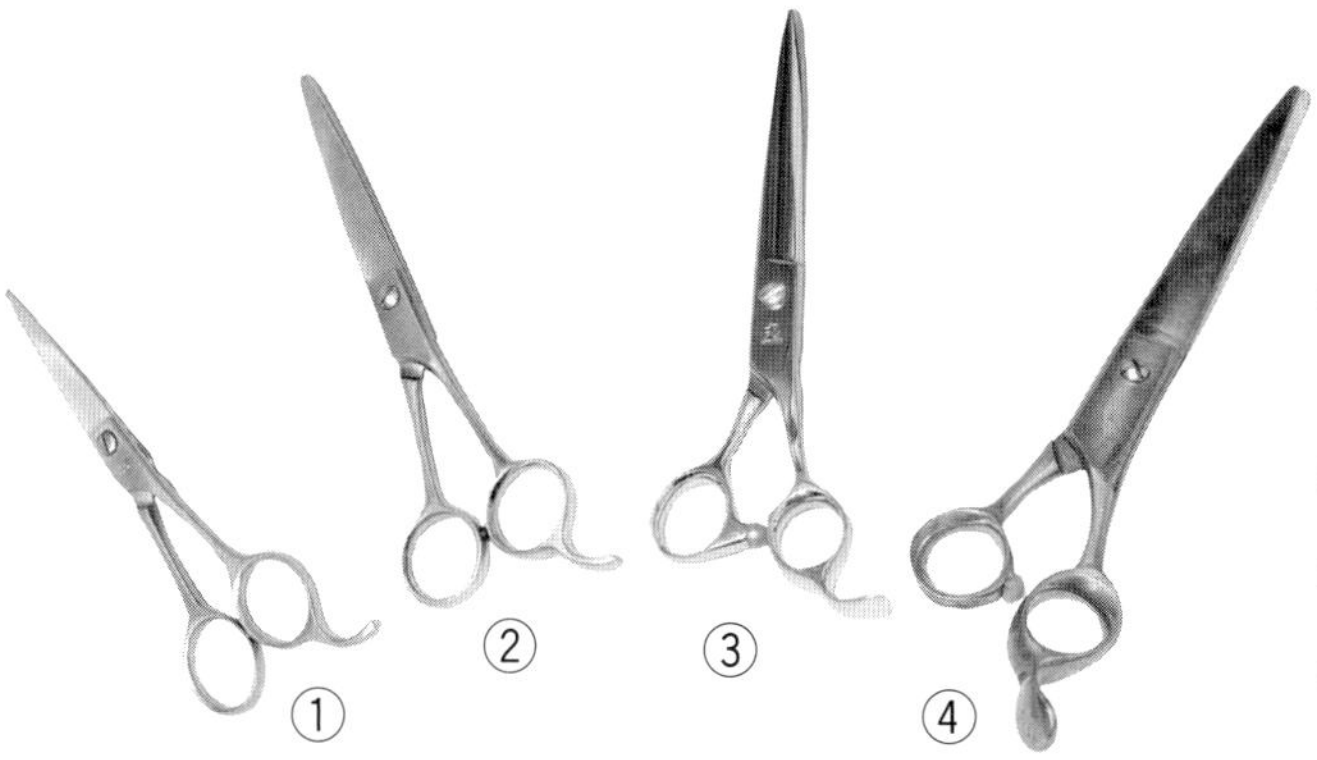

① **断髪バサミ・小**：直線刈り用。ボブバサミ（耳先などの細部のカットに使用）

② **断髪バサミ・大**：直線刈り用。ボブバサミ

③ **刈り込みバサミ**：修正・仕上げ用

④ **刈り込みバサミ**：基礎刈り用

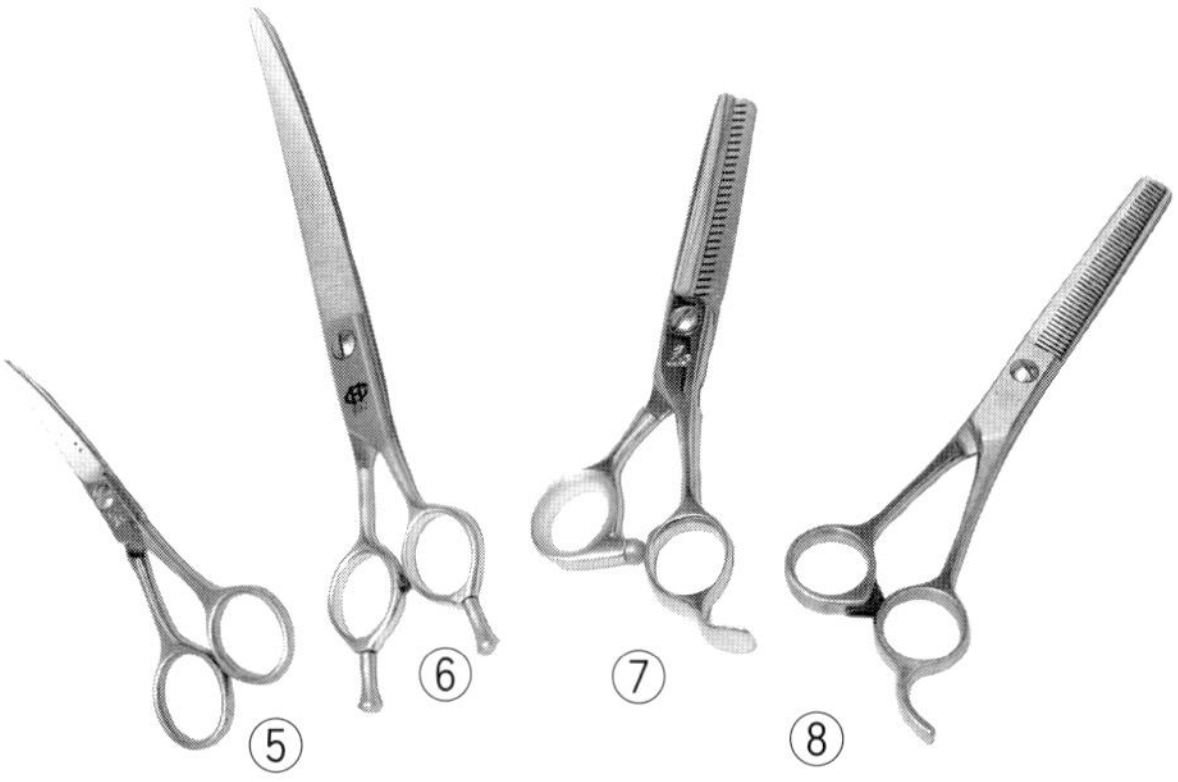

⑤ **反りバサミ・小**：湾曲刈り用。カーブバサミ

⑥ **反りバサミ・大**：湾曲刈り用。カーブバサミ

⑦ **スキバサミ**：すき・削ぎ刈り用（クシ歯数、両クシ歯などでも分類される）

⑧ **スキバサミ**：すき・削ぎ刈り用

必携ツール②

クリッパー

クリッパーは一度に大量の毛をカットするための道具であり、「バリカン」と呼ばれて普及してきました。この俗称は、1981年にフランスのバリカン・エ・マール（BARICAN&MARR）社が発明し、その名がクリッパーに刻印されていたことに由来します。バリカン社のハンドクリッパーが日本に登場したのは1883年、アメリカ製の電動クリッパーが登場したのは1920年ごろのことです。日本国内でも、耐久性に優れ、切れ味の鋭い独自のハンドクリッパーや電動クリッパーの開発が進められて今に至っています。

クリッパーの種類

○ハンドクリッパー

電動クリッパーの音や振動を嫌がる犬に対しては、ハンドクリッパーを使ったほうが良い場合があります。また、毛玉がひどい場合に使うこともあります。人間用ハンドクリッパーは上刃が両面切刃になっていますが、犬用ハンドクリッパーは上刃の片面のみ切刃になっており、上刃が戻るときは切れないのが特徴です。

○電動クリッパー

マグネット式とモーター式に分かれています。前者は磁石の反発によって起こる振動を伴うほか、刃がスライドする速度が一定でなく、過熱しやすいという特徴があります。後者は、刃の交換が簡単ということもあり、現在の主流になっています。さらに後者は、充電式、乾電池式、コード式などに細分できるほか、替え刃で刃のサイズが変えられるものなど、さまざまなタイプのものがあります。

クリッパー選び

一般的には、小型・軽量のものが扱いやすいといえますが、使用者が扱いやすいサイズ、重さであることが最も重要なポイントです。実際に手に取り、スイッチの位置なども確認して、使いやすいかどうかを判断してください。

用途別では、大量の毛をカットしたい場合は刃の先端のノコギリ状の目が粗いもの、きれいに刈りたい場合は目の細かいものが適しているでしょう。

ミリ数で示される刃のサイズは、下刃の厚みを意味していますが、これは逆剃りした場合に後に残る毛の厚さとなります。製品によってはアタッチメントを付けて、刈り残りを厚くできるタイプのものもあります。

また、刃の材質は鋼鉄、ステンレス、セラミックなどがありますが、ステンレス製は水やサビに強く、セラミックは摩擦やサビに強いという特性があります。手入れのしやすさという点では、ステンレスやセラミックがおすすめです。

クリッパーの分類

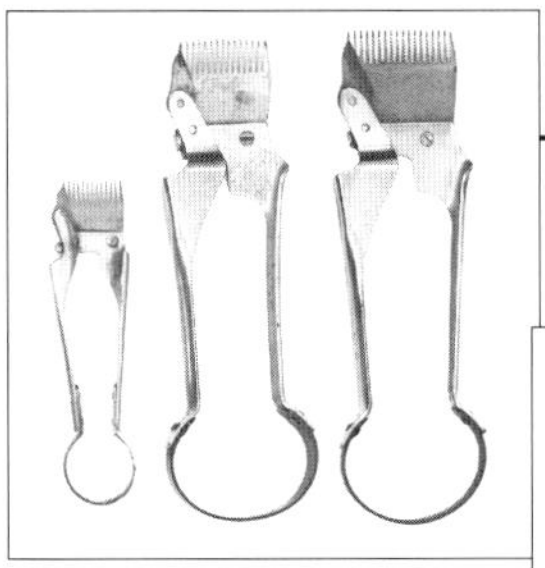

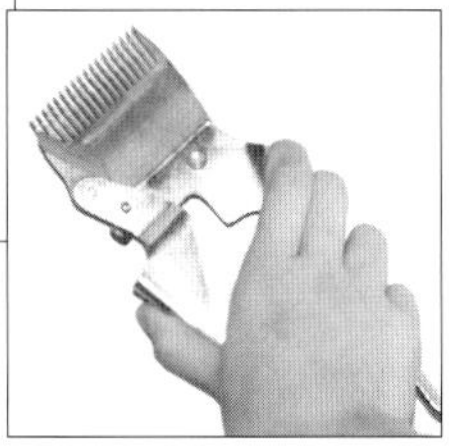

ハンドクリッパー

人間用では両刃ですが、犬用は片刃式になっています。大きさによって分けられます。親指を基点にして使います。

電動クリッパー

モーター式とマグネット式に分けられます。モーター式はさらに、充電式とコード式に分けられ、近年の主流になっています。

クリッパーの手入れ

　クリッパーは刃が高速で水平運動しています。上刃と下刃の摩擦による磨耗を防ぐため、使用前後にこまめに注油することが必要です。刃に付いた毛や汚れをブラシで落としてから、上刃に専用オイルを少量付け、余分なオイルを拭きとりましょう。刃の切れ味が落ちたと感じたら、無理な使用はやめ、刃を交換するか研ぎに出します。

使用時の注意

　クリッパーを強く犬の体に押し付けたり、クリッパーを動かす速度が速すぎたりすると、犬の体を傷つける恐れがあります。長時間使用すると本体が熱を持つため、避けたほうが良いでしょう。

クリッパーの持ち方

親指、人さし指、中指で持ち、ほかの指は本体に添えるようにするのが基本です。指を動かせば刃先の方向が変えられるので、平面はもちろん、パッドのあいだなどの細かい部位のクリッピングに対応できます。

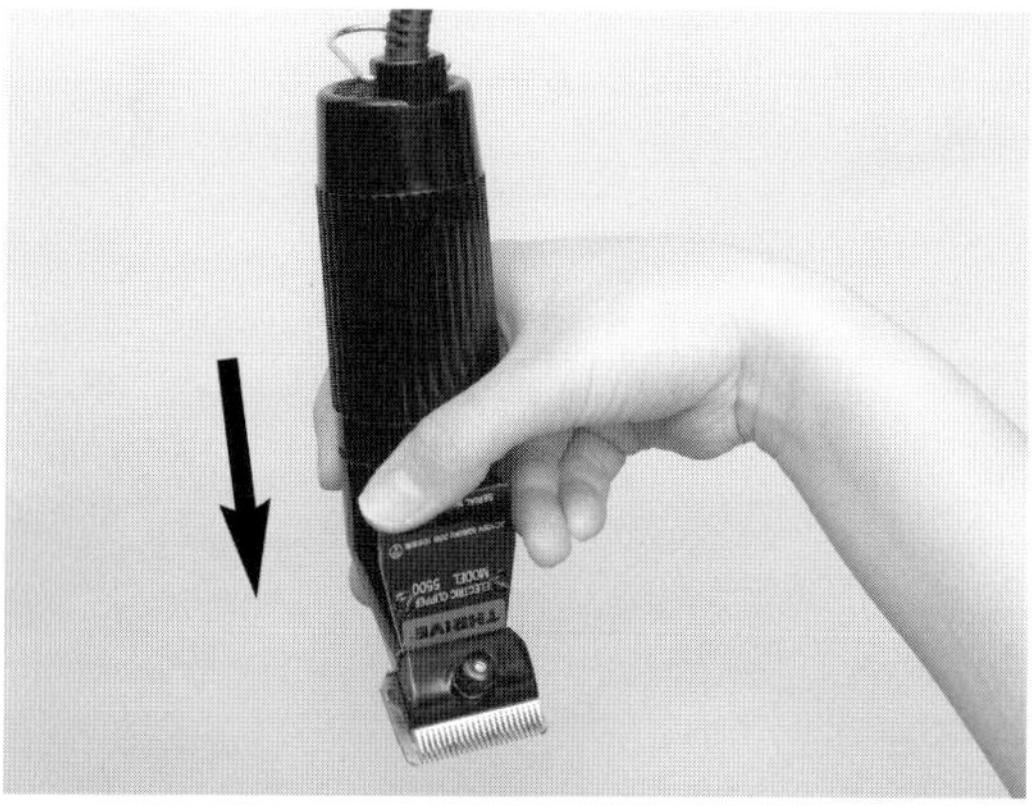

手前に向かって引いて刈るとき
（例・トップライン）

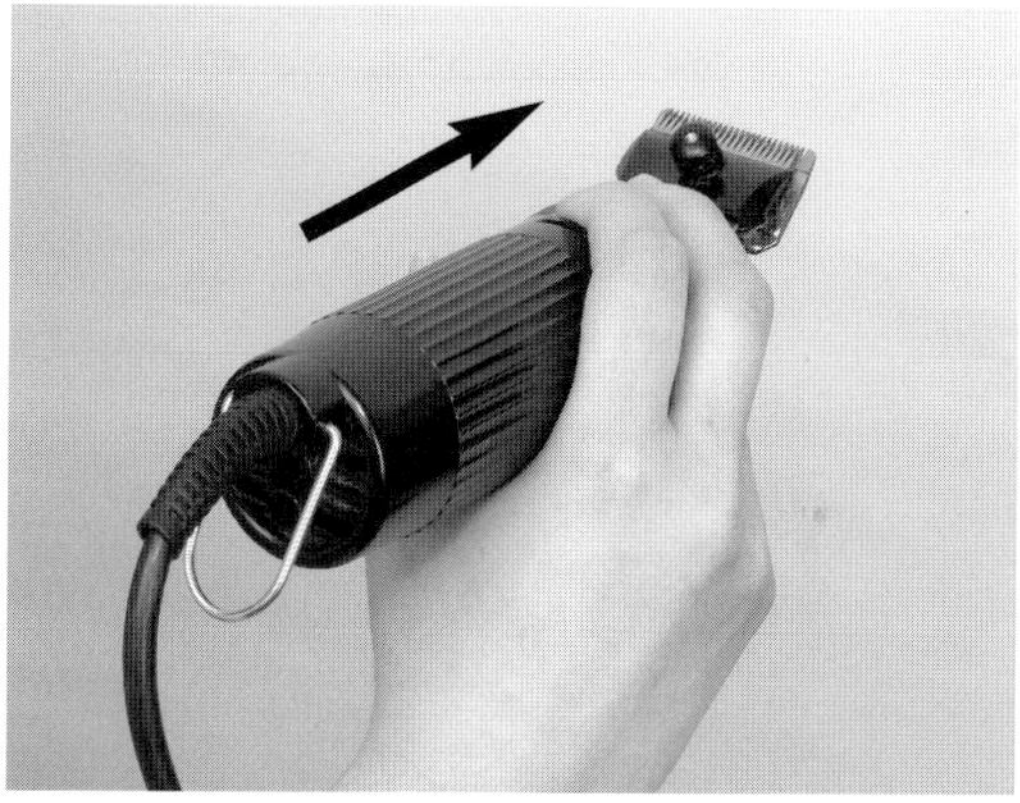

手前から前方へ押して刈るとき
（例・オクシパット）

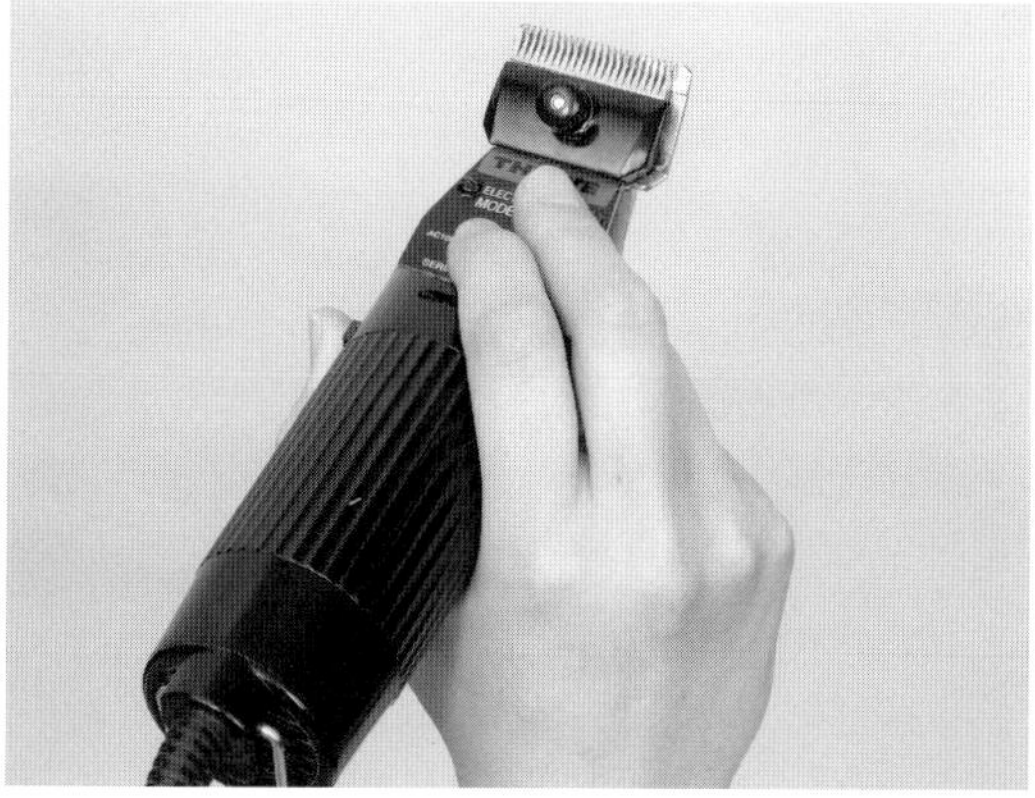

細かい部分を刈るとき（例・パッド）
※刃の近くを持つようにすると安定します。

刈り上げるとき（例・腹部）

必携ツール③

ブラシ

ブラシは材質や用途に応じてさまざまなものがあります。下毛の除去から仕上げまで、各種ブラシを使い分けて、美しいグルーミングを目指しましょう。

ブラシの種類

○スリッカーブラシ

余分な下毛を除去したり、毛玉をといたりする際に利用されます。犬の皮膚を傷つけやすいため、軽く持ってていねいに犬の毛をとかしましょう。犬の体に押し付けるような使用は厳禁です。

○ハンドグローブ

グローブにスリッカーと同じピンを植えたものと、麻の繊維を植えたものがあります。ブラシの反対側にはビロードの布が張ってあり、毛づやを出したいときに使います。

○ピンブラシ

虫ピン状のピンを植えたもので、材質は鋼鉄ピアノ線、真鍮、ステンレスなどさまざまです。犬の被毛を傷めず、きれいに手入れができるため、とくに長毛犬種に使用します。ブラシの形態やサイズはさまざまですので、犬種や使用する部位などによって使い分けます。

○マッサージパッド

粗毛テリア種の長い飾り毛にボリュームを与えるために使用します。コーミングの前にマッサージパッドで毛の表面を軽くときほぐしておくと、切れ毛や毛の抜きすぎを防止します。皮膚の血行促進、育毛効果も得られます。

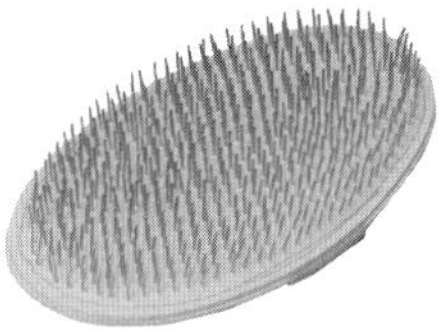

マッサージパッド

ピンブラシ

スリッカーブラシ

植物繊維ブラシ

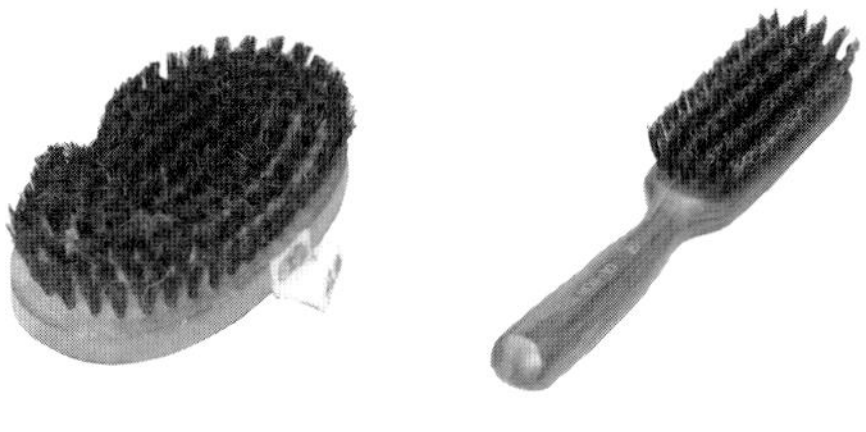

動物繊維ブラシ

犬の健康維持にもブラッシング！

犬のグルーミングの基礎はブラッシングにあります。ゴミやフケを取りのぞいて皮膚や被毛をきれいにするだけでなく、適度なマッサージ効果が犬の皮膚を健康に保つという効果があります。ブラッシングにより、血液の循環が良くなって皮脂の分泌が活発になるため、皮膚の抵抗力が高まり、細菌類が侵入することを防止するのです。

また、老齢犬の多くは、皮脂が固くタール状になってしまい、表皮の角質を平均的にコーティングすることができなくなっています。そのまま放置すると皮膚病になる恐れがあります。こまめにブラッシングするとその摩擦で皮膚の温度が上がり、固まった皮脂を溶かして表皮全体に行き渡らせることができます。皮膚の乾燥を防ぎ、皮膚と被毛を健やかに保つためにブラッシングはとても有効なのです。

コーム ナイフ

コーム

主に被毛の流れを整えるために使用しますが、毛のもつれの除去、テリアなどの下毛の除去、プードルの立毛作業などにも使用します。犬のグルーミングにおいて、コーミングはとても基礎的かつ大切な作業です。コームも使用目的や犬のサイズによって選ぶべきものが変わってきます。親指と人さし指、中指で軽く持って使うこと。

コームの種類

○植え込みグシ

金属製の峰にクシの刃を植えたもので、クシの刃の長短や太さ、目の細かさなどで、さまざまな種類のコームがあります。長毛品種にはクシの刃が長く目が広いもの、剛毛品種にはクシの刃が短く目が細かいものと、犬種などに応じて使い分けます。

引き分けグシとは、クシの歯が細かいものと粗いものが半々になっている植え込みグシのことをいいます。ヘッドコームと呼ばれるごく細目の植え込みグシもあります。歯の間隔が狭いのでノミを取ることもでき、「ノミ取りグシ」などと俗称されるクシです。

○切り込みグシ

1枚の金属板に切り込みを入れたものです。この作りのものは、クシの通りが悪く、切れ毛が生じることもありますので、犬のグルーミングにはあまり適していません。

ナイフ

テリア犬種のプラッキングに使用します。毛量が多いときは、コース・ナイフ（粗目）、少ないときはファイン・ナイフ（細目）を使うなど、ナイフの種類と力の入れ方によって毛をかき取る量を加減します。ナイフの使用方法には、皮膚に対して刃を平行に当てて毛を引き抜く方法と、刃を回転させながら毛をつかんで抜く方法があります。

各種ナイフ

コース・ナイフ（粗目）

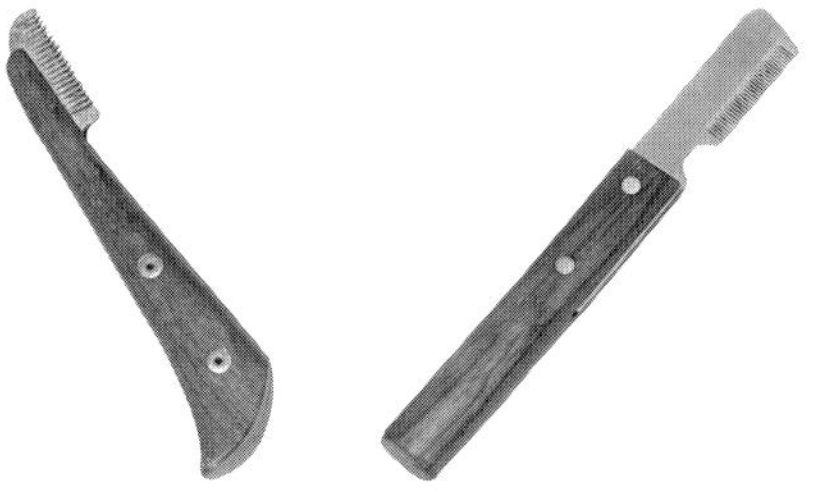

ミディアム・ナイフ（中目）

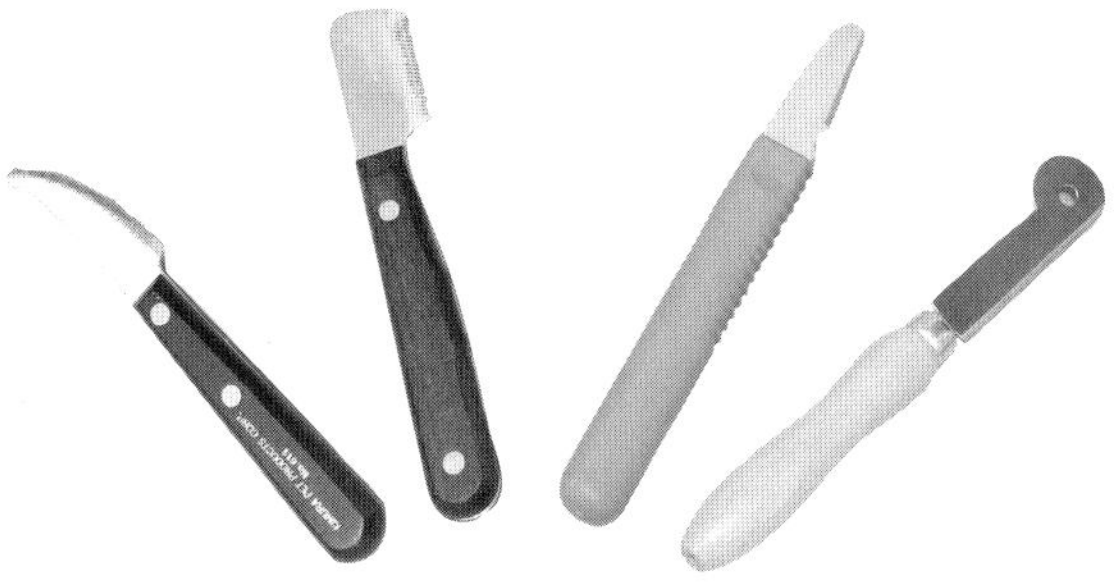

ファイン・ナイフ（細目）

ドレッサー

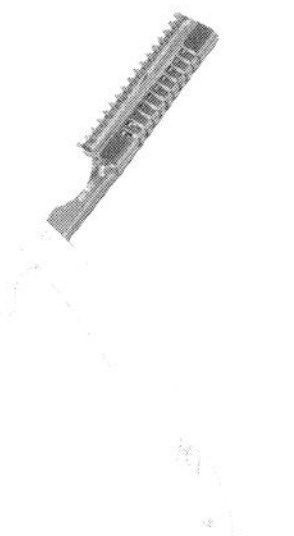

セーフティ・レザー

各種コーム

① 刈り込みグシ
② 柄付きグシ
（フェイス・コーム）
③ 柄付きグシ
④ 引き分けグシ
⑤ 粗目グシ

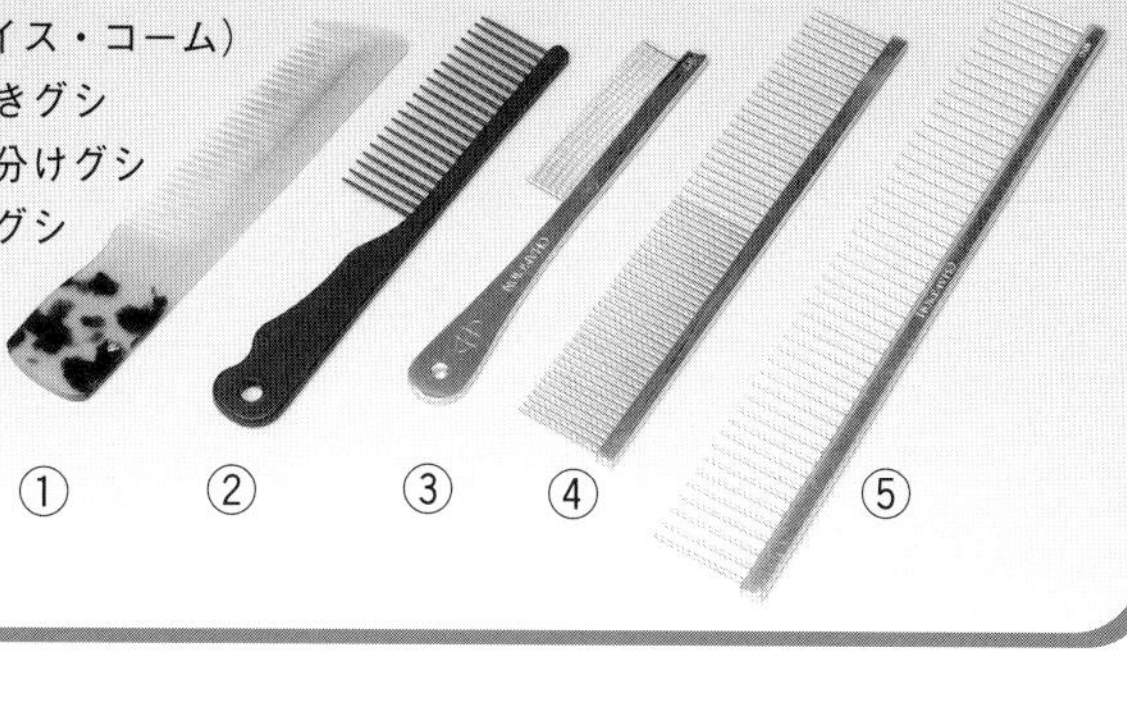

楽しい仕事はまず体から

トリマーの健康のために

腰痛や手首の痛みはトリマーの職業病と呼んでもいいほど、多くのトリマーがこれらの症状に悩まされています。立ち方やテーブルの高さといった基本的なことを今一度見直し、正しい姿勢や作業をしやすい環境を維持することで、できるだけこれらの症状を予防・緩和したいものです。

立ち位置と姿勢

実際にハサミやクリッパーを動かしてトリミング作業を行うのは上半身だけですが、スムーズに作業を進めるためには下半身の安定が欠かせません。ためしに、両足をぴったり閉じた状態で作業を行ってみてください。作業がしにくく、体にも負担がかかることを実感することでしょう。

（1）足の開き方

足は、開きすぎても閉じすぎても上半身のバランスを崩しやすくなります。また、トリミング・テーブルから落ちそうになった犬を支える際の瞬発力などにも、足の開き方が影響してきます。適度な足の開き具合を再確認しましょう。

足の間隔は、踵部分が約20 cm離れ、右足と左足が「ハの字」（約90度の角度）型になった状態がベストです。

（2）余裕のある立ち方

シャンプーやトリミングなどの作業に夢中になると、無意識に関節や筋肉に力が入ってしまうことがあります。腰痛や肩こりの最大の原因は、体が緊張して関節などに余計な負担がかかることです。下半身を安定させ、背筋をピンと伸ばしたうえで、肩や腕の力を抜いた状態がベストです。各関節から余計な力が抜け、「バネ」のきく上体に保つことは、さまざまなトリミングのテクニックを駆使するためにも重要となってきます。肩や腕を軽く振って、力が抜けているかを確認してから作業に入ってみてください。

これからトリマーを目指す方は、最初にリラックスした姿勢を体で覚えましょう。いちど悪い姿勢が身についてしまうと矯正は難しく、この仕事を続けていくこと自体が苦痛になる可能性があります。

（3）体の重心

体の中心に重心を置き、片足だけに体重がかたよらないようにしましょう。疲れてくると、体の重心はどちらかの足にかたよりがちです。そうすると、下半身が不安定になり、上半身をしっかり支えられなくなります。その結果、関節や筋肉に余分な力が入ってしまいます。

疲れを感じたときは、意識的に体重を両足にかけて下半身を安定させることが大切です。

（4）犬との距離

トリミングの際、犬に接近しすぎると犬は圧迫感を感じてトリマーから離れようとしますし、犬から遠ざかりすぎれば犬は勝手に動き出すでしょう。トリマーと犬の距離が適切でない場合、手を伸ばして作業をしたり、動こうとする犬を捕定したりするために余計な労力が必要となり、これが疲労の原因となる場合があります。

トリマーが両肘を直角にした状態で犬にふれる程度の距離が、適切な距離となります。もちろん、これは目安であり、作業中は犬から遠ざかって全体のバランスを見たり、近寄って細部の作業を行うこともあります。

テーブルの高さ

トリミング・テーブルの高さは、トリマーの姿勢に非常に大きな影響を与えます。トリミング・ショップで働くようになれば、1日中トリミング・テーブルを利用して作業をすることになります。低すぎるトリミング・テーブルを使えば中腰で作業することになり、高すぎるトリミング・テーブルを使えば、肩や腕に余計な負担がかかります。これでは、腰痛や肩こりにならないほうがおかしいでしょう。

トリマーが扱う犬は大型犬から小型犬までさまざまです。犬のサイズによって使用するトリミング・テーブルを変えてみたり、高さの調節がきくトリミング・テーブルを使用するなどして、つねに良い姿勢を保つように工夫してください。

トリミング・テーブルの高さは、トリマーの健康のために必要なことはもちろん、バランスのとれたカットに仕上げるうえでも重要です。自分が作業している部分を、適切な距離、適切な角度で観察するためには、犬の体がトリマーの「目線の高さ」にくるように調節することが必要です。

明視距離

明視距離とは、自分が作業している部位を最もはっきりと見ることのできる距離を指し、一般には30～40cm程度とされています。ただし、トリミングは手元だけを見て行うものではありません。犬全体のバランスを確認するために、時には2mほど距離を置くことも必要になります。

細部の作業をていねいに仕上げ、全体のバランスをしっかり確認するためには、十分な視力を維持する必要があります。細かい作業が続き、目の疲れを感じたときは遠くを見て目を休めるなど、日ごろから目の使い方には注意しましょう。

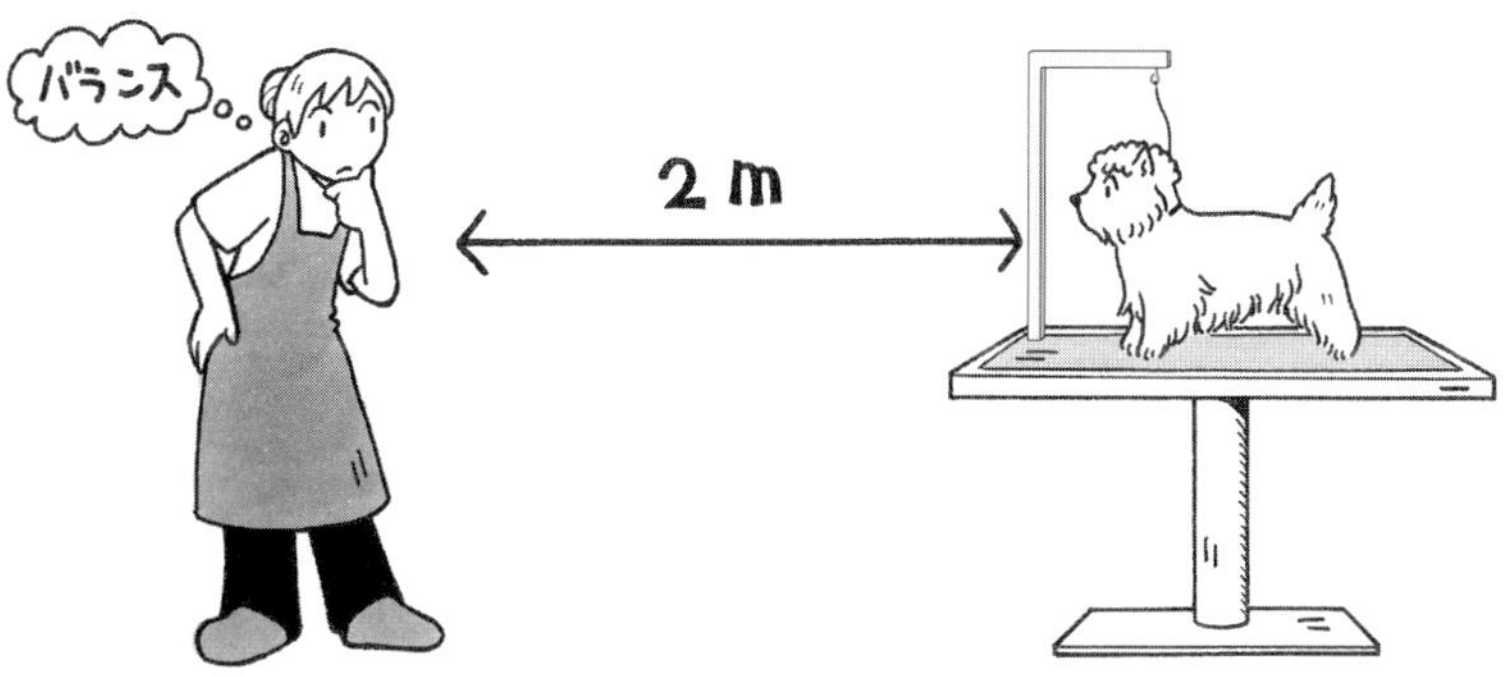

健康は自己管理が大切

腰を痛めて立てなくなったり、手首を痛めてハサミを持てなくなるほどに無理を重ねると、トリマーとして仕事を続けていくことができなくなってしまいます。グルーミングは体力と気力の両方を必要とする作業ですから、ふだんから心身の健康管理には気を使いましょう。

トリミングの前後には、屈伸運動や柔軟体操を行い、作業中もときどき体を動かして関節や筋肉をほぐしましょう。長時間同じ姿勢をとり続けると、疲れが取れにくくなりますから、できるだけこまめに体を動かすことをおすすめします。

また、作業する手の位置（ハサミやクリッパーを動かす位置）を、自分の心臓の位置あたりに置くことも大切です。手の位置が心臓より高すぎると血液の循環が悪くなり、低いとうっ血を生じやすくなります。トリミング・テーブルの高さ調節の参考にしてください。

覚えておきたい! 犬体名称

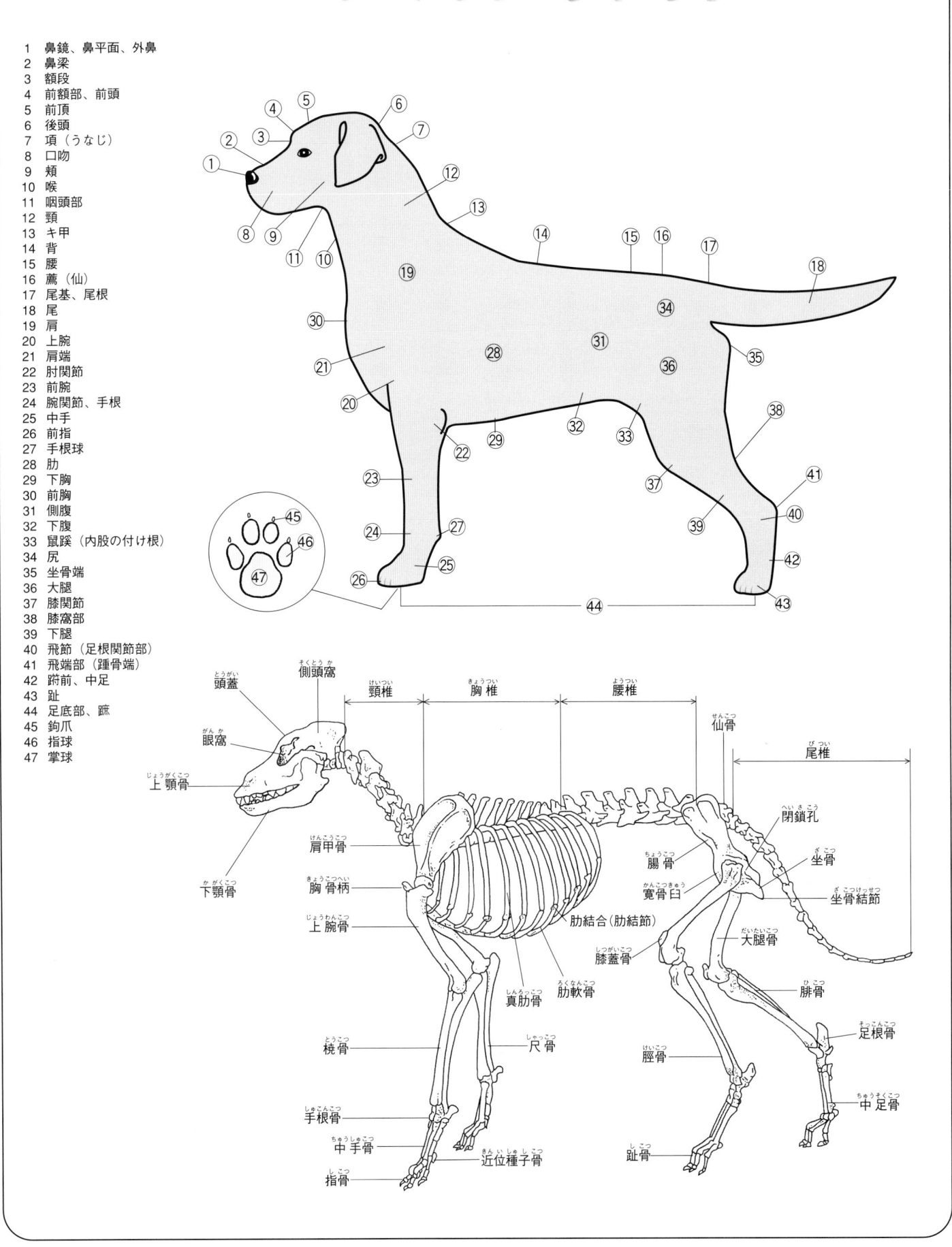

1 鼻鏡、鼻平面、外鼻
2 鼻梁
3 額段
4 前額部、前頭
5 前頂
6 後頭
7 項（うなじ）
8 口吻
9 頬
10 喉
11 咽頭部
12 頸
13 キ甲
14 背
15 腰
16 薦（仙）
17 尾基、尾根
18 尾
19 肩
20 上腕
21 肩端
22 肘関節
23 前腕
24 腕関節、手根
25 中手
26 前指
27 手根球
28 肋
29 下胸
30 前胸
31 側腹
32 下腹
33 鼠蹊（内股の付け根）
34 尻
35 坐骨端
36 大腿
37 膝関節
38 膝窩部
39 下腿
40 飛節（足根関節部）
41 飛端部（踵骨端）
42 蹠前、中足
43 趾
44 足底部、蹠
45 鉤爪
46 指球
47 掌球

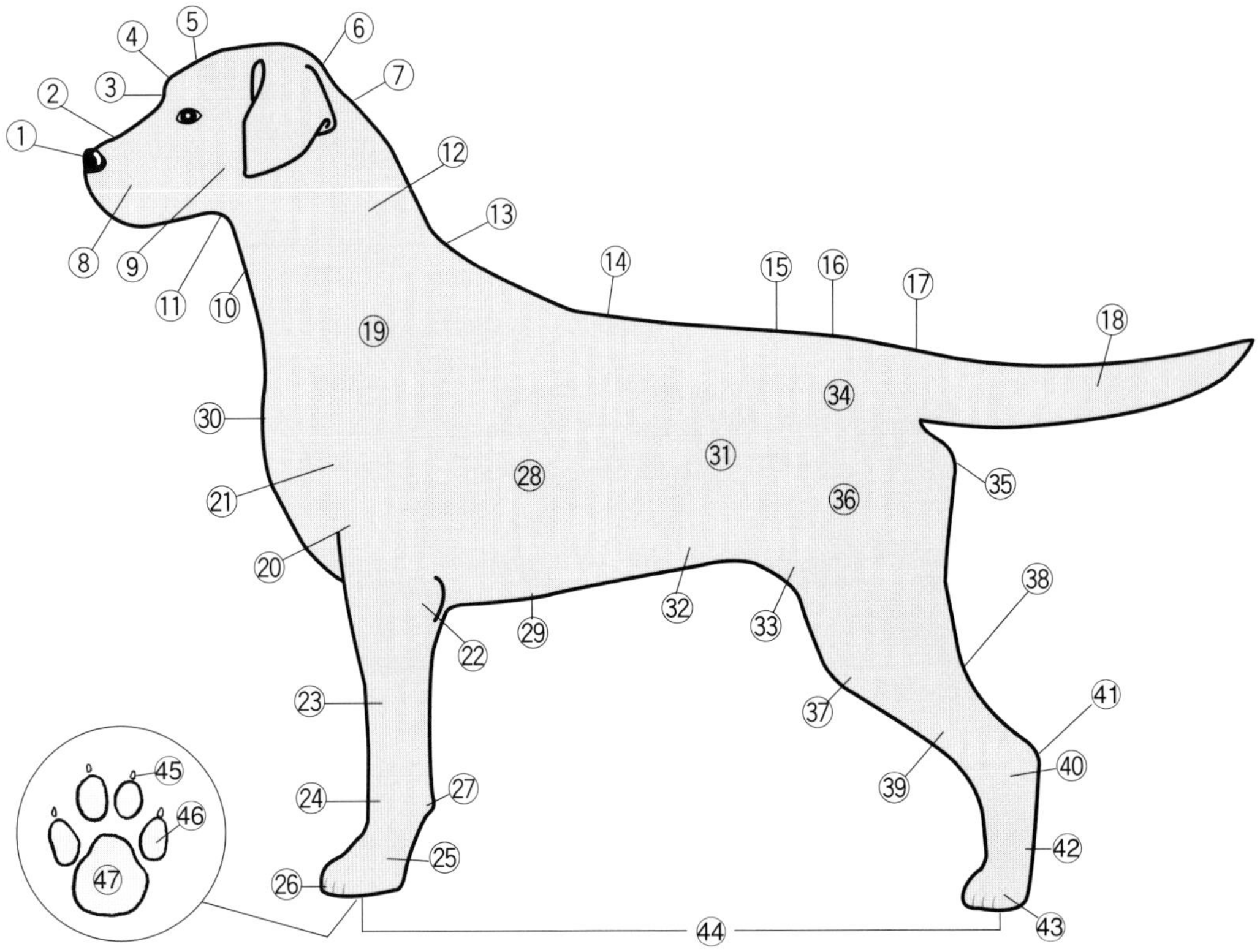

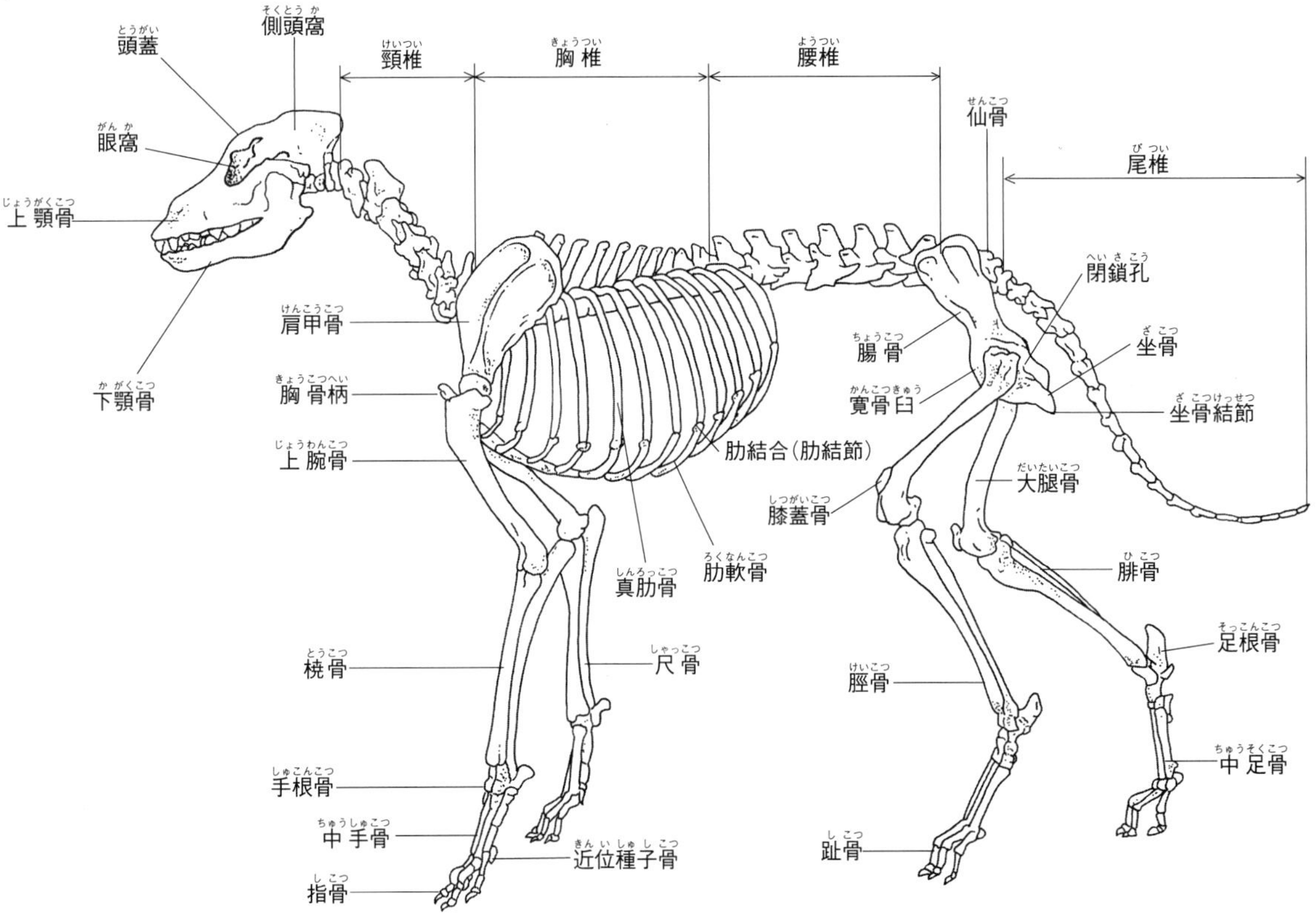

一から学ぶ

皮膚と被毛の仕組み

トリマーは、犬の皮膚や被毛を扱う仕事です。これらのメカニズムを知ることにより、皮膚や被毛の状態に興味を持ち、より細やかに犬の体を観察することが可能になるでしょう。トリマーの基礎知識としてしっかり学んでください。

皮膚概説

皮膚は犬の体の全体を覆い、自然開口部（口、鼻、目、外陰、肛門）から体内の粘膜へ移行しています。体内の器官を保護し、知覚を司るなど大切な役割を担う皮膚が、どのような構造を持つかについて概観してみましょう。

皮膚の働き

皮膚は、さまざまな刺激から体内の諸器官を保護する大切な役割を担っています。何かにぶつかるといった物理的刺激、化学物質や有害微生物の体内侵入、有害な紫外線、寒さなどをさえぎっているのです。

また、皮膚には知覚神経の末端組織があるため、圧覚、温覚、冷覚、痛覚（痒覚は痛覚の軽微なもの）、触覚を司っています。皮膚は、犬が痛みや寒さなどを感じるための大切な器官となっているのです。

そのほか、皮脂を分泌して皮膚の表面や毛幹を滑らかにする作用、わずかな呼吸作用、皮膚表面の血管の拡張と収縮などによる体温調節作用などがあります。皮下組織においては、紫外線を受けることでビタミンDを合成したり、皮下脂肪としてエネルギーを貯蔵するといった働きも見られます。

皮膚の構造

皮膚は、外側から内側に向かって、表皮層、真皮層、皮下組織層の3層に大別されます。

表皮【ひょうひ】

表皮は皮膚の最も外側に位置し、この部分の細胞が変性して毛や爪、汗腺、脂腺などの付属器官を形成しています。ケラチン（角質物質）形成細胞と、メラニン色素形成細胞の割合がほとんどです。表皮には神経や血管が存在しません。

・**角質層**【かくしつそう】

表皮のなかでも最も外側の層で、化学物質や病原菌が体内に侵入することを防いでいます。死んだ細胞が集まってウロコのような形状になっており、これがはがれ落ちたものがフケや垢と呼ばれます。この層は毎日はがれ落ちますが、基底層で作られるケラチン細胞によって補充され、一定の厚さを保っています。

・**淡明層**【たんめいそう】

特殊な層で、鼻平面や蹠肉球【しょくきゅう】の皮膚のみに存在します。角質層同様に、死んだ細胞の集まりですが、きわめて薄い層です。

・**顆粒層**【かりゅうそう】

ケラトヒアリン顆粒を含む細胞が2～3層に重なっています。

・**有棘層**【ゆうきょくそう】

マルピギー層とも呼ばれます。基底層に存在する母細胞から生まれた娘細胞で構成され、扁平に近い立方細胞が2～3層に重なっています。この層は、基底層で作られたケラチン物質を上層に移動させる機能を持ち、上層の細胞が脱落しない限り細胞分裂が行われません。

・**基底層**【きていそう】

表皮と真皮の境界となる層であり、円柱形の細胞1層で構成されているため円柱層とも呼ばれます。ほとんどの細胞がケラチン細胞であり、つねに分裂と増殖を繰り返してケラチン物質を生成しています。この層で作られたケラチン物質が上部へ移動し、角質層を補充しているのです。なお、この層には少数のメラニン細胞が含まれています。

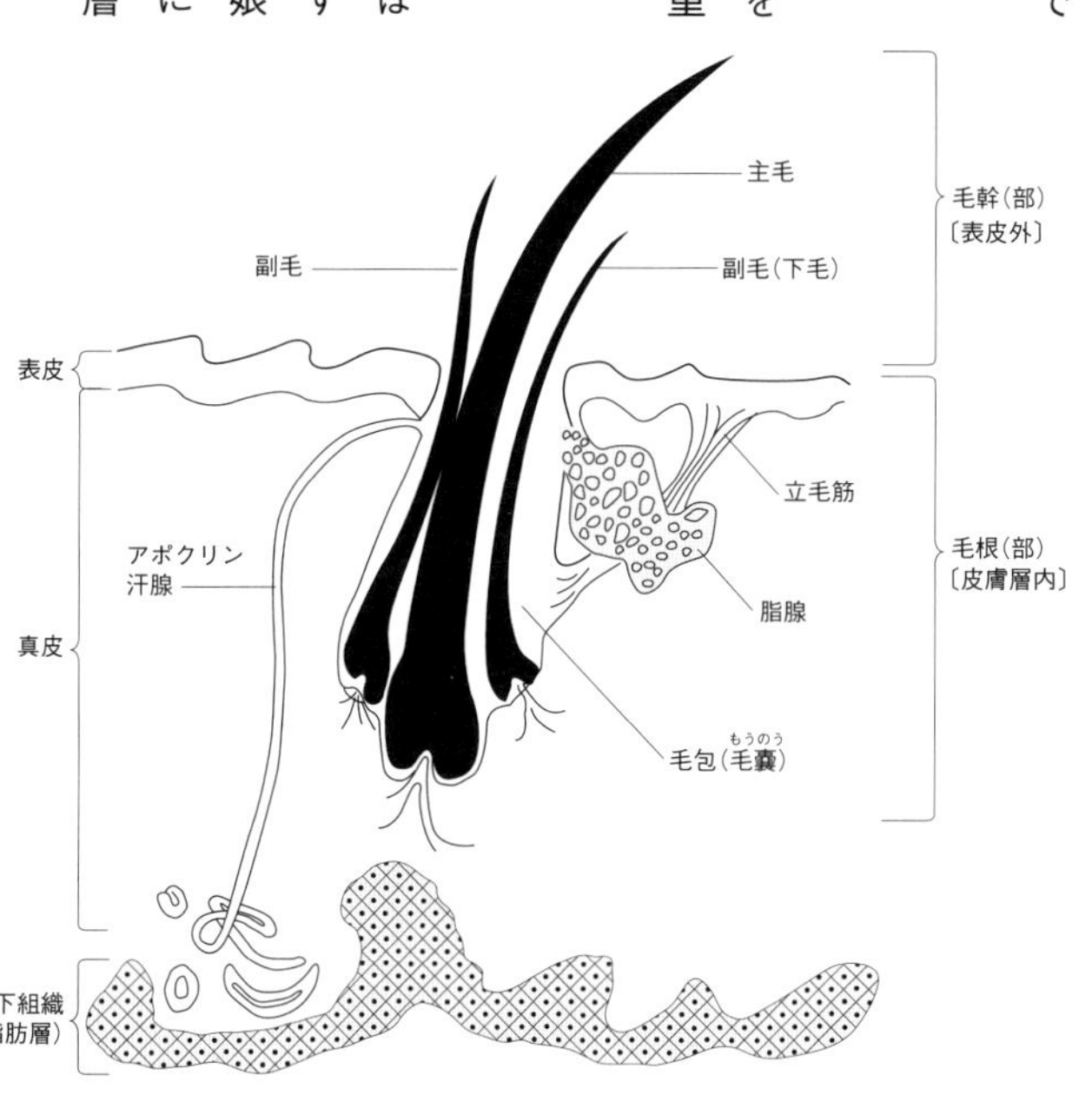

皮膚と被毛の断面模式図

真皮【しんぴ】

毛細血管や各種知覚神経が発達しています。乳頭層と網状層で構成されています。

・乳頭層【にゅうとうそう】

表皮内に乳頭状に突出していることから、この名前で呼ばれます。この層に存在する各種知覚神経が皮膚の知覚を司り、毛細血管が表皮とその付属器官に栄養分を運びます。

・網状層【もうじょうそう】

弾力性に富んだ繊維質の組織で、脂肪細胞、リンパ節、血管、神経、毛包、脂腺、汗腺などで構成されています。

皮下組織【ひかそしき】

脂肪層とも呼ばれ、脂肪細胞、血管、神経を含んだ網状の組織です。本来は皮膚ではありませんが、皮膚ときわめて密接な関係があるため、便宜上、皮膚の一部として扱われています。

脂肪層が上皮を支えることによって、顔や体の外観が整えられています。脂肪の厚さは体の部位によって異なり、眼瞼【がんけん】や陰嚢【いんのう】では薄く、臀部【でんぶ】や蹠肉球では厚くなっています。脂肪を蓄えてエネルギー源としたり、紫外線を受けてビタミンDを合成するといった働きもあります。

皮膚の付属器官

皮膚腺【ひふせん】

表皮の付属器官には、脂腺、アポクリン汗腺、エックリン汗腺、爪床【そうしょう】、毛包があります。これらは、表皮細胞の特殊な組織として発生し、真皮層に分化・発達してきました。

・脂腺【しせん】

毛包の一部が膨んで突出した分泌腺であり、尾の尾腺野のように被毛が少なく太い部分では発達していますが、鼻平面などには存在しません。分泌物の成分は、コレステロール、ロウ、エステル化脂肪酸などであり、これらは皮膚の水分を保つ作用があります。分泌物の多少はホルモンと関係しており、男性ホルモンは分泌を増進させ、女性ホルモンは分泌を抑制します。したがって、若いオス犬は脂分が多く毛づやも良いのに対し、妊娠中のメス犬や高齢犬は脂分が少なく皮膚が乾燥しやすくなります。

・アポクリン汗腺【あぽくりんかんせん】

真皮の深層にあり、体表全体に分布していますが鼻平面には存在しません。分泌物（汗）自体は乳白色で無臭ですが、皮膚表面の細菌の作用で特異な臭気を発するようになります。

・エックリン汗腺【えっくりんかんせん】

犬や猫の蹠肉球に存在し、少量の汗を分泌します。この汗には体温調節の働きはなく、歩行の際の滑り止めに役立っています。

その他の腺

・尾腺野【びせんや】

背側の尾の付け根に太い毛だけがまばらに生えている、直径2～4㎝の卵円形の場所があります。この場所では脂腺・アポクリン汗腺が発達しているため、皮脂が多量に分泌されており、その臭いは犬同士の固体識別に役立っています。分泌物が古くなると変性して皮膚炎の元となりますし、この部分で生じるフケは脂分を多く含むため、ノミが集まりやすくなります。

・外耳道腺【がいじどうせん】

外耳にたくさんある腺で、脂腺とアポクリン汗腺から構成されています。一般に「耳垢【じこう】」と呼ばれているものは、この2つの腺からの分泌物が混ざりあったもののことです。分泌物が古くなると変性し、細菌が繁殖しやすくなり、炎症が起きやすくなります。

・肛門嚢腺【こうもんのうせん】

肛門の内外括約筋のあいだにある、左右対になった嚢で、皮膚のポケットと呼ばれることもあります。脂腺、アポクリン汗腺から構成され、嚢内には悪臭のする油泥状のアルカリ液が蓄えられています。この液体が変性し細菌感染を起こすと、肛門嚢炎や肛門周囲炎を引き起こすことがあります。

その他の器官

・爪【つめ】

爪は表皮の変化したもので、外側は表皮の角質層同様に死んだ組織ですから、切っても痛みはありません。しかし、爪の中心には真皮層が侵入してきており、生きた細胞が存在するため、深爪をすれば痛みがあり出血を伴います。爪の先だけをカットして、固い道路などを歩かせると、その刺激により血管、神経などは後退します。爪のカットと刺激を交互に繰り返せば、爪を理想の長さにすることが可能になるのです。

・立毛筋【りつもうきん】

これは皮膚の一部でも毛の一部でも

犬の毛の種類

犬種により被毛はさまざまですが、被毛の状態で以下の6種類に大別することができます。

◎直状毛
毛束中の主毛が真っ直ぐな強い毛である状態。比較的薄い毛皮質を持つ。

◎剛毛または粗剛毛
きわめて粗く硬い毛の状態を指す。シュナウザーやエアデール・テリアなど。

◎巻縮性剛毛
剛毛に比べるとやや柔らかいものの、相当な太さと弾力を持った毛。カーリー・コーテッド・レトリーバーやヨーロッパ・タイプのプードルのような毛の状態。

◎巻縮毛
細く柔らかい手触りの毛。ベドリントン・テリアなど。

◎絹状毛
きわめて細く、比較的真っ直ぐな毛。マルチーズやヨークシャー・テリアなど。

◎短毛
毛幹の短い滑らかな毛。スムースヘアード・ダックスフンドや日本テリアなど。長さは5mm～2cm程度。

ありませんが、皮膚と被毛に密接な関係のある器官です。毛包に付属する細い平滑筋（不随意筋）で、真皮と毛包を結び、その収縮によって毛を逆立てます。この筋肉は自律神経によって支配されています

被毛概説

被毛の機能は、寒さや雨風から体を守る役目を果たしています。本来、イヌ科の動物の被毛は真っ直ぐなオーバー・コートと、綿状のアンダー・コートの2層構造になっています。寒い地方の犬はたっぷりしたアンダー・コートを持ち、暑い地方ではアンダー・コートはまばらになっています。品種改良が進んだ現在、被毛は本来の働きを失い、飾りにすぎない場合もありますが、被毛の構造などはトリマーの基礎知識としてしっかり学んでおきたいところです。

被毛の構造

1本の毛の、皮膚の表面に露出した部分は「毛幹【もうかん】」と呼ばれ、皮膚の内部にある部分は「毛根【もうこん】」と呼ばれています。毛根部にある「毛包【もうほう】」が毛を生産・育成する組織です。毛包は、チューブ型の窪みとなっており、脂腺、アポクリン汗腺、立毛筋がこれに付属しています。底部の毛乳頭は、たくさんの毛細血管とつながり、育毛のための酸素や栄養分を吸収しています。毛包の下部の毛球部で分裂・増殖した細胞が上へ押し上げられることによって毛が伸びていきます。

ひとつの毛孔から多数の毛が生えているとき、それら全体を「毛束【もうそく】」と呼びます。毛束の中心には太く長い主毛が1～2本あり、それを取り囲むように細い副毛が2～16本生えています。この副毛の量は遺伝によりますが、環境、季節、年齢、体調などにも左右されます。なお、主毛と副毛が揃った被毛を「ダブル・コート」、マルチーズのように副毛の少ないものを「シングル・コート」と呼んでいます。皮膚面積1㎠に存在する毛束数は、ダックスフンドやプードルでは400～600個、ジャーマン・シェパードやエアデール・テリアでは100～300個というように、品種による差が見られます。

皮膚の表面には、角化した細胞がウロコ状に並んでいますが、そのウロコ1枚あたり3本の毛束が生えています。この3本の毛束を「毛群【もうぐん】」と呼びます。毛群の中で最も長く太くなる毛は、中央毛束の主毛です。

毛の成長周期

毛は、発生してから「成長期（ANAGEN）」、「移行期（CATAGEN）」、「休止期（TEROGEN）」の3つの期間を経て抜け落ちます。成長期にある毛は、1日平均約0・18㎜とされ、長毛種ではこの倍近く伸びていることが確認されています。日照時間と毛の成長は密接に関係しており、日照時間が長くなりはじめる春には、犬の毛もよく伸びます。また、毛の成長はホルモンとも直接関係しており、妊娠中のメス犬や老犬の毛は成長が遅れます。

成長期にある毛は弾力性に富み、長軸に沿って引っ張れば約1・5倍にまで伸びますが、離せば元に戻ります。これに対し、休止期の毛は引っ張ると切れてしまいます。ショーに出陳する犬のカッティングは、毛の成長周期も参考にするとよいでしょう。

なお、毛の成長周期は、絹状毛の犬では非常に長く、極短毛種は短いことが知られています。たとえば、柴犬では成長期が約7カ月と言われているのに対し、ヨークシャー・テリアなどでは2年間も毛が伸び続けたという報告があるほどです。

被毛の色

毛球部には色素細胞が存在し、これが毛の発育期に毛皮質や毛髄質に色素顆粒を沈着させる働きを持っています。この色素を「メラニン」と呼び、その種類や量などによって毛色が決定されます。メラニンは光を吸収するのでその量が多ければ黒く見え、メラニンがなければ光が反射されて白く見えます。

被毛と水分

プードルのような縮毛でも、水に浸してコーミングすると一時的に直毛に近い状態になります。そのままドライヤーなどを使って短時間で乾燥させれば、しばらくのあいだ直毛の状態を保ちます。これを利用したのがブローセットです。

ただし、被毛を乾燥させすぎるともろくなり、折れやすくなります。最も被毛に良いとされる水分含有量は10～20％とされています。乾燥しやすい時期には、ミネラルウォーターやブラッシング・スプレーで水分を補うと、毛切れなどを予防できます。

ストリッピング（トリミングで毛を抜くこと）の理由

テリアなどの粗剛毛犬種では、被毛の最高のコンディションを引き出すために、ストリッピングを行って毛質改善を図ります。毛を抜いた後は、太く長く、色素沈着の良い立派な毛が発生しますが、それは生物の持つ修復力に由来します。

ストリッピングにより、成長期にある毛を引き抜いた場合、毛包は破壊されますが、これを補修するために周辺の毛細血管が毛根に栄養と酸素を頻繁に送るようになります。その結果、急速に細胞分裂・増殖が行われるようになり、通常より早く、太く色の濃い毛を再生するようになるのです。さらに、ストリッピングは移行期の毛も引き抜き、再生する毛の生育環境をより良くすることも、立派な毛が再生される理由となっています。

一から学ぶ

皮膚の病気の基礎知識

良い被毛とは健康な皮膚から生まれ、健康な皮膚は健全な全身の上に成り立ちます。皮膚は循環器、消化器と影響の強い器官で「肝を荒らせば皮膚が荒れ、皮膚を荒らせば肝荒れる」と、ことわざにもあるほどです。良い皮膚と被毛は、食物、環境（適度な外気浴）、手入れの3つがそろったときに生まれます。

皮膚のpH（皮脂膜のpH）

pH（ペーハー）とは酸性、アルカリ性の程度を表す数値で、皮膚のpHはその疾患を深く関係しています。基本的に皮膚は酸には強く、アルカリに弱いものです。人のpHは4・5～6・0の酸性で、薬剤などのさまざまな化学的刺激から体を保護するとともに、細菌、カビの発育を予防しています。ほとんどの犬の皮膚はpH6・2～8・6の弱アルカリ性で、その保護作用は人より劣っています。

細菌類が繁殖する条件は①アルカリ性である、②環境温度が38℃前後である、③水分・脂肪分がある、④直射日光が当たらない、⑤無風である、の5つです。犬の場合は皮膚と被毛が①～⑤の条件を備えており、とくに夏場はpHが9・0を超すこともあるため皮膚病が発生しやすくなります。

皮膚の症状から病気を発見

犬が脱毛したり、かゆがったりしたら皮膚病の可能性はもちろん、寄生虫の存在、アレルギー、ホルモン異常などの可能性を疑うことです（表1）。かゆみを伴うか、異常が発生している箇所の状態はどうかなどを観察し、獣医師の診断を早めに受けることが適切でしょう。また、犬の生活環境をできるだけ衛生的に保つことは、寄生虫や細菌の感染を防ぎ、皮膚のトラブルを防ぐうえでとても重要です。皮膚のトラブルは犬にとっても苦痛を伴うことが多いですから、予防できる病気は予防するように心がけましょう。

脱毛

●部分的な脱毛・体全体から毛が大量に抜ける
→アレルギー、寄生虫、真菌・細菌による感染症、ホルモンの異常などが疑われます

自然の換毛なら心配ない

春から夏にかけて、気温が高くなってきたときに犬の毛が大量に脱毛することがありますが、被毛の風通しを良くして体温調節をするために起きる生理的な現象です。犬種による差はあっても、自然なことなので心配はありません。また、室内犬の場合は、冬に暖房を使い始めたころに、脱毛が始まることもあります。脱毛部分が目立つことはなく、かゆみや発疹などほかの症状を伴うことがなければ、生理的なものなので心配ないでしょう。

部分的に脱毛して地肌が見えるほどになり、その部分の皮膚が赤くなったり黒ずんでいたりしたら明らかに病気です。また、体全体から毛が抜ける場合でも、被毛の量が極端に減って犬が貧相に見えるほどになったら、病気の可能性があります。

かゆみの有無で原因が異なる

かゆみを伴う脱毛の場合、考えられる病気としてはアトピー性皮膚炎、ノミによる皮膚炎などが挙げられます。

かゆみを伴わない脱毛の場合、ホルモンの異常、毛包虫の寄生、白癬など

症状からわかる皮膚の病気

こんな症状を見つけたら、お客さまに報告しましょう！

症　状	かゆい	かゆくない
脱　毛	アトピー性皮膚炎 ノミによる皮膚炎	毛包虫【もうほうちゅう】 白癬【はくせん】 自己免疫による皮膚病 ホルモンの異常
皮膚の赤み	膿皮症【のうひしょう】 食物アレルギー 接触アレルギー	自己免疫による皮膚病
かさぶた	ヒゼンダニ、ツメダニの寄生	自己免疫による皮膚病
べとつき・かさつき	→ 脂漏症【しろうしょう】	
大量の耳垢	→ マラセチアによる皮膚病	
小豆のようなものの付着	→ マダニの寄生	

表1

が考えられます。ホルモンの異常による皮膚病は、4～5歳以上の犬に見られることが多く、若い犬に見られることは少ないようです。分泌の異常を起こしたホルモンの種類により、脱毛する場所が異なることも特徴です。

かゆみを伴う脱毛の場合

●顔面、足先、脇、関節の内側など

→アトピー性皮膚炎

アトピー性皮膚炎か否かを見分ける

耳や眼の周り、脇、関節の内側、脚の付け根の内側などを犬がひどくかゆがる場合、アトピー性皮膚炎の可能性があります。犬がその部分を頻繁になめたりかいたりするため、脱毛、皮膚のただれなどを伴うこともあります。また、前肢の内側あるいは後肢の後部の皮膚が厚くなり、乾燥する場合もあります。

アトピー性皮膚炎の主な症状は皮膚のかゆみですが、ダニ、細菌感染、内臓疾患などによっても皮膚がかゆくなることがあるので、アトピー性皮膚炎かどうかをきちんと見分けることが、非常に重要になります。アトピー性皮膚炎は、その75%が生後6カ月から3歳までに発症するので、年齢もひとつの参考として良いでしょう。遺伝的にアトピー性皮膚炎になりやすい血統もあるので、両親や兄弟が発症しているかどうかも目安になります。

また、アトピー性皮膚炎と同時になりやすい病気や、アトピー性皮膚炎を引き起こしやすい病気にかかっていないかの診断も必要です。たとえば、膿皮症、マラセチア症、疥癬【かいせん】、ノミの寄生などです。これらの治療を行うことで、アトピー性皮膚炎の症状が急に軽くなったり、治ってしまうこともあります。とくに、アトピー性皮膚炎は膿皮症を発症しやすく、膿皮症に対する抗生物質を投与するとかゆみが和らぐ場合があります。ゴールデン・レトリーバー、ラブラドール・レトリーバー、シェットランド・シープドッグなどはとくにアトピー性皮膚炎と膿皮症を併発しやすいとされています。

アレルギー反応の仕組み

アトピー性皮膚炎は、アレルギー反応の一種です。アレルギー反応は、体が持つ免疫力の過剰な働きによって引き起こされます。免疫機能は、体内に入った異物を有害と判断したとき、抗体を作ってその異物を排除しようとします。その次に、同じ異物が体内に入ると、体内にできた抗体と結合し、皮膚の炎症を引き起こす物質を大量に作り出します。その物質によって、皮膚がかゆくなったり炎症を起こしたりするのです。アトピー性皮膚炎の場合は、空気中に漂うホコリ、ダニ、花粉などのアレルゲンを犬が吸い込むことによってアレルギー反応が起きます。

アトピー性皮膚炎の治療法

薬物治療が中心で、副腎皮質ホルモン薬（ステロイド薬）や抗ヒスタミン剤によってかゆみや炎症を抑えます。また、リノール酸、リノレン酸、エイコサペンタエン酸といった脂肪酸を使ったり、漢方薬を併用する方法も試みられています。室内飼育の犬の場合、ノミ、ダニ、ホコリなどのアレルゲンとなるものを減らすため、頻繁に掃除を行うことも重要です。

また、アレルゲンを洗い流すためにシャンプーをすることも有効です。膿皮症の場合はクロロヘキシジン・シャンプー、脂漏症の場合はセレン系のシャンプーがよく使われます。ただし、洗いすぎると皮膚が乾燥してアトピー性皮膚炎が悪化することもあるので、洗いすぎは禁物です。皮膚の乾燥を防ぐためには、リンス剤としてロピレングリコールやグリセリンの希釈液を使用することが効果的です。

●赤い発疹ができて
ひどくかゆがる

→ノミによる皮膚炎

まずノミの存在を確認

犬の耳の後ろ、背中、尾、陰部の周りなどの皮膚に脱毛やプツプツとした赤い発疹が見られたら、ノミの存在を疑いましょう。ノミは体長2㎜ほどの黒褐色の虫です。毛をかき分けたり、ノミ取りグシを使ったりして、ノミを探します。また、犬の体に黒い粉のようなものが付いていたら、濡らしたティッシュの上に載せてみます。血液が乾いた後のような褐色のシミが広がったら、その黒い粉はノミのフンです。犬小屋の敷物などに2～3㎜のウジが動いていたら、それはノミの幼虫です。このようにして、ノミの存在が確認できた場合、プツプツとした赤い発疹はノミアレルギー性皮膚炎である可能性が高いのです。

条虫に感染する危険性も

ノミが犬の血を吸うとき、ノミの唾液が犬の体内に入るとアレルギー反応が起こり、これが皮膚炎の原因となります。また、ノミは瓜実条虫（サナダムシ）の中間宿主となるため、ノミを発見したら条虫の感染も疑わなくてはなりません。

治療の第一歩はノミ退治

飼育環境からノミを完全に駆除することが何より大切です。畳やじゅうたんなどでもノミは繁殖しますし、ほかのペットの体でも繁殖している可能性があります。駆除するには、内服薬、ノミ取り首輪、皮膚につける滴下剤などさまざまなものがあります。獣医師の指示に従って、これらを組み合わせて使用してください。

犬がひどくかゆがる場合には、かゆみ止めの外用薬を使用するほか、アレルギー反応を抑える薬、かゆみ止めの薬を内服することもあります。検便の結果、条虫が発見されたらそれに対する駆虫薬を内服することも必要になります。

かゆみを伴わない場合

●脱毛しニキビのような膿胞ができる

→毛包虫症（アカルス）

初期段階ではかゆみは見られない

犬の口、下顎、目の周り、前肢の前面など、皮脂腺が多く分布する皮膚によく発症します。脱毛した部分が次第に広がり、ニキビのような膿胞がたくさんでき、患部の皮膚はただれたような様子になってきます。ひどい場合には、細菌感染を起こし、化膿やびらんを起こすこともあります。

発症したばかりの初期段階では、かゆみはほとんど見られません。しかし、病床が広がり、頭、背中、肛門周囲、下腹部、膝の内側、足先などにも脱毛とただれが見られるようになると、かゆみがでてきます。

皮脂腺にダニが寄生

皮脂腺に、ごく小さなダニ「毛包虫（アカルス）」が寄生して、脱毛や皮膚炎などを起こします。毛包虫が寄生している犬と接触することで感染しますが、感染した犬がすべて発症するわけではありません。犬種、個々の犬の免疫力、ホルモンバランス、食事などが、発症に関係しています。母犬から毛包虫に感染した子犬が成長期に発症するというケースが多いようです。

生後4～9カ月ごろ、性的に成熟する時期に発症しやすいことも特徴ですが、最近は10歳以上の老犬が発症することも増えてきました。高齢犬が毛包虫に感染すると治りにくいといわれます。

根気よい治療が完治への道

早期発見・早期治療が大切です。ダニを殺す抗生物質の内服と、殺ダニ剤の薬浴を並行して行います。かつては治りにくい皮膚病の代表でしたが、毛包虫を殺す抗生物質が開発されたことで、完治も可能になりました。治療には長期間を要しますが、根気よく治療すれば完治する皮膚病です。

●円形の脱毛部分に細かいかさぶたが付着

→白癬

皮膚が赤く腫れてもかゆみはない

目の周り、耳、そのほか皮膚の柔らかい部分などが円形に脱毛し、その部分に細かいフケのようなかさぶたが付着します。その周囲の皮膚は少し赤く腫れますが、かゆみはほとんどありません。

カビの仲間による皮膚炎

カビの仲間の糸状菌が犬の毛や皮膚に寄生して起きる皮膚病で、皮膚の抵抗力の弱い子犬や換毛期の犬に発症することが多いようです。白癬の原因となる糸状菌には数種類ありますが、なかには土の中に生息するものもあるため、土を掘るのが好きな犬などは白癬を発症しやすくなります。人間にも感染して皮膚炎を発症することがあるので、注意が必要です。

菌が完全にいなくなるまで治療

患部以外の場所にも糸状菌が寄生している場合が多いので、全身の毛を刈り、原因となる菌を除去することが治療のスタートです。1週間に1～2回の薬浴を行うとともに、抗真菌薬の塗布や抗生物質の内服を行います。皮膚の症状が消えても、菌が完全にいなくなるまで治療を続けないと根治しません。

●鼻や耳が脱毛しかさぶたができる

→自己免疫による皮膚病

全身へとかさぶたが広がる

最初に鼻筋の毛が抜けて皮膚がジクジクしますが、しばらくするとかさぶたになります。このような状態が、目や口の周り、耳、四肢、肛門など体全体に広がっていったら、自己免疫による皮膚病の可能性があります。最初に症状が出るのが鼻筋ではなく、耳や四肢である場合もあるので、脱毛とかさぶたが見られたら要注意です。通常、かゆみは伴いませんが、かさぶたがはがれた場所は化膿して痛みを伴います。

この病気は、春から夏にかけての日差しが強い時期に発症することが多く、メラニン色素のない白い犬に多く見られることから、紫外線がこの病気に大きな影響を与えていると考えられています。

治療には根気が必要

自己免疫による皮膚病は、アレルギー反応の一種です。

通常、免疫機能は外部の異物に反応し、それを排除するために抗体を作りますが、自分の体の成分に反応する抗体を作ってしまうのがこの病気です。抗体が皮膚の表面に作られ、細胞と細胞をつないでいる物質が壊れることによって皮膚に異常が起こります。

診断も治療も困難であり、皮膚病のなかでもとくに根気よく治療することが必要です。副腎皮質ホルモン薬、漢方薬、ビタミンE、免疫抑制剤など、複数の薬を組み合わせた薬物療法を行います。紫外線との関連が指摘されていますから、強い紫外線を避けることも必要です。

●その他
さまざまなタイプの脱毛

→各種ホルモンの異常

胴体は広く脱毛しているのに、頭や四肢の毛が残っている場合は、副腎皮質ホルモンか成長ホルモンの分泌量の増減が疑われます。生殖器や肛門付近に脱毛が集中する場合は、性ホルモンの分泌量が極端に増加または減少していることが疑われます。犬種にもよりますが、甲状腺ホルモンの異常も犬のホルモン異常のなかで最も多い病気のひとつです。

また、ホルモンは内臓の働きと関係があることから、その他の症状が見られることもあります。たとえば、副腎皮質ホルモンの分泌量が増えると、大量に水を飲み、尿の量が増え、食欲も増加します。甲状腺ホルモンの分泌量が減少すると、暑さや寒さに弱くなったり、肥満してきたりします。

ホルモンに関する病気か否かを診断するためには、血液検査を行います。分泌の異常が疑われるホルモンの量を測定して原因を突き止めたら、ホルモン薬などによる薬物治療を行います。治療は長期に渡ることが多く、脱毛した毛が再び生えそろうまでに数カ月を要することもあります。

皮膚の赤み

→かゆみを伴う場合は、膿皮症、食物アレルギー、接触アレルギー、ノミによる皮膚炎など、かゆみを伴わない場合は、自己免疫による皮膚病が疑われます。

かゆみを伴う脱毛の場合

●皮膚が化膿してひどくかゆがる

→膿皮症

円形に赤くなったら要注意

初期の段階では、皮膚の表面に小さな赤い発疹が生じ、病気の進行に伴って病変部が丸く広がっていきます。病変部の皮膚が赤くなって中心部が黒ずむとともに、その部分が強いかゆみを伴うような膿皮症が疑われます。病

状が進むと病巣が皮膚の深部におよび、患部が腫れ上がったり、化膿したりします。ひどい痛みや発熱を伴うこともあります。

膿皮症は、全身で発症する可能性がありますが、よく見られるのは、顔、脇、内股、指のあいだなどです。尻や四肢に発症した場合は、犬がなめたりかんだりしやすいため、一夜にして大量に脱毛することもあります。

ほかの皮膚病から移行することも

犬の皮膚や被毛には、ふだんから細菌が付着していますが、健康な犬であれば皮膚自体の持つ抵抗力で細菌の増殖を抑えています。しかし、体の免疫力が低下した犬や高齢犬では、皮膚の抵抗力が弱くなるため、細菌が増殖して皮膚が化膿してしまうのです。ほかの慢性的な皮膚病、免疫異常、栄養不良、ホルモンの病気、副腎皮質ホルモン薬などの過剰な投与が見られる犬は、膿皮症が発生しやすくなります。また、シャンプーのしすぎや、犬に合わないシャンプーの使用もこの病気の原因となることがあります。細菌が増殖しやすい夏場は膿皮症になりやすく、とくに注意が必要です。

抗生物質とシャンプーで治療

膿皮症は、抗生物質の投与とシャンプーで治療します。抗生物質は細菌によって投与するものが異なるため、どの細菌が原因かを突き止めることから治療はスタートします。また、細菌の感染を抑える成分を含んだシャンプーで皮膚の表面を清潔にすることも大切です。ただ、洗いすぎると皮膚が乾燥して、症状を悪化させることもあるので、シャンプーは週2回が限度です。

●顔面のみが赤くなったり
かゆがったりする

→食物アレルギー

食後短時間で顔面に発症

食物アレルギーは、食べものを食べてから比較的短時間のうちに症状が表れます。通常は、顔面がかゆくなり、赤くなったり発熱したりします。顔だけにかゆみや赤みが出た場合は、食物アレルギーの可能性が高いようです。まれにですが、下痢や嘔吐を併発することもあります。食物アレルギーは、2歳前後で発症することが多く、とくにラブラドール・レトリーバー、ジャーマン・シェパード、プードルなどによく見られます。

食べものの中の特定の物質に対して免疫機能が働く結果、アレルギー反応が起きますが、アレルゲンを特定するのは容易なことではありません。アレルゲンと考えられる食べものを取りのぞいたフードを与え、症状がなくなるかどうかを確認していくことで診断をしていきますが、試験期間が2〜10週間に渡るため、飼い主の理解と根気が必要です。治療は、低アレルギー食に切り替えることが中心で、これまでのところ薬物療法の効果はあまり認められていません。

●首の周りや口の周りに
発疹ができたり
赤くなったりしてかゆがる

→接触アレルギー

食器、首輪、シャンプーなどに要注意

犬がよくふれる器具などにアレルゲンが含まれていると、器具にふれた部分の皮膚が赤くなったりかゆくなったりします。ノミ取り首輪、プラスチック製の食器、じゅうたんなどアレルゲンとなることが多いですが、シャンプー、湿布薬などもアレルゲンとなることがあります。犬がかゆがる場所が特定の器具・用具と接触することが多い場合や、シャンプーの後にかゆがるような場合は、接触アレルギーが疑われます。

治療は、アレルゲンとなる器具や薬剤などの使用を中止することにつきます。また、シャンプーはよく洗い流すことを心がけ、ノミ取り首輪を初めて使うときには頻繁に外して皮膚の様子をチェックすることが接触アレルギーの予防となります。

●赤い発疹ができて
ひどくかゆがる

→ノミによる皮膚炎(別項参照)

かゆみを伴わない場合

●鼻や耳が脱毛し、かさぶたができる

→自己免疫による皮膚病（別項参照）

かさぶた

→かゆみを伴う場合は疥癬（ヒゼンダニの寄生）やツメダニの寄生が疑われ、かゆみを伴わない場合は自己免疫による皮膚炎が疑われます。

かゆみを伴う場合

●皮膚が固くなりフケと発疹が出る

→疥癬（ヒゼンダニの寄生）やツメダニの寄生

かさぶたができ、フケが発生する

犬の耳の縁、顔、肘、膝、踵【かかと】、足の甲などの皮膚が硬く固まり、フケが出るようになります。激しいかゆみを伴う発疹が出たら、「ヒゼンダニ」が皮膚にすみついていることが疑われます。症状が進むと、フケが厚いかさぶたを作り、その下でヒゼンダニが繁殖します。

犬の被毛をかき分けて皮膚の表面を見たとき、フケがかさぶたのように厚く重なりそのフケがかすかに動いているように見えたら、「ツメダニ」の寄生が疑われます。被毛の先に、白い粉のようにダニが付着している場合もあります。

ヒゼンダニは0・5㎜〜1㎜程度、ツメダニは0・5㎜程度で、両者ともに患部の皮膚を顕微鏡で見て診断します。

薬浴が治療の中心

治療は、ツメダニのほうが容易です。ツメダニが大量発生している場合は、全身の毛を刈ることもありますが、ツメダニを殺す効果のある薬浴剤による治療で十分です。

ヒゼンダニの場合、まず全身の毛を刈って病気の範囲や程度を確認し、ダニを殺すための外用薬の塗布、薬浴、抗生物質の内服、かゆみ止めの投薬などを並行して行います。症状が軽減した段階で治療を止めてしまうと、再発するおそれがあるため、ヒゼンダニが完全に死滅して患部が完治するまで根気よく治療を続ける必要があります。

ヒゼンダニ、ツメダニともに接触によって簡単に感染します。動物同士のみならず、人間にも感染し、激しいかゆみを伴う赤い発疹ができます。飼育環境の衛生を保つことが、ダニ予防と対策の上で非常に重要です。

かゆみを伴わない場合

→自己免疫による皮膚炎（別項参照）

皮膚のべとつき・かさつき

→脂漏症【しろうしょう】

皮膚の性質とフケ

皮膚には油性と乾性があり、そのどちらかを持つかは主に遺伝や環境によって決定されます。両者では発生するフケ（落屑、鱗屑）の性質も異なり、油性の皮膚では厚く大きな落葉状のフケ、乾性の皮膚では粃糠【ひこう】状（細かい軽い粉状）のフケが生じます。フケは健康な皮膚でも見られますが、急に増えたりした場合には脂漏症が疑われます。

油性・乾性2種類の脂漏症

脂漏症は油性と乾性の2種類があります。油性脂漏症は、体臭が強くなり、体がべとついて脂っぽくなります。乾性脂漏症は、皮膚がひどく乾燥し、多量のフケが体から浮き上がったように発生します。脂漏症は、ホルモンの量や食べものの中の脂肪分によって皮脂の量が極端に増加したり減少したりすることが原因となっています。

栄養バランスの悪さから発症することも

脂肪分、ビタミン、ミネラルの不足が原因となることもありますが、アレルギー、ホルモン異常、寄生虫の感染など、ほかの病気が原因になることも多いようです。ほかの皮膚病から二次的に引き起こされる場合もあります。また、発疹や脱毛などの症状が見られることもあります。

ほかの病気が脂漏症の引き金になっている場合は、その病気の診断・治療が何より大切ですが、栄養バランスの良い食事を与えることである程度予防もできます。良質の脂肪分が18％含まれた食事が最適です。銅、亜鉛、ビタミンAなどが足りない場合は、皮膚の角質化が早まりますから、これらのバランスの良い食事を与えることも大切です。

タイプによって異なる治療法

　油性脂漏症の場合は、脂肪酸製剤、動物性脂肪、コーンオイルなどを与えるほか、抗脂漏シャンプー（硫黄、セレン、タール系統のシャンプー）での薬浴が効果的です。洗いすぎは皮膚を乾燥させてしまうので、シャンプーは週2回程度に抑えます。乾性脂漏症でフケが多い場合は、ビタミンA製剤や亜鉛製剤が投与されます。この場合、シャンプーの後に皮膚軟化リンスを使って保湿することもあります。ほかの病気と脂漏症を併発している場合は、その病気の治療を行うことが必要です。

大量の耳垢が発生

→マラセチアによる皮膚病

ほかの皮膚病のかゆみを悪化させることも

　慢性の外耳炎、大量の耳垢、チョコレート色あるいは酸っぱい臭いの耳垢などが見られるときは、「マラセチア」が疑われます。マラセチアが寄生していること自体は大きな問題ではありませんが、大量に増殖するとかゆみを伴うことがあります。また、脂漏性外耳炎、脂漏性皮膚炎、アトピー性皮膚炎などのかゆみを悪化させる原因となります。

　マラセチアの大量増殖が見られた皮膚はつねに清潔に保ち、殺菌性のある薬剤などでていねいに洗うとともに、抗生物質を内服することが治療となります。また、脂肪の多い食品を控え、皮膚からの分泌物を抑えることも必要です。

小豆のようなものが体表に付着

→マダニの寄生

それほど害がなく治療もすぐに終わる

　小豆～大豆くらいの大きさの赤黒く光沢のある虫が、犬の皮膚に食い込むように付着していたらそれが「マダニ」です。付着した直後は、2～3㎜の小さな虫ですが血を吸うと大きく膨れあがります。

　マダニは樹木や草の葉先に生息しており、通りかかった犬の体に付着します。目の縁、耳の付け根、頬、肩、前肢などに寄生することが多いようです。

　2～3匹の寄生なら、ピンセットなどでマダニを引き抜けば治療は終わります。マダニの頭部が犬の皮膚に残らないように注意して、静かに取ってやりましょう。ただし、地域によってはマダニが原虫「バベシア」や野兎病の病原菌などの中間宿主となるため、マダニを除去する際はけっしてつぶさないように注意しましょう。ティッシュペーパーやビニール袋などでしっかり包んで処分することが必要です。

　なお、大量のマダニが寄生している場合や、繰り返し寄生される場合は、ダニ対策用の外用薬や、寄生虫の感染を防ぐ薬剤などを定期的に投与することが必要になります。

Ⅶ 主なグルーミング犬種

DATA

原産地　フランス
起　源　16世紀
体　高　S：45～60cm（MD：35～45cm、MN：28～35cm、T：28cm以下）
（S：スタンダード、MD：ミディアム、MN：ミニチュア、T：トイ）
※2004年4月1日付で4タイプになりました。
（JKC犬種標準に準拠）

プードル

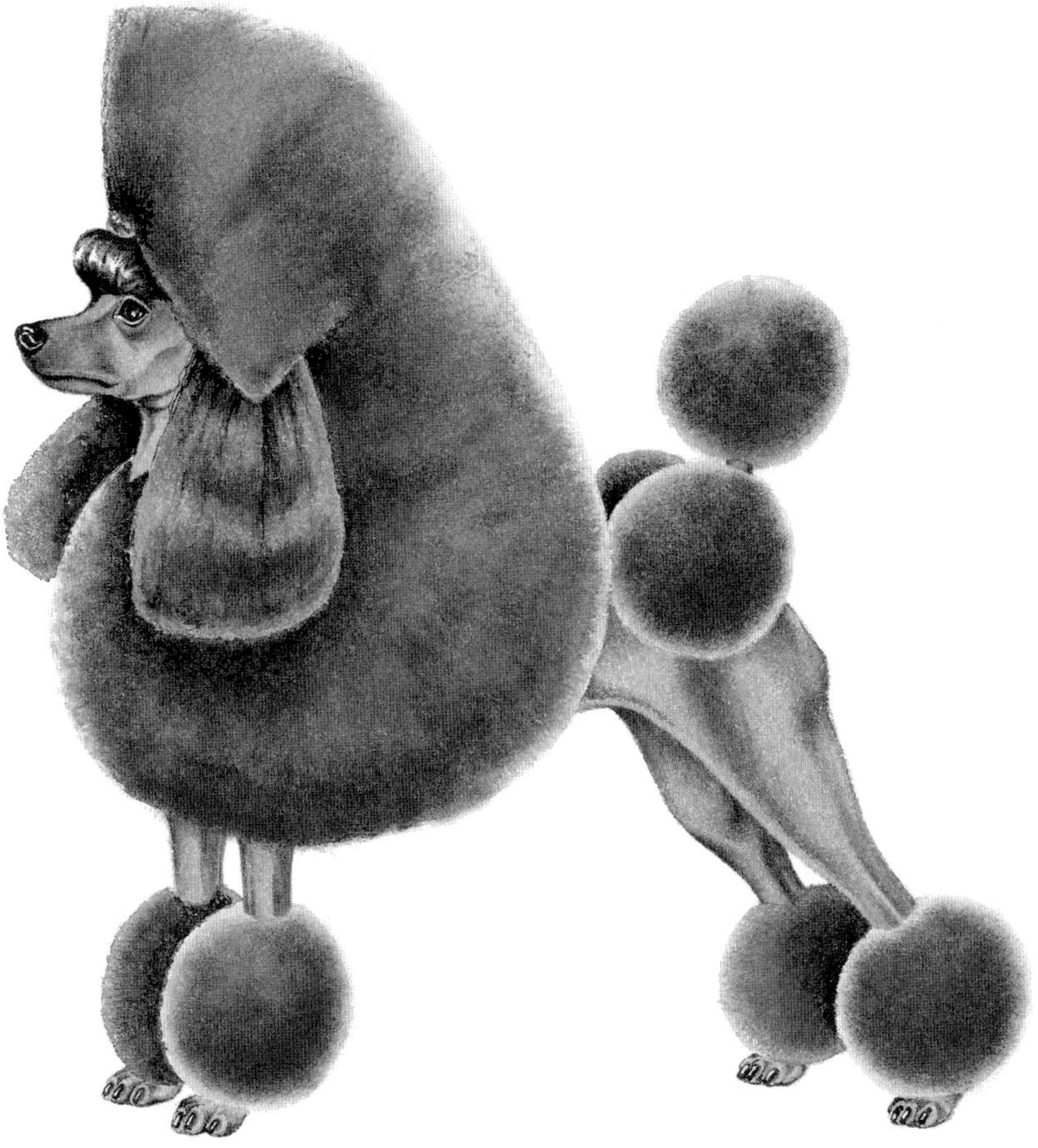

沿革

スタンダード、ミディアム、ミニチュア、トイの4タイプに分かれています。ドイツで護羊犬や水鳥回収運搬犬として使役されていたスタンダード・プードルがフランスに伝わり、小型化されていったと考えられています。16世紀には、ミニチュア・サイズのプードルがフランスの上流階級の夫人に愛されるようになり、18世紀にはトイ・プードルが誕生しています。外見の愛らしさと優れた思考力を併せ持つこともあり、20世紀には世界一人気のある犬種となりました。

外貌

口吻は真っ直ぐで、やや傾いた目、波状の被毛に覆われた垂れ耳を持ちます。フワフワとして弾力性に富んだ被毛を持ち、トリミングによっていっそう優雅さや気品を醸し出しています。四肢や胴体の一部を刈り込み、脚や尾に丸いポンポンをつけたようなカットが知られています。水鳥回収運搬の作業を容易にするために被毛の一部を刈り込むようになったとされていますが、現在では美的要素が重視されています。

DATA

原産地	地中海地方
起　源	古代
体　高	20～25cm
体　重	1.8～3.2kg

マルチーズ

沿革

古代から貴族や富豪のペットとして愛されてきた歴史を持つ、愛玩犬のなかの愛玩犬というべき存在がマルチーズです。紀元前1500年ごろ、マルタ島がフェニキア人の植民地となったとき、カナリー諸島から連れて来られた白い小さな巻毛犬が祖先と考えられています。その後、古くからマルタ島に生息するスパニエル系の犬と交配されるようになり、イギリスに渡って現在の形になったと言われています。エリザベス女王に熱愛されたことなどから、一躍世界に知られるようになりました。

外貌

丸みを帯びた頭部、円形に近い卵型の目、真っ直ぐな短めの口吻、頬にピッタリと沿う垂れ耳を持ち、非常に愛らしい姿をした小型犬です。被毛の特徴は、純白、長い絹糸状、直状毛、下毛があまり見られないシングル・コートという点にあります。

シー・ズー

DATA

原産地　中国
起　源　17世紀
体　高　26.7cm以下
体　重　4.5〜8.1kg

沿革

シー・ズーは、中国名を「獅子狗（シー・ズー・クウ）」と言い、中国の王宮で愛玩犬として繁殖されてきました。17世紀にチベットのダライ・ラマが貢ぎものとして献上した聖なる犬ラサ・アプソと、中国宮廷で古くから門外不出の犬として飼育されていたペキニーズとを交配して作出されたのがはじまりと伝えられています。20世紀初頭にイギリスに渡ってヨーロッパに紹介され、現在では世界各地で人気を集めています。ラサ・アプソと非常に似ているため、ドッグ・ショーでは、シー・ズーはトップノット（前髪を結うこと）が義務付けられています。

外貌

短い口吻に特徴がありますが、ペキニーズほど下顎が突き出てしゃくれ上がってはいません。長く密集したオーバー・コートや鼻の周囲の独特の口ひげが特徴的です。革命前の中国の犬種標準書によれば「頭部はライオン、ボディはクマ、足はラクダ、尾は羽ボウキ、耳はヤシの葉」に似るとあります。

ヨークシャー・テリア

DATA

原産地　イギリス
起　源　1800年代
体　高　22.5～23.5cm
体　重　3.1kg以下

沿革

19世紀のなかばに、イギリス・ヨークシャー地方の鉱山労働者たちが、家屋を荒らすネズミを捕らえるために作出したのがはじまりです。当時は大きさや毛色も不統一でしたが、絹糸のような手触りのコートを持つことから、イングランドにはそれまでになかった犬として、ヨークシャー地方の機織女工たちのあいだで大流行しました。その後、種々の犬たちと交雑されて小型化し、毛質も徐々に変貌して、現在見られるような美しい愛玩犬へと改良されたのだと伝えられています。

外貌

非常にコンパクトなボディと幅の狭い小さい頭を持ちます。V字型に直立した耳、真っ直ぐでやや短めな口吻、大きすぎない目が、愛らしいなかにもシャープさを見せています。被毛は、直状の細い絹状毛で長く伸びます。ショー・ドッグでは四肢は被毛の下に隠れるほど毛を長く伸ばしますが、手入れにも十分気を使わなければなりません。小さな体からは想像がつかないほど、精力的なことも特徴です。

DATA

原産地　ドイツ
起源　中世、1800年代
体高　22〜28cm
体重　2〜3kg

ポメラニアン

沿革

北ドイツのポメラニア地方が原産であるため、この名称で親しまれていますが、ドイツでは「ツェルグ・スピッツ」と呼ばれています。祖先は、大型のジャーマン・スピッツやラップランドでソリ犬や猟犬として使われていたたくましい犬といわれています。ドイツでも小型へ改良されていましたが、イギリスに渡ってさらに小さくかわいらしい現在の姿に改良されました。19世紀にイギリスの貴族のあいだで流行し、ビクトリア女王にも寵愛されました。現在では世界中で愛玩犬として人気を集めています。

外貌

スピッツは「口吻や耳が鋭く尖っている」という意味で、その名の通り小さく尖った耳が快活な印象を与えます。首の周りには特有のフサフサした飾り毛が見られます。北国の気候に適応できるよう、密度のあるアンダー・コートを持ち、それを覆うように長いオーバー・コートが生えています。

ダックスフンド

DATA

原産地　ドイツ
起　源　1900年代
体　高　13〜25cm
体　重　9〜12kg
（M：4.5〜4.8kg、
K：3.2〜3.5kg）
（M：ミニチュア、K：カニーンヘン）

沿革

ダックスフンドは中世の時代より知られてきた犬です。ドイツ語でアナグマを意味するダックスと、犬を意味するフンドの名が示すとおり、もともとは穴に住む動物を狩るために作り出された狩猟犬です。その後、ウサギなど、より小さな巣穴を持つ動物の猟のために、ミニチュア、カニーンヘンが求められるようになりました。毛質としてはスムースヘアードが原種で、ワイアーヘアードはシュナウザーやほかのテリアとの交配により、ロングヘアードはスパニエルとの交配によって作り出されました。現在は世界中で最も人気のある犬種のひとつとなっています。

外貌

穴にもぐって働くため、胴長短足の体型となっています。鼻筋の長い大きな鼻、楕円形の目、中くらいの長さの丸い折れ耳などが特徴です。カラーバリエーションが非常に豊富であることも、この犬種の特徴のひとつです。筋肉質の力強い体を持っていますが、実際に仕事をする犬はショー・ドッグほど胸の厚みはなく四肢も長めです。

DATA

原産地　ドイツ
起　源　1400年代
体　高　30〜36cm
体　重　6〜7kg

ミニチュア・シュナウザー

沿革

「シュナウザー」とはドイツ語で「ひげ」を意味します。シュナウザーにはジャイアント、スタンダード、ミニチュアの3つのタイプがあり、ミニチュア・シュナウザーは、スタンダード・シュナウザーにアーフェン・ピンシャーやミニチュア・ピンシャーを交配して作り出されたと考えられています。

誕生した当初はネズミ捕りとして活躍していましたが、現在ではもっぱらコンパニオンとして飼われています。利口で活発、従順な性格から、家庭犬としてだけでなく番犬としても人気が高くなっています。

外貌

高い位置についた小さな垂れ耳、剛毛質のモジャモジャの眉に隠れた楕円形の目、密生した顎ひげなどが独特の風貌を作り上げています。被毛は、柔らかい密生したアンダー・コートとワイアリーで粗い毛のオーバー・コートからなっています。このコートの特性を最大限に引き出すには、ストリッピングやプラッキングが必要となります。また、断尾することも特徴です。

DATA

原産地　地中海地方
起　源　中世
体　高　23～30cm
体　重　3～6kg

ビション・フリーゼ

沿革

16世紀ごろ、カナリー諸島から白い愛玩犬がフランスに持ち込まれ、小型化に成功したのがビション・フリーゼと伝えられています。ビションは「かわいい」、フリーゼは「巻毛」を意味するフランス語です。貴婦人たちのあいだで抱き犬として流行し、フランス国内で愛玩されていました。40年ほど前、アメリカでビション・フリーゼの独創的なカットが開発されました。その後、工夫が加えられて現在のショー・カットとなり、世界的な流行犬種となりました。

外貌

ボリュームのある純白の被毛が特徴的です。この被毛はとてもゆるい巻毛で長く伸びます。密なアンダー・コートと固めのオーバー・コートはベルベットのように滑らかな手触りです。ボリュームのある毛質は跳ね返すような弾力を持ち、それがビション・フリーゼの魅力を引き出す要因にもなっています。

DATA

原産地　イギリス
起　源　1925年
体　高　31～33cm
体　重　5.4～8kg

キャバリア・キング・チャールズ・スパニエル

沿革

17世紀初めにさまざまなサイズのスパニエル犬が誕生しましたが、キング・チャールズ2世が寵愛した犬種に「キング・チャールズ・スパニエル」という名称がつけられました。この犬は、現在のキャバリアのように口吻の長い犬でしたが、流行に合わせて体型も口吻の長さも短く改良されました。19世紀初めに本来のタイプを復活させる運動が起き、復活した犬種に「中世の騎士」という意味のキャバリアという名称が与えられました。優雅な外見と穏やかな性格により、世界で愛されるようになりました。明るく友好的な性格で、理想的なコンパニオン・ドッグです。機会があれば何㎞でも歩く、運動が大好きな犬種でもあります。

外貌

キング・チャールズ・スパニエルに比べ、やや大型で目と鼻の位置が離れ、口吻が長いことが特徴です。目は丸く大きく、上唇はやや垂れており、耳は長くフサフサとした飾り毛に覆われています。被毛は長く絹状であり、波打ってはいても巻毛にはなりません。

DATA

原産地	イギリス
起　源	1800年代
体　高	25～28cm
体　重	7～10kg

ウエスト・ハイランド・ホワイト・テリア

沿革

ウエスト・ハイランド・ホワイト・テリアはスコットランド生まれの勇敢なテリアです。その血筋をたどると、17世紀初頭におよびます。その後、アージルシャー州において卓越した勇気と獣を恐れず突進するテリア・キャラクターを育てるため、数世紀に渡って注意深い繁殖が続けられてきました。故郷のアージルシャー州はケアーン・テリアの原産地でもあり、両者は同じ祖先の血を引いていると思われます。この両犬種は長いあいだ交配が認められていましたが、現在では完全に分離されています。

外貌

スコットランドの荒地で生き抜いてきたため、筋肉質の力強いボディ、骨太で頑丈な骨格、柔らかくボディに密着したアンダー・コートを覆う粗い剛毛を持っています。ピンと立った小さな耳、びっしりと被毛に覆われた頭部とそこから覗く黒い目と鼻は、大人になっても子犬のような愛らしい印象を与えます。

また、この犬種はアレルギー性の皮膚病にかかる率が高いので、飼育やグルーミングには皮膚と被毛に関する正しい知識が必要となります。

アメリカン・コッカー・スパニエル

沿革

17世紀に移民たちとともにやってきたイングリッシュ・コッカー・スパニエルが祖先といわれています。当初は猟犬として利用されていましたが、小柄で愛玩用に飼育されていた系統に改良が加えられ、19世紀に独立の犬種として認められました。ドッグ・ショーが盛んになるにつれて被毛の改良が進み、不要な部分の毛は短く、飾り毛は豊かな現在の形になりました。

愛想が良く温和な性格と、被毛の美しさが世界各地で人気を集めています。

外貌

イングリッシュ・コッカー・スパニエルに比べて、ボディが短く頭部が丸みを帯びていて、全体的にコンパクトで愛らしい印象です。豊かな被毛に覆われた長い垂れ耳、ややアーモンド型の目、長い首などが特徴です。被毛はわずかにウェーブがかかった絹糸状で、長く伸びる傾向はありますが、量はそれほど多いわけではありません。

DATA

原産地　アメリカ
起　源　19世紀
体　高　36〜38cm
体　重　11〜13kg

イングリッシュ・コッカー・スパニエル

沿革

イギリスの10世紀ごろのウェールズ王の法典には、スパニエルに関する古い記述があります。これは、ランド・スパニエルと考えられており、多くのスパニエルの祖先となりました。18世紀になると、小型のランド・スパニエルは2つのグループに分けられます。1つは、鳥を見つけだし、ハンターが撃ちやすいように飛び立たせる「スターター」と呼ばれる犬種で、もう1つはヤマシギの回収を行う「コッカー」と呼ばれる犬種です。コック（シギ）を捕る犬ということで、コッカーと呼ばれるようになりました。優れた猟犬として狩猟愛好家のあいだで人気を呼ぶとともに、明るく穏やかな性格から、愛玩犬としてヨーロッパやイギリスで抜群の人気を誇っています。

外貌

アメリカン・コッカー・スパニエルよりやや大きく、すっきりとした輪郭の上品な頭部に、がっしりした体格をしています。被毛はゆるやかにウェーブした絹状毛です。飾り毛は豊かではありますが、ボディ・ラインが隠れてしまうほどにはなりません。

DATA

原産地　イギリス
起　源　19世紀
体　高　38〜41cm
体　重　13〜15kg

スコティッシュ・テリア

沿革

スコットランドのウエスタン・アイルズの土着犬が祖先といわれています。19世紀なかばに、アバディーン市で改良が重ねられたことから、以前はアバディーン・テリアと呼ばれていました。主に穴にもぐってアナグマやカワウソを追い立てることに使用されており、単身巣穴に飛び込んで戦う勇敢な性格から「ダイ・ハード（死ぬまで戦うという意味）」というニックネームも付けられています。また、コンパニオンとしても適しており、内気で人になつきにくいところもあるため、番犬としても優れています。

外貌

穴にもぐるのに適したがっしりしたボディと短い足を持っています。長い眉、すっきりと先の尖った耳、顎ひげなどに特徴があります。被毛は柔らかいアンダー・コートと粗くワイアー状のオーバー・コートからなるダブル・コートです。

DATA

原産地　イギリス
起　源　1800年代
体　高　25～28cm
体　重　8.5～10.5kg

ワイアー・フォックス・テリア

沿革

イギリスの採炭地方に生息していたワイアーヘアード・テリアが祖先と考えられています。貴族のスポーツだったキツネ狩に使われるようになったことから、18世紀にフォックス・テリアと呼ばれるようになりました。

当初、この犬はキツネ色をしていたため、キツネと間違われて誤射されることが多々あったといいます。狩りでは、テリア犬が穴から獲物を追い出す役割と、ハウンド犬が獲物を追う役割と分かれていました。誤射防止とテリアとハウンドの役割を果たす犬の作出という2つの目的から、フォックス・ハウンドとフォックス・テリアが交配され、短毛のスムース種が生まれました。その後、ワイアー種が作られ、この犬種が誕生したのです。現在は、「典型的なイギリス犬種」として人気があります。

外貌

バランスの良い小さな体は、生き生きとした印象を与えます。被毛は、短く柔らかいアンダー・コートと非常にワイアリーなオーバー・コートからなるダブル・コートです。

DATA

原産地　イギリス
起　源　1800年代
体　高　38～39cm
体　重　7～8kg

今日もきちんとお仕事できましたか?

トリマーライフ・ポイントチェックシート

トリマーの仕事は、毎日同じではありません。お客さまや犬の顔ぶれのみならず、同僚も、そして自分も日々変化していきます。1日の仕事を振り返り、今日達成できなかったポイントは明日こそきちんとできるように、今日できたことを明日はもっと高いレベルで行えるように、手帳や心のなかに書き留めておきましょう。本書で解説してきたトリマーの仕事をポイントごとにまとめました。

▼開店前には

- □時間通りに出社できた
- □タイムカードを押した
- □同僚に元気にあいさつできた
- □靴は清潔なものに履き替えた
- □髪はシンプルにまとめてある
- □アクセサリーは外してある
- □爪は伸びていない
- □ミーティングに参加し、本日の仕事内容を確認した

▼ショップと周辺の清掃

- □ショップ内はすみずみまで掃除をした
- □店外の掃除をした
- □ゴミはきちんとまとめた
- □タオルなどの洗濯をした
- □ケージは清潔になっている
- □犬の散歩の際に後始末をきちんとした
- □犬の散歩後の手入れを行った
- □犬や猫に適切な食事の世話をした

▼電話の応対

- □電話を受けるときの言葉づかいに問題はなかった
- □電話の用件はメモをとるように心がけた
- □電話の用件は、復唱して相手に確認をとった
- □伝言はメモとともに口頭で正確に伝えた
- □予約電話は正確に予約表に記入した
- □電話をかけた際は、先方にわかりやすく用件を伝えられた

▼トリミングの仕事

- □トリミング前には決められた項目の健康チェックを行った
- □シャンプー前には、爪切りや耳掃除、クリッパー処理などのケアを忘れなかった
- □毛玉を適切に処理した
- □シャンプーの際、適切な手順で、犬や猫に負担をかけずに行えた
- □ドライングは、ドライヤーの温度を確認してから行った
- □グルーミングの際に、不用意に犬や猫から手を離さなかった
- □グルーミングの際に、ツールを安全に取り扱った
- □保定の際、犬や猫に負担をかけない正しい方法で行うことができた
- □ケガにつながるようなアクシデントはなかった
- □グルーミング後は、きちんと掃除や整頓ができた
- □トリミング後に、ツールの手入れを行った

▼ペットの送り迎え

- □お迎えに行く前に確認の電話をした
- □お預かりしてからショップに着くまでに安全に移動した
- □カットの終わった犬や猫を送る前に返却物の確認をした
- □移動に使用するケージの状態はきれいになっている
- □お釣りは十分用意した
- □領収書の用意ができた

□お客さまの自宅に着くまでは安全な移動を心がけた

□お客さまに仕上がりについての感想を聞き、要点をメモにまとめた

□お客さまに犬や猫の健康状態について報告をした

□店に戻ったら、先輩スタッフや店長に仕事終了の報告をした

□カルテに必要事項を記入した

▼接客関連

□来店したお客さまには笑顔で応対できた

□お迎えが来る前に、返却物の確認をした

□お客さまに仕上がりについての感想を聞き、修正などの要望に応じた

□お客さまに犬や猫の健康状態について報告をした

□返却物はきちんとお返しした

□お会計の際、間違いがないように注意した

□お客さまに気持ちの良い対応ができた

▼職場での態度

□呼ばれたらすぐに返事をした

□指示を受ける際、メモをとった

□説明を受けているときにわからないことは、その場で確認した

□与えられた仕事が終了したら、そのむね報告した

□不明点や疑問点がある場合は、タイミングを見て簡潔に質問し、解決した

□先輩スタッフや同僚の作業の様子にも目を配っていた

□助けが必要そうな場合には、助力を申し出た

□手が空いたときには備品の補充や店内の整頓などを行った

□こまめに犬や猫の様子をチェックした

▼トラブル発生時

□お客さまからのクレームは最後まできちんと聞いた

□処理できない場合は、早急に責任者や先輩スタッフに確認をとった

□責任者や先輩スタッフに、メモなどを使って正確に事態を伝えられた

□相手が納得できる説明を具体的にできた

□ケガや逃げ出しなどのアクシデントは、すぐに責任者や先輩スタッフに報告した

□事故の処理は、指示に従って迅速に行った

□謝罪や事後処理は、誠心誠意できた

□自分のアクシデントに対して対応してくれた責任者や先輩スタッフに感謝を伝えた

▼閉店後は

□犬や猫に適切な食事の世話をし、カルテに記入した

□ショップ内の掃除をした

□店外の掃除をした

□ゴミをまとめ、指定場所に出した

□責任者や先輩スタッフに、ほかに仕事がないか確認した

□翌日（次の出勤日）の仕事内容を確認した

お疲れさまでした！　明日も元気にお仕事できるよう、夜はゆっくり休みましょう。ショップからの緊急連絡にも対応できるよう、つねに連絡を取れるようにしておきましょうね。

索引

監修者紹介

今西孝一（いまにし こういち）

学校法人シモゾノ学園国際動物専門学校 教務・学生部部長。トリマーやトレーナー、動物看護師の養成に携わり、イヌ学やトリミングに関する授業を担当。監訳書に『ドッグトリック』、『愛犬のための脳トレゲーム』（緑書房）がある。

福山英也（ふくやま ひでや）

日本獣医畜産大学に入学後、独学でトリミングを習得。JKC本部審査員・中央トリミング委員会専門委員中央犬種標準委員会、学校法人ヤマザキ学園 ヤマザキ学園大学教授などを歴任。監訳書に『新犬種大図鑑』（緑書房）がある。2013年に逝去。

写真でわかる
トリマー実践マニュアル

2004年7月15日　第1刷発行
2023年2月15日　第3刷発行©

監修者／今西孝一
　　　　福山英也

発行者／森田浩平
発　行／ペットライフ社
発　売／株式会社 緑書房
〒103-0004
東京都中央区東日本橋3丁目4番14号
TEL 03-6833-0560
https://www.midorishobo.co.jp
印刷所／図書印刷

ISBN978-4-938396-75-6　Printed in Japan
落丁、乱丁本は弊社送料負担にてお取り替えいたします。

編　　集／ハッピー＊トリマー編集部
取材・文／野口久美子、渡部さち子
写　　真／北原　薫
イラスト／磯村仁穂、永尾まる
デザイン／ダイエイクリエイト
撮影協力／青山ケンネルカレッジ